农作副产物
高效饲料化利用技术

◎王梦芝　高　健　编著

中国农业科学技术出版社

图书在版编目（CIP）数据

农作副产物高效饲料化利用技术 / 王梦芝，高健编著 . --北京：中国农业科学技术出版社，2021.6

ISBN 978-7-5116-5243-0

Ⅰ. ①农… Ⅱ. ①王…②高… Ⅲ. ①农副产品-饲料加工 Ⅳ. ①S816

中国版本图书馆 CIP 数据核字（2021）第 049745 号

责任编辑 金 迪 张诗瑶
责任校对 马广洋
责任印制 姜义伟 王思文

出 版 者 中国农业科学技术出版社
北京市中关村南大街 12 号 邮编：100081
电 话 (010)82109705(出版中心) (010)82109702(发行部)
(010)82109709(读者服务部)
传 真 (010)82106625
网 址 http://www.castp.cn
经 销 者 各地新华书店
印 刷 者 北京建宏印刷有限公司
开 本 170 mm×240 mm 1/16
印 张 13.75
字 数 247 千字
版 次 2021 年 6 月第 1 版 2021 年 6 月第 1 次印刷
定 价 78.00 元

《农作副产物高效饲料化利用技术》编著委员会

主 编 著：王梦芝　扬州大学

高　健　中国农业大学

副主编著：徐　俊　江西省农业科学院农产品质量安全与标准研究所

苏玲玲　新疆畜牧科学院饲料研究所

李　闯　扬州大学

编著人员：张振斌　扬州大学

卢智奇　扬州大学

薛　纯　扬州大学

王嘉盛　扬州大学

杨　楠　扬州大学

前　言

我国是农业大国，农作副产物资源体量庞大，特别是由于缺乏系统的、有针对性的分类处理技术模式，使得多数农作副产物没有被作为资源有效地利用。相反地，大量农作副产物被随意丢弃或者排放到环境中，使一部分“资源”变为“污染源”，对生态环境造成了极大的污染。

撰写本书的目的是挖掘农区农作副产物资源作为饲料资源的潜能，集成多种农作副产物资源化利用途径，构建多种农作副产物资源化利用技术体系，加快农作副产物资源化循环利用，对减轻农业污染、改善农村生态环境、实现农业绿色发展具有重要意义。

本书主要介绍了近年来我国主要农作副产物的资源概况和利用现状，并以具有特色的、资源量大的主要栽培农作物的副产物为对象，如蔬菜尾菜、稻草、甘蔗渣、油菜秸秆、薯渣、棉秆等，通过其营养价值评定、农作副产物有害物质分析及处理、农作副产物加工机械设备的选择、加工调制和饲料化高效利用，研究其在动物生产中的应用，提供农作副产物资源饲料化利用的相关技术。

将农作副产物的营养价值、饲用价值、加工调制、卫生安全、养殖应用等进行集成，形成了符合国情的、农牧循环的农作副产物资源饲料化利用技术模式，可为我国现代生态循环农业发展提供一定的技术指导。本书撰写时查阅了大量资料，理论联系实际，通俗易懂，实用性强，可供广大农牧养殖户及科技人员阅读参考和使用。

本书由科技部国家“十三五”重点研发计划（2017YFD0800200）“农业废弃物资源化利用机制”课题和扬州大学出版基金资助出版。

由于编著者水平有限，书中难免会存在疏漏与不足之处，请各位专家和读者给予批评和指正。

编著者

2021 年 2 月

目　录

第一章　全国各地农作副产物资源及其利用状况

农作物是农业上栽培的各种植物统称。包括粮食作物、经济作物（油料作物、蔬菜作物等）两大类。农作副产物指加工生产农产品时原料的剩余部分及加工过程中附带生产出的非主要产品，主要是农产品在采收后和加工利用过程中产生的皮渣等废弃物，如农作物秸秆即农产品（籽实）收获后剩余的茎叶或蔓藤，根茎类蔬菜加工后产生的废弃蔬菜叶，粮油加工中产生的油菜渣等物质。

我国是农业生产大国，农作物资源丰富、数量巨大，2018 年数据统计显示，全国农作物总播种面积 165 902.4 千 hm^2，稻草总产量 22 061.4 万 t，小麦秸总产量 16 824.4 万 t，玉米秸总产量 27 517.6 万 t，豆类秸秆总产量 2 592.4 万 t，甘蔗梢总产量 3 675.3 万 t，甘蔗渣总产量 1 729.6 万 t，油菜秸秆总产量 3 851.5 万 t，薯类秸秆总产量 1 518.6 万 t 等。随着我国农业生产技术和农产品加工技术的不断提高，农作副产物的数量和规模还将继续扩大。

农作副产物资源的有效利用关系着生态环境安全和农业生态环境的良性循环（陈超玲等，2016）。通过技术进步实现对已有农作副产物资源化利用是实现环境效益与经济效益相统一的重要路径。现阶段农作副产物资源化利用的主要途径有多种，农作物秸秆资源化利用可为社会提供饲料、燃料、肥料和工业原料等（彭春艳等，2014；徐卫涛等，2010）。陈智远等（2010）归纳出农作副产物资源化利用的 5 种代表方式，即肥料化、饲料化、基质化、能源化与工业原料化。饲料化利用是其传统利用途径之一。

第一节　全国各地农作副产物资源概况

由表 1-1 可知，2018 年全国农作物总播种面积与 2014 年相比增加了 719 千 hm^2。我国的粮食产量北方地区明显多于南方地区，有自然条件方面的原因，北方地区拥有华北平原和东北平原两大平原，平原面积更大，特别是东北地区人均耕地面积很大，2018 年黑龙江的农作物总播种面积为 14 673.3 千 hm^2，黑龙江的土地条件居全国之首，总耕地面积和可开发的土地后备资源均占全国的 1/10 以上，其次是河南。

表 1-1　2014—2018 年全国各地农作物总播种面积　（千 hm^2）

地区	2014 年	2015 年	2016 年	2017 年	2018 年
北京	194.6	172.1	145.6	120.9	103.8
天津	443.0	433.3	443.7	439.5	429.3
河北	8 454.9	8 457.8	8 467.5	8 381.7	8 197.1
山西	3 664.6	3 612.7	3 591.5	3 577.6	3 555.2
内蒙古①	8 079.1	8 423.7	8957.2	9 014.2	8 824.1
辽宁	4 219.8	4 335.5	4 242.7	4 172.3	4 207.1
吉林	5 890.5	5 997.9	6 063.3	6 086.2	6 080.9
黑龙江	14 497.7	14 811.9	14 829.5	14 767.6	14 673.3
上海	369.9	350.6	303.8	285.0	282.3
江苏	7 615.8	7 693.7	7 639.9	7 556.4	7 520.2
浙江	1 986.8	1 977.8	1 946.5	1 981.1	1 978.7
安徽	9 500.2	9 598.3	8 790.1	8 726.7	8 771.1
福建	1 670.2	1 617.2	1 548.8	1 549.3	1 577.3
江西	5 667.3	5 688.4	5 668.9	5 638.5	5 555.8
山东	11 316.7	11 381.0	11 278.6	11 107.8	11 076.8
河南	14 731.5	14 879.7	14 902.7	14 732.5	14 783.4
湖北	7 791.4	7 983.4	7 908.5	7 956.1	7 952.9
湖南	8 398.6	8 355.2	8 341.5	8 322.0	8 111.1
广东	4 225.2	4 194.6	4 181.6	4 227.5	4 279.4
广西②	5 855.0	6 078.8	5 966.7	5 969.9	5 972.4
海南	779.4	757.5	731.9	709.4	712.9
重庆	3 288.6	3 311.3	3 333.1	3 339.6	3 348.5

①内蒙古自治区简称，全书同。
②广西壮族自治区简称，全书同。

（续表）

地区	2014 年	2015 年	2016 年	2017 年	2018 年
四川	9 377.7	9 451.1	9 493.8	9 575.1	9 615.3
贵州	5 510.5	5 532.9	5 604.8	5 659.4	5 477.2
云南	6 842.8	6 818.6	6 786.6	6 790.8	6 890.8
西藏①	227.1	229.7	263.2	254.1	270.4
陕西	4 053.9	4 050.0	4 160.2	4 063.9	4 091.0
甘肃	3 775.8	3 768.4	3 749.2	3 752.0	3 773.6
青海	553.7	558.4	557.8	555.3	557.3
宁夏②	1 126.8	1 132.4	1 118.9	1 132.6	1 164.6
新疆③	5 074.2	5 175.5	5 921.3	5 887.0	6 068.9
全国	165 183.3	166 829.3	166 939.0	166 331.9	165 902.4

资料来源：《2015 中国统计年鉴》《2016 中国统计年鉴》《2017 中国统计年鉴》《2018 中国统计年鉴》《2019 中国统计年鉴》，中华人民共和国国家统计局编。

我国作为世界农业生产大国，农作副产物在日常生产中不仅来源广泛而且产量庞大，但农作副产物的综合利用率确有待进一步提升。通常大多数农作副产物会作为农村燃料或肥料，且由于传统观念认为农作副产物的适口性差、粗蛋白质含量低、会降低动物采食量等，致使农作副产物的饲用价值难以被重视（李晟等，2015）。由表 1-2 可知，稻草、小麦秸秆、玉米秸秆、豆秸秆、甘蔗渣、甘蔗梢、油菜秸秆、木薯渣、红薯藤这几种常见的农作副产物养分含量也各有不同，红薯藤粗蛋白质含量相对较高，甘蔗渣中性洗涤纤维和酸性洗涤纤维含量相对较高，而玉米秸秆粗脂肪含量相对较高。

表 1-2　部分农作副产物养分含量　（%）

项目	干物质	粗蛋白质	中性洗涤纤维	酸性洗涤纤维	粗纤维	粗脂肪	粗灰分	资料来源
稻草	85.0	4.8	—	—	35.6	1.4	12.4	高翔，2010
小麦秸秆	85.0	4.4	—	—	36.7	1.4	6.0	高翔，2010
玉米秸秆	94.4	5.7	—	—	29.3	16.0	6.6	高翔，2010

①西藏自治区简称，全书同。

②宁夏回族自治区简称，全书同。

③新疆维吾尔自治区简称，全书同。

（续表）

项目	干物质	粗蛋白质	中性洗涤纤维	酸性洗涤纤维	粗纤维	粗脂肪	粗灰分	资料来源
豆秸秆	90.8	4.6	56.0	42.3	—	—	5.8	孟梅娟，2015
甘蔗渣	—	1.5	89.7	65.3	—	—	—	吉中胜等，2018
甘蔗梢	29.5	5.3	71.3	40.0	—	1.6	6.4	朱妮等，2019
油菜秸秆	96.6	5.9	67.2	55.4	—	2.6	7.7	闫佰鹏等，2019
木薯渣	—	8.2	—	—	13.9	1.1	7.9	李北等，2019
红薯藤	89.8	12.6	51.5	36.6	—	—	—	张吉鹍等，2016

农作副产物虽属农业废弃物，但是也具有一定的再利用价值，加之农作副产物目前的综合利用率有待提升，因此农作副产物的资源化利用或能在一定程度上有利于农作副产物综合利用率的提升。按照用途分类，农作副产物的利用方式可分为肥料化、饲料化、能源化、基料化、原料化（刘宇虹，2018；刘进法，2018）。农作副产物肥料化利用即通过直接还田与间接还田等方式将农作副产物作为土壤肥料，以改善土壤物理性质、提高土壤肥力、改善田间生态环境等。农作副产物饲料化利用即将农作副产物通过青贮、微贮、氨化、压块成型、挤压膨化等技术将农作副产物合理调制后作为动物可食用的饲料，以减少农作副产物对环境的污染。经过一般粉碎处理可提升约7%的动物采食量，加工制粒后可提升约37%的动物采食量，经过化学处理可以提升30%~50%的有机物消化率（李晟等，2015；林伟，2010），经过生物学处理可以提升约11%的粗饲料降解率（李晟等，2015；吴文韬，2013）。农作副产物能源化利用即将农作副产物通过直燃供热、制沼等技术将农作副产物循环利用，以改善农业生态环境。农作副产物基料化即将农作副产物用于食用菌的栽培，食用菌产业若能科学合理地利用农作副产物作为栽培食用菌的基料，或能进一步提升农作副产物的综合利用率。农作副产物原料化利用即将农作副产物作为原料制作成环保绿色的新型材料（刘宇虹，2018）。

第二节　全国各地主要农作物及其副产物

一、全国各地水稻及其副产物

水稻是一种常见的粮食作物，也是主要的口粮作物（曹栋栋等，

2019)。我国水稻种植面积居世界第二位，总产量居世界第一位。2018 年我国水稻播种总面积为30 189.5千 hm^2、水稻总产量为21 212.9万 t、稻草总产量为22 061.4万 t。我国水稻种植适应性广，从分布区域看，东到黑龙江，南到海南，西到新疆，北到黑龙江，都有水稻种植。在海南可以种植三季稻，在华南地区可以种植两季稻，在华中地区能种植单、双季稻，而华北地区只能种植一季稻，到了东北三省一区就只能种植生长期短的早稻。我国湖南的水稻播种面积最广、稻谷产量和稻草产量最高，分别为4 009.0千 hm^2（占全国水稻播种面积的 13.3%)、2 674.0万 t、2 781.0万 t；其次是黑龙江，水稻播种面积为3 783.1千 hm^2（占全国水稻播种面积的 12.53%)、稻谷产量为2 685.5万 t、稻草产量为2 793.0万 t（表1-3)。

表 1-3　2018 年全国各地水稻种植及其副产物产出情况

项目	播种面积（千 hm^2）	稻谷产量（万 t）	稻草产量（万 t）
北京	0.2	0.1	0.1
天津	39.9	37.4	38.9
河北	78.4	52.5	54.6
山西	0.8	0.6	0.6
内蒙古	150.5	121.9	126.7
辽宁	488.4	418.0	434.7
吉林	839.7	646.3	672.2
黑龙江	3 783.1	2 685.5	2 793.0
上海	103.6	88.0	91.5
江苏	2 214.7	1 958.0	2 036.4
浙江	651.1	477.4	496.5
安徽	2 544.8	1 681.2	1 748.5
福建	619.6	398.3	414.2
江西	3 436.2	2 092.2	2 175.9
山东	113.8	98.6	102.5
河南	620.4	501.4	521.5
湖北	2 391.0	1 965.6	2 044.2
湖南	4 009.0	2 674.0	2 781.0
广东	1 787.4	1 032.1	1 073.4
广西	1 752.6	1 016.2	1 056.9

（续表）

项目	播种面积（千 hm^2）	稻谷产量（万 t）	稻草产量（万 t）
海南	246.1	130.7	135.9
重庆	656.5	486.9	506.4
四川	1 874.0	1 478.6	1 537.7
贵州	671.8	420.7	437.6
云南	849.6	527.7	548.8
西藏	0.9	0.5	0.6
陕西	105.4	80.7	83.9
甘肃	3.8	2.5	2.6
青海	0.0	0.0	0.0
宁夏	78.0	66.6	69.2
新疆	78.4	72.7	75.6
全国	30 189.5	21 212.9	22 061.4

资料来源：《2019 中国统计年鉴》，稻草产量按草谷比 1.04：1 估算（王晓玉等，2012）。

庞大的稻草产量需要多样性的资源化利用方式。杨雪等（2019）为了探究醋酸预处理提高厌氧发酵产气量的原因，研究用醋酸预处理水稻秸秆，之后将预处理后的水稻与牛粪混合进行厌氧发酵，测定发酵初始环境和发酵过程中纤维素酶活力、还原性糖、挥发性脂肪酸（VFA）含量、pH 值、日产气量，并对其发酵过程中的稳定性系数进行分析，结果发现醋酸预处理能够显著提高沼气产量。夏炎（2010）通过试验发现在现有的种植制度和施肥水平条件下，秸秆还田不仅能提高稻麦的产量、提高稻麦品质、土壤供肥和保肥能力，同时还可以提高当季氮素的利用率，在一定程度上有利于稻麦高产、优质、高效、生态、安全之间的协调统一。班允赫等（2019）通过设置两种秸秆还田处理（以秸秆混土处理模拟旋耕还田，以秸秆不混土处理模拟秸秆沟埋还田），并采用尼龙网袋法，通过测定秸秆降解率和秸秆半纤维素、纤维素和木质素的含量，研究两种还田方式下施用降解菌系和助腐剂后水稻秸秆的降解规律，结果发现秸秆降解菌系和秸秆助腐剂均能提高水稻秸秆的降解效率，且不混土处理的施用效果好于混土处理。陈亮等（2019）以平菇为研究对象，研究基质中水稻秸秆含量对平菇生长的影响，结果发现基质中水稻秸秆含量会影响平菇的出菇时间和基质生物学效率，随着基质中水稻秸秆含量的降低，第二和第三潮菇的出菇时间会延迟，基质生物学效率会降低。文佐时（2017）通过试验发现，不同处理对于不同秸秆的降解率受其本身特性的影响很大，因干物质、粗蛋白质、中性洗涤纤维、酸性洗涤纤维等含量的不同，在瘤胃里的降解率和降解特性也不同，为小肠提供可消化粗蛋白质和干物质的潜力也不同。倪奎奎（2016）通过试验发现，乳酸菌和纤维素酶混合处理添加至水稻秸秆青贮饲料中比单独添加纤维素酶能有效地改善发酵过程，抑制有害菌的增殖，产生较高浓度的乳酸和快速降低 pH 值。康建斌等（2015）为了进一步提高水稻秸秆酶解还原糖产量，对水稻秸秆汽爆加工工艺进行了研究，结果发现改进与优化后的汽爆加工工艺能明显提高水稻秸秆酶解后还原糖产量。郑子乔等（2019）认为适当的青贮发酵方法可以提高水稻秸秆的营养价值，酶添加剂的使用与良好的管理措施可以提高和保证青贮水稻秸秆质量的稳定性。

二、全国各地小麦及其副产物

由表 1-4 可知，2018 年我国小麦播种总面积为 24 266.2 千 hm^2、小麦总产量为13 144.1万 t、小麦秸总产量为16 824.4万 t。其中河南、山东、安徽、江苏和河北是我国小麦五大主产区。2018 年五大主产区小麦播种总面积为 1 743.6万 hm^2，占全国比重 71.9%；小麦总产量10 421.8万 t，占全国比重 79.3%，小麦秸总产量 13 339.9 万 t，占全国比重 79.3%。

表 1-4　2018 年全国各地小麦种植及其副产物产出情况

项目	播种面积（千 hm^2）	小麦产量（万 t）	小麦秸产量（万 t）
北京	9.8	5.3	6.7
天津	110.8	57.1	73.1
河北	2 357.2	1 450.7	1 856.9
山西	560.3	228.6	292.6
内蒙古	596.7	202.3	258.9
辽宁	2.4	1.4	1.8
吉林	1.2	0.0	0.1
黑龙江	109.4	36.2	46.3
上海	21.3	13.0	16.6
江苏	2 404.0	1 289.1	1 650.1

（续表）

项目	播种面积（千 hm^2）	小麦产量（万 t）	小麦秸产量（万 t）
浙江	85.4	35.8	45.8
安徽	2 875.9	1 607.5	2 057.5
福建	0.2	0.1	0.1
江西	14.6	3.2	4.1
山东	4 058.6	2 471.7	3 163.8
河南	5 739.9	3 602.9	4 611.6
湖北	1 105.0	410.4	525.3
湖南	23.4	8.0	10.3
广东	0.4	0.2	0.2
广西	3.0	0.5	0.6
海南	0.0	0.0	0.0
重庆	24.8	8.2	10.4
四川	635.0	247.3	316.5
贵州	141.6	33.2	42.5
云南	339.2	74.3	95.1
西藏	31.7	19.5	24.9
陕西	967.3	401.3	513.7
甘肃	775.6	280.5	359.1
青海	111.6	42.6	54.6
宁夏	128.6	41.6	53.2
新疆	1 031.5	571.9	732.0
全国	24 266.2	13 144.1	16 824.4

资料来源：《2019 中国统计年鉴》，小麦秸秆产量按草谷比 1.28∶1 估算（王晓玉等，2012）。

赵凯等（2019）通过分批厌氧消化试验探究了异养小藻球和小麦秸秆的厌氧消化性能，结果发现异养小藻球和小麦秸秆联合厌氧消化可以获得更好的厌氧消化性能。尹东海（2018）通过试验发现，将小麦秸秆还田可提升水稻产量、改善水稻品质。胡诚等（2017）开展了小麦秸秆替代部分化肥钾在水稻上的应用试验，对各处理土壤理化指标以及水稻生长、产量和养分吸收等相关指标进行了监测，结果发现小麦秸秆替代部分化肥钾在水稻上的应用是可行的，其中以秸秆替代1/2化肥钾较为适宜，可以获得相对较高的稻谷产量和相对较低的稻草产量，其谷草比较高。朱远芃等（2019）为探究氮肥和腐熟剂对小麦秸秆腐解的协同作用，采用田间堆腐的方法，设置自然堆腐、堆腐+氮肥、堆腐+腐熟剂、堆腐+氮肥和腐熟剂共4个处理进行试验，发现添加氮肥主要通过提高水解酶活性加速小麦秸秆腐解，而添加腐熟剂主要通过促进氧化酶活性加速小麦秸秆腐解，同时添加氮肥和腐熟剂主要通过提高氧化酶活性，进而加速小麦秸秆腐解。张路（2019）通过试验发现，小麦秸秆土表覆盖促进了当季水生蔬菜对氮磷钾的吸收利用，水生蔬菜硝酸盐含量降低，蔬菜品质得到提升。李建臻等（2016）通过试验发现，微贮制剂可改善微贮秸秆的色泽、气味、质地，使微贮秸秆质量提高。孟梅娟（2015）为了探究小麦秸秆与其他非常规饲料间的组合效应，将小麦秸秆分别与喷浆玉米皮、大豆皮、橘子皮、苹果渣、醋糟、米糠粕均以0：100、25：75、50：50、75：25、100：0的比例进行组合，通过体外产气技术分析产气量、产气参数及产气组合效应等指标，发现小麦秸秆与喷浆玉米皮、大豆皮、米糠粕的最优组合是75：25，小麦秸秆与橘子皮、苹果渣、醋糟的最优组合是50：50。付潘潘等（2015）通过试验发现，饲料中添加一定量的小麦秸秆生物质炭可以减少肉鸡腹脂沉积，降低血清总胆固醇和三酰甘油含量，在一定程度上有助于改善肉鸡的屠宰性能和生产性能。庞秀芬等（2017）在前期利用纤维素酶降解小麦秸秆的基础上（田萍等，2012），通过混合菌群的协同发酵作用，有效转化秸秆粗纤维，提高了菌体蛋白含量。

三、全国各地玉米及其副产物

我国是世界上第二大玉米生产国，由表1-5可知，玉米种植主要集中分布在东北、华北和西南山区，大致形成一个从东北向西南的斜长形地带。2018年我国玉米播种总面积为42 130.1千hm^2、玉米总产量为25 717.4万t、玉米秸秆总产量为27 517.6万t。东北地区是我国最大的玉米产区，2018年东北三省玉米播种面积13 262.3千hm^2，占全国播种面积31.48%；玉米产量8 444.9万t，占全国玉米产量32.84%；玉米秸秆产量9 036.0万t，占全玉米秸秆的32.84%。

表 1-5　2018 年全国各地玉米种植及其副产物产出情况

项目	播种面积（千 hm^2）	玉米产量（万 t）	玉米秸产量（万 t）
北京	40. 1	27. 1	29. 0
天津	186. 8	110. 6	118. 3
河北	3 437. 7	1 941. 2	2 077. 0
山西	1 747. 7	981. 6	1 050. 3
内蒙古	3 742. 1	2 700. 0	2 888. 9
辽宁	2 713. 0	1 662. 8	1 779. 2
吉林	4 231. 5	2 799. 9	2 995. 9
黑龙江	6 317. 8	3 982. 2	4 260. 9
上海	1. 8	1. 3	1. 3
江苏	515. 8	300. 0	320. 9
浙江	49. 3	20. 6	22. 1
安徽	1 138. 6	595. 6	637. 3
福建	28. 8	12. 6	13. 4
江西	35. 0	15. 7	16. 7
山东	3 934. 7	2 607. 2	2 789. 7
河南	3 919. 0	2 351. 4	2 516. 0
湖北	781. 2	323. 4	346. 0
湖南	359. 2	202. 8	217. 0
广东	120. 1	54. 5	58. 4
广西	584. 4	273. 4	292. 5
海南	0. 0	0. 0	0. 0
重庆	442. 3	251. 3	268. 9
四川	1 856. 0	1 066. 3	1 140. 9
贵州	602. 1	259. 0	277. 1
云南	1 785. 2	926. 0	990. 8
西藏	5. 2	3. 4	3. 6
陕西	1 179. 5	584. 2	625. 0

（续表）

项目	播种面积（千 hm^2）	玉米产量（万 t）	玉米秸产量（万 t）
甘肃	1 012.7	590.0	631.3
青海	18.5	11.5	12.3
宁夏	310.8	234.6	251.0
新疆	1 033.3	827.6	885.5
全国	42 130.1	25 717.4	27 517.6

资料来源：《2019 中国统计年鉴》，玉米秸秆产量按草谷比 1.07∶1 估算（王晓玉等，2012）。

玉米秸秆是一种巨大的潜在饲料资源，开发利用玉米秸秆具有重要的经济意义和生态意义（柴磊等，2018）。袁玲莉等（2019）认为产甲烷潜力受到多种原料性质的影响，尤其是木质纤维素、可溶性化学需氧量、还原糖、挥发性脂肪酸；含水率随着玉米秸秆存储时间的增加而下降，存储 20d 以后秸秆呈干草状；木质纤维素含量随着存储时间的增加略有上升；可溶性化学需氧量和还原糖等浸提物质含量均在存储 0~5d 间迅速下降，之后随着存储时间的延长趋于稳定。谭娟等（2019）通过试验发现，玉米秸秆还田量为 7 000kg/hm^2，小麦超氧化物歧化酶的活性与产量均提高，且小麦丙二醛含量降低较理想。李录久等（2017）通过试验发现，实施玉米秸秆粉碎直接还田能有效提高后季小麦拔节期、孕穗期和开花期等主要生育期 0~10cm 和 10~20cm 2 个土层含水量，显著增加 0~20cm 土层水分含量，为小麦生长发育创造适宜的土壤水分条件，总体上以 3 000kg/hm^2秸秆还田处理土壤水分含量较高，有利于春季小麦生长发育。付薇等（2019）通过试验发现，异型发酵乳酸菌单独添加或与同型发酵乳酸菌复合添加，可有效抑制玉米秸秆青贮的有氧腐败，并且前者有氧稳定性效果更好。韩健宝（2010）通过试验发现，玉米秸秆与橘子皮、干苹果渣，或水稻秸秆与橘子皮、干苹果渣、苜蓿混合青贮时，混合材料中橘子皮的水溶性糖分含量很高，较易获得理想的发酵品质。唐庆凤等（2018）通过试验发现，将桑枝叶与玉米秸秆以 1∶1鲜质量比混贮并添加 6%的植物乳杆菌制剂（占青贮原料鲜重）时，发酵品质最佳。王凤芝（2019）认为玉米秸秆的黄贮技术就是对干玉米秸秆进行发酵的技术，可以显著提高玉米秸秆的适口性，并且可提高饲料营养价值，提高饲料利用率。杨大盛等（2019）通过试验发现，添加乳酸菌和烷基多糖苷可增加黄贮玉米秸秆中乳酸产量，降低 pH 值，降低蛋白质的分解，提高玉米秸秆的黄贮品质与营养价值。

四、全国各地豆类及其副产物

豆类是中国重要粮食作物之一。由表1-6可知，2018年我国豆类播种总面积为10 186.3千hm^2、豆类总产量为1 920.3万t、豆类秸秆总产量为2 592.4万t。其中黑龙江种植豆类具有较为明显的生态气候、地理环境及社会经济的优势，2018年该省的豆类播种面积最广、豆类产量和豆类秸秆产量最高，分别为3 741.9万hm^2（占全国豆类播种面积的36.7%）、678.5万t、916.0万t；其次是内蒙古，豆类播种面积为1 307.4万hm^2（占全国玉米播种面积的10.18%）、豆类产量205.7万t，豆类秸秆产量916.0万t。

表1-6　2018年全国各地豆类种植及其副产物产出情况

项目	播种面积（千hm^2）	豆类产量（万t）	豆类秸秆产量（万t）
北京	2.6	0.5	0.7
天津	6.5	1.4	1.9
河北	116.0	28.1	38.0
山西	250.7	35.6	48.1
内蒙古	1 307.4	205.7	277.6
辽宁	82.8	20.0	27.0
吉林	343.5	62.8	84.7
黑龙江	3 741.9	678.5	916.0
上海	0.6	0.2	0.2
江苏	257.1	65.0	87.7
浙江	113.1	28.2	38.1
安徽	687.6	103.0	139.0
福建	37.9	10.8	14.6
江西	127.6	29.4	39.7
山东	158.0	44.5	60.1
河南	424.0	101.7	137.3
湖北	247.1	38.4	51.9

（续表）

项目	播种面积（千 hm^2）	豆类产量（万 t）	豆类秸秆产量（万 t）
湖南	148.2	36.3	49.1
广东	41.1	11.3	15.2
广西	155.4	26.2	35.3
海南	6.0	1.9	2.5
重庆	201.4	40.9	55.2
四川	524.9	121.5	164.0
贵州	325.1	29.3	39.5
云南	469.4	118.1	159.4
西藏	4.6	2.2	3.0
陕西	188.4	28.6	38.6
甘肃	137.5	30.6	41.3
青海	12.8	2.9	3.9
宁夏	22.6	2.8	3.8
新疆	44.5	14.0	18.8
全国	10 186.3	1 920.3	2 592.4

资料来源：《2019 中国统计年鉴》，豆类秸秆产量按草谷比 1.35：1 估算（王晓玉等，2012）。

五、全国各地甘蔗及其副产物

甘蔗是一种热带和亚热带作物，光饱和点高，二氧化碳补偿点低，光和强度大（易芬远等，2014）。我国是甘蔗种植大国，甘蔗是世界上最重要的糖料作物及较有发展潜力的可再生能源作物。由表 1-7 可知，2018 年我国甘蔗播种总面积为 1 405.8 千 hm^2、甘蔗总产量为 10 809.7 万 t、甘蔗渣总产量为 1 729.6 万 t，甘蔗梢总产量为 3 675.3 万 t，我国甘蔗种植产区主要在广西、云南、广东、海南等地。我国广西的甘蔗播种面积最广，甘蔗、甘蔗渣和甘蔗梢产量均最高，分别为 886.4 千 hm^2（占全国甘蔗播种面积的 63.0%）、7 292.8 万 t、1 166.8 万 t、2 479.6 万 t；其次是云南，甘蔗播种面积为 260.0 千 hm^2（占全国甘蔗播种面积的 18.5%）、甘蔗产量为 1 640.1 万 t、甘蔗渣产量为 262.4 万 t、甘蔗梢产量为 557.6 万 t。

表 1-7　2018 年全国各地甘蔗种植及其副产物产出情况

项目	播种面积（千 hm^2）	甘蔗产量（万 t）	甘蔗渣产量（万 t）	甘蔗梢产量（万 t）
北京	0.0	0.0	0.0	0.0
天津	0.0	0.0	0.0	0.0
河北	0.0	0.0	0.0	0.0
山西	0.0	0.0	0.0	0.0
内蒙古	0.0	0.0	0.0	0.0
辽宁	0.0	0.0	0.0	0.0
吉林	0.0	0.0	0.0	0.0
黑龙江	0.0	0.0	0.0	0.0
上海	0.1	0.2	0.0	0.1
江苏	0.9	5.3	0.8	1.8
浙江	6.2	40.6	6.5	13.8
安徽	1.7	10.1	1.6	3.4
福建	4.9	26.1	4.2	8.9
江西	14.3	64.6	10.3	22.0
山东	0.0	0.0	0.0	0.0
河南	2.0	15.4	2.5	5.2
湖北	6.5	27.7	4.4	9.4
湖南	7.4	33.8	5.4	11.5
广东	172.6	1 412.7	226.0	480.3
广西	886.4	7 292.8	1 166.8	2 479.5
海南	20.8	132.5	21.2	45.1
重庆	2.2	9.1	1.5	3.1
四川	9.3	36.2	5.8	12.3
贵州	10.6	62.5	10.0	21.2

（续表）

项目	播种面积（千 hm^2）	甘蔗产量（万 t）	甘蔗渣产量（万 t）	甘蔗梢产量（万 t）
云南	260.1	1 640.1	262.4	557.6
西藏	0.0	0.0	0.0	0.0
陕西	0.0	0.1	0.0	0.0
甘肃	0.0	0.0	0.0	0.0
青海	0.0	0.0	0.0	0.0
宁夏	0.0	0.0	0.0	0.0
新疆	0.0	0.0	0.0	0.0
全国	1 405.8	10 809.7	1 729.6	3 675.3

资料来源：《2019 中国统计年鉴》，甘蔗梢产量按草谷比 0.34：1 估算，甘蔗渣产量按甘蔗渣系数为 0.16 估算（李晟等，2015）。

代正阳等（2017）认为甘蔗副产物可作为反刍动物重要的粗饲料来源之一，研究其营养价值并提高其饲料化利用效率具有很大的意义。甘蔗叶、甘蔗渣等甘蔗收获加工中产生的副产物资源丰富，有一定的综合利用潜力。王智能等（2019）综合营养成分及抗营养因子等分析表明，甘蔗副产物饲草资源从优到劣依次是蔗梢、蔗叶与蔗渣，尤其是蔗梢可与优质牧草皇竹草媲美，其产量丰富，是一种优质的潜在饲草资源。王智能等（2019）还认为蔗梢在 2 月底采集最佳，此时采集的蔗梢不仅营养物质含量大，且半纤维素、木质素等不易消化部分及抗营养因子含量都较低。王坤等（2020）通过试验发现，饲喂努比亚山羊的甘蔗尾叶青贮饲料中，添加植物乳杆菌、干酪乳杆菌、发酵乳杆菌和鼠李糖乳杆菌混合青贮能提高饲料利用效率。王定发等（2015）通过试验发现，添加纤维素酶或 1.0g/kg 丙酸青贮甘蔗尾叶可提高甘蔗尾叶青贮饲用品质。朱妮等（2019）探究了不同浓度的营养型添加剂（尿素）、发酵抑制型添加剂（乙酸）、发酵促进型添加剂（纤维素酶）对新鲜甘蔗梢青贮品质的影响，结果发现，在甘蔗梢青贮过程中添加 0.6%尿素、1.4%乙酸和 1.0%纤维素酶获得的青贮料品质较好。陈鑫珠等（2017）为开发利用葛藤和甘蔗梢，生产优质青贮，调制了多种混合比例的葛藤与甘蔗梢混合青贮，结果发现当葛藤和甘蔗梢质量比为 6：4 时，pH 值、氨态氮含量较低，粗蛋白质含量和乳酸含量较高，青贮品质较好。吉中胜等（2018）认为利用碱化蔗渣来制造饲料是可行的。陈鑫珠等（2018）

通过试验发现，甘蔗梢绿汁发酵液能够降低菌糠青贮饲料的 pH 值、乙酸、丙酸和丁酸含量，提高青贮饲料的乳酸含量，能够有效促进菌糠发酵。钟少颖等（2019）认为甘蔗梢是一种粗纤维含量较高的粗饲料，通过试验发现在鹅饲料中使用 10%以内甘蔗梢对 1~21 日龄马冈鹅的生长性能、免疫器官以及胃肠道发育无显著影响。吴兆鹏等（2016）通过试验发现，在甘蔗梢青贮时，同时添加尿素、糖蜜、乳酸菌，能有效降低其粗纤维含量，提高消化利用率。

六、全国各地油菜及其副产物

油菜在我国分布比较广，大部分地区均可种植。由表 1-8 可知，2018 年我国油菜播种总面积为 6 550. 6 千 hm^2、油菜籽总产量为 1 328. 1 万 t、油菜秸秆总产量为 3 851. 5 万 t，2018 年我国湖南的油菜播种面积最广，面积为 1 222. 2 千 hm^2（占全国油菜播种面积的 18. 7%），其次是四川，播种面积为 1 218. 5 千 hm^2（占全国油菜播种面积的 18. 6%）；而油菜籽产量和油菜秸秆产量最高的则是四川，分别为 292. 2 万 t 和 847. 4 万 t。

表 1-8　2018 年全国各地油菜种植及其副产物产出情况

项目	播种面积（千 hm^2）	油菜籽产量（万 t）	油菜秸秆产量（万 t）
北京	0. 0	0. 0	0. 0
天津	0. 0	0. 0	0. 0
河北	19. 4	3. 4	9. 9
山西	25. 3	2. 4	6. 9
内蒙古	246. 2	39. 8	115. 3
辽宁	0. 8	0. 1	0. 4
吉林	0. 2	0. 0	0. 0
黑龙江	1. 8	0. 3	0. 7
上海	2. 1	0. 5	1. 6
江苏	159. 1	45. 7	132. 5
浙江	104. 9	23. 3	67. 7
安徽	357. 0	84. 3	244. 5
福建	5. 3	0. 9	2. 5

（续表）

项目	播种面积（千 hm^2）	油菜籽产量（万 t）	油菜秸秆产量（万 t）
江西	483. 0	69. 1	200. 3
山东	8. 6	2. 2	6. 3
河南	145. 0	39. 0	113. 0
湖北	933. 0	205. 3	595. 4
湖南	1 222. 2	204. 2	592. 1
广东	4. 7	1. 1	3. 2
广西	24. 4	2. 3	6. 8
海南	0. 0	0. 0	0. 0
重庆	250. 2	48. 6	140. 9
四川	1 218. 5	292. 2	847. 4
贵州	497. 7	86. 2	250. 0
云南	256. 1	52. 5	152. 3
西藏	22. 4	5. 8	16. 9
陕西	175. 9	36. 9	107. 0
甘肃	174. 9	35. 5	103. 0
青海	145. 8	28. 1	81. 6
宁夏	2. 6	0. 6	1. 8
新疆	63. 5	17. 7	51. 4
全国	6 550. 6	1 328. 1	3 851. 5

资料来源：《2019 中国统计年鉴》，油菜秸秆产量按草谷比 2. 90：1 估算（王晓玉等，2012）。

黎力之等（2014）通过试验发现，油菜秸秆粗蛋白质、粗脂肪和钙含量处于较高水平，纤维含量偏高。张吉鹍等（2016）认为油菜秸秆是一种具有开发潜力的肉羊秸秆饲料。饶庆琳等（2019）通过试验发现，以油菜秸秆全量还田+复合肥 10kg/亩[①]的处理可兼顾后茬作物花生的生长与产量以及秸秆的合理处置，能取得较好的环境保护效应及经济效益。宋燕（2012）

①1 亩约等于 667m^2，全书同。

通过试验发现，油菜秸秆可以作为杏鲍菇深层培养中的替代碳源。董瑷榕等（2019）研究了发酵油菜秸秆对山羊生长性能和养分降解率的影响，结果发现，用发酵油菜秸秆替代日粮中部分粗饲料对山羊的采食量无显著影响，但可提高日增重和日粮养分表观消化率，当替代量为10%时，经济效益最佳。孟春花等（2016）研究了氨化对油菜秸秆营养成分及山羊瘤胃降解特性的影响，结果发现，添加15%和20%碳酸氢铵氨化能显著提高油菜秸秆干物质、粗蛋白质和酸性洗涤纤维的瘤胃降解率，油菜秸秆经15%碳酸氢铵、30%水分条件下氨化处理效果最好、最经济。杨停等（2017）研究了油菜秸秆对四川白鹅生长及屠宰性能的影响，结果发现，油菜秸秆替代部分麦麸可以满足四川白鹅的日粮需求，并对其生长及屠宰性能无显著影响。

七、全国各地薯类及其副产物

由表1-9可知，2018年我国薯类播种总面积为7 180.4千hm^2、薯类总产量为2 865.4万t、薯类秸秆总产量为1 518.6万t，我国四川的薯类播种面积最广、薯类产量和薯类秸秆产量最高，分别为1 261.2千hm^2（占全国薯类播种面积的17.6%）、541.3万t、286.9万t；其次是贵州，薯类播种面积为902.0千hm^2（占全国薯类播种面积的12.6%）、薯类产量为291.2万t、薯类秸秆产量为154.3万t。

表1-9　2018年全国各地薯类种植及其副产物产出情况

项目	播种面积（千hm^2）	薯类产量（万t）	薯类秸秆产量（万t）
北京	1.2	0.7	0.3
天津	1.3	0.9	0.5
河北	226.2	147.9	78.4
山西	174.5	51.6	27.3
内蒙古	351.6	149.8	79.4
辽宁	90.0	40.8	21.6
吉林	46.3	36.2	19.2
黑龙江	160.2	80.7	42.8
上海	0.6	0.4	0.2
江苏	35.7	22.8	12.1

（续表）

项目	播种面积（千 hm^2）	薯类产量（万 t）	薯类秸秆产量（万 t）
浙江	72.7	35.2	18.6
安徽	60.2	14.9	7.9
福建	142.4	75.1	39.8
江西	102.0	49.1	26.0
山东	103.9	84.3	44.7
河南	114.9	63.8	33.8
湖北	308.1	97.0	51.4
湖南	188.6	95.0	50.4
广东	199.8	94.7	50.2
广西	267.7	50.7	26.9
海南	34.1	14.6	7.7
重庆	672.6	284.9	151.0
四川	1 261.2	541.3	286.9
贵州	902.0	291.2	154.3
云南	531.6	160.7	85.2
西藏	0.9	0.6	0.3
陕西	344.9	94.3	50.0
甘肃	570.7	202.3	107.2
青海	88.3	36.2	19.2
宁夏	109.9	36.4	19.3
新疆	16.6	11.5	6.1
全国	7 180.4	2 865.4	1 518.6

资料来源：《2019 中国统计年鉴》，薯类秸秆产量按草谷比 0.53：1 估算（王晓玉等，2012）。

杨琴等（2014）认为通过生物质联产方式能实现木薯茎秆的能源利用，保障联产系统高能效。陶光灿等（2011）认为木薯茎秆是较好的生物质原材料，具有开发固体成型燃料及热电联产的价值。徐缓等（2016）认为木薯是典型的热带、亚热带作物，具有高生物量的特性，同时其嫩茎叶含有丰富的粗蛋白质和脂肪等营养物质，是南方重要的饲料蛋白质来源。兰宗宝等（2016）通过试验发现，30%木薯渣与70%玉米秸秆混贮的效果最佳。王高鑫等（2019）认为参薯茎叶具有饲用的潜质，可以作为饲料开发利用。

参考文献

班允赫，李旭，李新宇，等，2019. 降解菌系和助腐剂对不同还田方式下水稻秸秆降解特征的影响 [J]. 生态学杂志，38（10）：2982-2988.

曹栋栋，吴华平，秦叶波，等，2019. 优质稻生产、加工及贮藏技术研究概述 [J]. 浙江农业科学，60（10）：1716-1718.

柴磊，杨美荣，寇秋霜，等，2018. 玉米秸秆发酵饲料在养殖业中的应用现状 [J]. 畜禽业，29（10）：19-20.

陈亮，姜性坚，武小芬，等，2019. 基质中水稻秸秆含量对平菇生长的影响 [J]. 湖北农业科学，58（15）：87-89，94.

陈鑫珠，高承芳，张晓佩，等，2017. 不同混合比例对葛藤甘蔗梢混合青贮品质的影响 [J]. 中国农学通报，33（2）：138-141.

陈鑫珠，李文杨，刘远，等，2018. 甘蔗稍绿汁发酵液对菌糠发酵品质的影响 [J]. 草地学报，26（2）：474-478.

陈超玲，杨阳，谢光辉，2016. 我国秸秆资源管理政策发展研究 [J]. 中国农业大学学报（8）：1-11.

陈智远，石东伟，王恩学，等，2010. 农业废弃物资源化利用技术的应用进展 [J]. 中国人口资源与环境（12）：112-116.

代正阳，邵丽霞，屠焰，等，2017. 甘蔗副产物饲料化利用研究进展 [J]. 饲料研究，23：11-15.

董瑷榕，周勇，郭春华，等，2019. 发酵油菜秸秆对山羊生长性能和养分降解率的影响 [J]. 中国饲料，23：105-109.

付潘潘，董娟，李恋卿，等，2015. 饲料添加小麦秸秆生物质炭对肉鸡生长、屠宰性能和脂质代谢的影响 [J]. 中国粮油学报，30（6）：88-93.

付薇，陈伟，韩永芬，等，2019. 添加不同乳酸菌对玉米秸秆青贮有氧稳定性影响的研究 [J]. 畜牧与饲料科学，40（9）：45-49.

高翔，2010. 江苏省农作物秸秆综合利用技术分析 [J]. 江西农业学报，22（12）：130-133，140.

韩健宝，2010. 添加啤酒糟对农作物秸秆和农副产品混合青贮发酵品质的影响 [D]. 南京：南京农业大学.

胡诚，刘东海，乔艳，等，2017. 小麦秸秆替代化肥钾在水稻上的应用效果 [J]. 天津农业科学，23（11）：91-95.

吉中胜，黄耘，农秋阳，等，2018. 碱化甘蔗渣制作牛羊饲料的研究［J］. 轻工科技，34（7）：34-35.
康建斌，李骅，缪培仁，等，2015. 水稻秸秆饲料汽爆加工工艺改进与优化［J］. 南京农业大学学报，38（2）：345-349.
兰宗宝，姜源明，韦力，等，2016. 木薯渣与玉米秸秆混合微贮饲料对摩本杂水牛饲养效果的影响［J］. 四川农业科技（9）：47-50.
李爱科，郝淑红，张晓琳，等，2007. 我国饲料资源开发现状及前景展望［J］. 畜牧市场（9）：13-16.
李北，李永恒，黄允升，等，2019. 木薯渣生物发酵饲料开发设计［J］. 轻工科技，35（11）：30-31.
李录久，吴萍萍，蒋友坤，等，2017. 玉米秸秆还田对小麦生长和土壤水分含量的影响［J］. 安徽农业科学，45（24）：112-113，117.
黎力之，潘珂，袁安，等，2014. 几种油菜秸秆营养成分的测定［J］. 江西畜牧兽医杂志（5）：28-29.
李建臻，徐刚，吴永胜，等，2016. 不同微贮制剂处理农作物（小麦、油菜）秸秆效果研究［J］. 黑龙江畜牧兽医（9）：151-153.
林伟，2010. 肉牛高效健康养殖关键技术［M］. 北京：化学工业出版社.
刘进法，2018. 新余市“五化”推进秸秆综合利用［J］. 江西农业（3）：49.
刘宇虹，2018. 湖北农作物秸秆资源分布及其综合利用政策研究［D］. 武汉：华中师范大学.
孟春花，乔永浩，钱勇，等，2016. 氨化对油菜秸秆营养成分及山羊瘤胃降解特性的影响［J］. 动物营养学报，28（6）：1796-1803.
孟梅娟，2015. 非常规饲料营养价值评定及对山羊饲喂效果研究［D］. 南京：南京农业大学.
倪奎奎，2016. 全株水稻青贮饲料中微生物菌群以及发酵品质分析［D］. 郑州：郑州大学.
庞秀芬，王浩菊，段若依，等，2017. 混合菌群发酵秸秆合成菌体蛋白及其动力学分析［J］. 生物资源，39（3）：217-222.
彭春艳，罗怀良，孔静，2014. 中国作物秸秆资源量估算与利用状况研究进展［J］. 中国农业资源与区划（3）：14-20.
饶庆琳，胡廷会，成良强，等，2019. 油菜秸秆还田与复合肥配施对花生生长及产量的影响［J］. 贵州农业科学，47（7）：18-20.
宋燕. 2012. 油菜秸秆在杏鲍菇深层培养中的应用［D］. 芜湖：安徽师范大学.
谭娟，陈楠，董伟，等，2019. 玉米秸秆还田量对小麦生理生态特征和产量的影响［J］. 安徽农业科学，47（18）：41-42，45.
唐庆凤，杨承剑，彭开屏，等，2018. 添加植物乳杆菌对桑枝叶与玉米秸秆混合青贮发酵品质的影响［J］. 饲料工业，39（19）：38-43.
陶光灿，谢光辉，Hakan Orberg，等，2011. 广西木薯茎秆资源的能源利用［J］. 中国工程科学，13（2）：107-112.
田萍，王浩菊，马齐，等，2012. 纤维素酶降解小麦秸秆最适条件的研究及其动力学分析［J］. 氨基酸和生物资源，34（2）：13-15.
王定发，李梦楚，周璐丽，等，2015. 不同青贮处理方式对甘蔗尾叶饲用品质的影响［J］. 家畜生态学报，36（9）：51-56.
王高鑫，黄东益，周汉林，等，2019. 参薯茎叶营养成分和饲用价值分析［J］. 饲料工业，40（8）：17-21.
王凤芝，2019. 玉米秸秆黄贮料的优点和制作技术［J］. 现代畜牧科技（7）：39-40.
王坤，周波，穆胜龙，等，2020. 不同微生物处理甘蔗尾叶青贮对努比亚山羊生长性能、养分消化和瘤胃发酵的影响［J/OL］. 中国畜牧杂志：1-11［2020-02-20］. https：//doi. org/10. 19556/j. 0258-7033. 20190703-01.
王晓玉，薛帅，谢光辉，2012. 大田作物秸秆量评估中秸秆系数取值研究［J］. 中国农业大学学报，17（1）：1-8.
王智能，沈石妍，杨柳，等，2019. 蔗梢及皇竹草干制饲料的品质分析［J］. 饲料研究，42（1）：93-96.
吴文韬，鞠美庭，刘金鹏，等，2013. 一株纤维素降解菌的分离、鉴定及对玉米秸秆的降解特性［J］. 微生物学通报，40（4）：712-719.
吴兆鹏，蚁细苗，钟映萍，等，2016. 添加剂对甘蔗梢叶青贮营养价值的影响［J］. 广西科学，23（1）：51-55.
夏炎，2010. 高产稻麦两熟制条件下秸秆还田效应的研究［D］. 扬州：扬州大学.
徐缓，林立铭，王琴飞，等，2016. 木薯嫩茎叶饲料化利用品质分析与评价［J］. 饲料工业，37（23）：18-22.
徐卫涛，张俊飚，李树明，等，2010. 循环农业中的农户减量化投入行为分析［J］. 资源科学（12）：2407-2412.
闫佰鹏，王芳彬，李成海，等，2019. 利用近红外光谱技术快速评定油菜秸秆的营养价值［J］. 草业科学，36（2）：522-530.
杨大盛，汪水平，韩雪峰，等，2019. 乳酸菌和烷基多糖苷对玉米秸秆黄贮品质及其体外发酵特性影响研究［J］. 草业学报，28（5）：109-120.
杨琴，郑华，2014. 我国木薯茎秆资源的能源利用［J］. 南方农业，8（30）：110-111.
杨停，雷正达，张益书，等，2017. 油菜秸秆对四川白鹅生长及屠宰性能的影响［J］. 黑龙江畜牧兽医，14：187-189.
杨雪，邹书珍，唐贇，等，2019. 醋酸预处理对牛粪与水稻秸秆混合厌氧发酵特性的影响［J］. 安徽农业大学学报，46（4）：697-705.

易芬远，赖开平，叶一强，等，2014. 甘蔗的营养生理与肥料施用研究现况［J］. 化工技术与开发，43（2）：25-28，31.
尹东海，2018. 麦秸还田机插粳稻高产高效技术［D］. 扬州：扬州大学.
袁玲莉，刘研萍，袁彧，等，2019. 存储时间对玉米秸秆理化性状及产甲烷潜力的影响［J］. 农业工程学报，35（13）：210-217.
张吉鹍，李龙瑞，2016. 花生藤、红薯藤与油菜秸秆饲用品质的评定［J］. 江西农业大学学报，38（4）：754-759.
张路，2019. 设施水田土表覆盖小麦秸秆对蔬菜及土壤性质的影响［D］. 扬州：扬州大学.
赵凯，刘悦，倪振松，等，2019. 小球藻与小麦秸秆联合厌氧消化产沼气研究［J］. 中国沼气，37（4）：67-71.
郑子乔，罗星，祝经伦，2019. 添加剂对青贮水稻秸秆发酵品质的改善作用［J］. 中国饲料（10）：17-21.
中华人民共和国国家统计局，2015. 2015 中国统计年鉴［M］. 北京：中国统计出版社.
中华人民共和国国家统计局，2016. 2016 中国统计年鉴［M］. 北京：中国统计出版社.
中华人民共和国国家统计局，2017. 2017 中国统计年鉴［M］. 北京：中国统计出版社.
中华人民共和国国家统计局，2018. 2018 中国统计年鉴［M］. 北京：中国统计出版社.
中华人民共和国国家统计局，2019. 2019 中国统计年鉴［M］. 北京：中国统计出版社.
钟少颖，汪珩，朱勇文，等，2019. 甘蔗梢对鹅饲用价值及其饲喂效果［J］. 动物营养学报，31（7）：3346-3355.
朱妮，陈奕业，吴汉葵，等，2019. 不同类型添加剂对甘蔗梢青贮品质的影响［J］. 黑龙江畜牧兽医（23）：99-102.
朱远芃，金梦灿，马超，等，2019. 外源氮肥和腐熟剂对小麦秸秆腐解的影响［J］. 生态环境学报，28（3）：612-619.
文佐时，2017. 化学处理和生物处理对农作物秸秆降解特性的影响［D］. 长沙：湖南农业大学.

第二章　蔬菜尾菜饲料化处理与应用技术

蔬菜废弃物是指蔬菜生产及产品收获、贮存、运输、销售与加工处理过程中被丢弃的无商品价值的固体废弃物，包括根、茎、叶、烂果及尾菜等（黄鼎曦等，2002；杜鹏祥等，2015）。这些废弃物含水量较高，在田间地头或垃圾站等随意堆积，极易腐烂发臭，为苍蝇、蚊子及有害微生物的繁殖与传播创造了条件；其腐烂后产生的污水经地表径流冲刷或直接渗漏污染地表水和地下水；散发的臭气不仅污染大气，更影响人们的生活质量。近年来，我国饲料资源严重紧缺，饲料粮供需的矛盾日益突出，对 2016 年的国内粮食产量以及畜产品生产的饲料需求量的数据综合分析，饲料的供需比例为 1：2. 17，并且我国粮食产量近年来增长趋势放缓，饲料资源供需失衡，饲料原料价格持续上涨，常规饲料资源短缺以及养殖成本增加制约着畜牧业的可持续发展。因此，开发新的饲料来源始终是促进我国畜牧业发展的一项重要主题。据 2011 年联合国粮农组织报道，蔬菜从生产到利用有将近 2/5 的尾菜折损，蔬菜尾菜的利用率低下，势必加剧环境污染。中共上海市委农村工作办公室大调研办公室调研表明，2018 年近 200 万 t 的蔬菜尾菜中，有 11. 6%用于有机肥的资源化利用，38. 4%用于直接饲喂或者还田，剩余 50%未加以利用；而 2016 年甘肃酒泉市近 41. 9 万 t 的蔬菜尾菜利用率仅为 15. 9%。蔬菜尾菜含有丰富的有机质和氮、磷、钾等营养物质。其饲料化利用不仅可缓解环境污染问题，也可从一定程度上减轻饲料供应不足的负担。

第一节　蔬菜尾菜资源概况

一、蔬菜废弃物的来源

蔬菜从育苗到成熟，从收获到上市，再到加工，每一个阶段、每一个环节都会产生废弃物，蔬菜废弃物的主要来源有蔬菜生产区、蔬菜集散地和蔬菜加工区等（杜鹏祥等，2015）。在蔬菜生产区，废弃物主要由整枝打杈、病虫为害和拉秧等产生，这部分占蔬菜废弃物总量的60%左右（宋丽，2010）。据统计，山东寿光地区有5.33万hm^2的设施蔬菜，约40万个日光温室，每年产生的蔬菜废弃物达120万t（李培之，2017）。何宗均等（2016）对天津地区蔬菜种植废弃物产生情况进行了初步调查，统计结果显示，天津地区蔬菜种植废弃物产量达41.63t/hm^2，“十二五”末期年产蔬菜废弃物为416.3万t。蔬菜集散地主要指各大中小型蔬菜批发市场，废弃物主要由不易运输、容易腐烂、质量不佳的蔬菜产生。每年5—10月蔬菜生产销售旺季，北京新发地农产品批发市场日产垃圾量约为200t，其中蔬菜废弃物占90%以上（刘松毅等，2013）。蔬菜加工区的废弃物主要由普通包装蔬菜（托盘菜）和鲜切菜（净菜）入市前的加工、餐饮行业及家庭食用前加工等产生，即修整切割下的不可食用或不具备商品性的部分，这部分占蔬菜废弃物总量的20%~25%，加工过程中叶菜类蔬菜损失最高，夏季的损失率最高可达60%（李金文等，2016）。叶菜类、果菜类、根茎类三大类蔬菜因生长周期和食用部位不同，其产废系数不同，故产生的废弃物量存在差异。韩雪等（2015）通过计算得出叶菜类蔬菜产废系数平均为9.7%，果菜类蔬菜平均为3.8%，根茎类蔬菜平均为4.7%；并以北京市2011年三大类蔬菜种植面积和蔬菜单产为基数，计算出叶菜类、果菜类、根茎类蔬菜产生的废弃物量分别为13.6万t、4.3万t、0.78万t，总量达18.68万t。李金文等（2016）调查发现，托盘菜分拣包装时叶菜类蔬菜损失率为20%~30%，果菜类蔬菜为5%~10%，根茎类蔬菜为5%~10%，但一年四季差异并不大；鲜切蔬菜加工时叶菜类损失率为20%~40%，在高温季节甚至达到了60%；果菜类蔬菜损失率为10%~30%，根茎类蔬菜为5%~10%。

二、我国蔬菜尾菜的产量与养殖饲料资源

自1988年“菜篮子工程”实施以来，我国蔬菜产业发展迅速，从根本上扭转了我国副食品长期短缺的局面。截至2017年，我国蔬菜播种面积达22 088千hm^2，产量为81 141万t，蔬菜的种植面积达农作物总面积的12.01%，极大地满足了人民的需求。但随着蔬菜种植面积和产量的逐年增加，人民对蔬菜的质量需求也大大提升，因此，蔬菜收获、运输、贮存、加工包装和消费的各个阶段中，产生的尾菜数量极其巨大。根据国家统计局农村社会调查司对蔬菜种植面积和蔬菜产量的调查数据，按照联合国粮农组织的折损率测算了蔬菜尾菜的产生数量，如图2-1所示，我国蔬菜的种植面积和产量有逐年上升趋势，随之而来的是尾菜产量逐年增加，2017年的尾

菜产量达到了29 657万t。如此数量的尾菜使其成为我国继水稻秸秆、玉米秸秆、小麦秸秆之后的第四大农业废弃物。

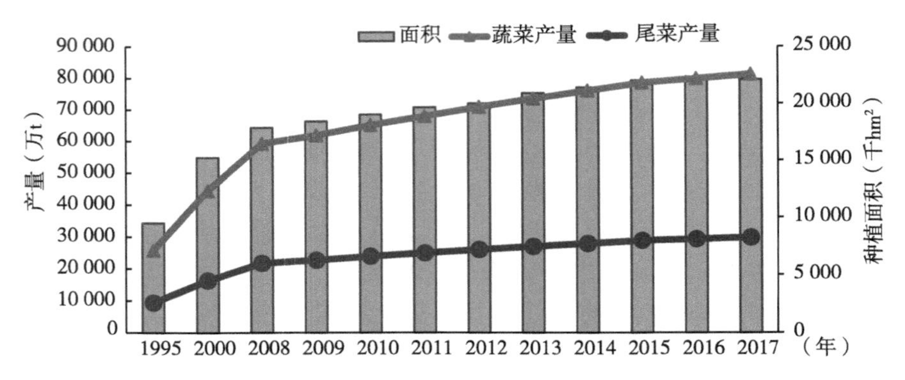

图 2-1　1995—2017 年中国蔬菜种植面积、年产量及尾菜产量的变化趋势

我国养殖业近年来发展迅速，已经成为世界上第一养殖大国，而饲料资源总体上不足，具体指能量饲料、蛋白质饲料、优质粗饲料的缺乏。据2018年《中国畜牧兽医年鉴》统计，我国2017年的肉产量为8 654.4万t，奶产量为3 148.6万t，蛋产量为3 096.3万t。按照集约化养殖的饲料转化率来计算，肉产量、蛋产量和奶产量的饲料转化率为5∶1、3∶1、3∶1，由此可计算出饲料的总需求量为62 006.7万t，如表2-1所示。而我国2017年的谷物产量为61 520.5万t，谷物中玉米总产量为25 907.1万t，豆类总产量为1 841.6万t。大豆和玉米作为主要饲料原料，其产量远远不能够满足畜禽饲料的需求量。《2018—2023年中国饲料行业市场需求预测与投资战略规划分析报告》数据显示，2017年我国饲料产量为28 466万t，饲料的产量与需求量极为不对等，并且近年来我国饲料产量趋于下降，2016年饲料产量为29 052万t，2017年较2016年下降了2%。而我国蔬菜尾菜的数量极大，根据饲料化利用与储存要求，按照2017年蔬菜尾菜鲜重产量（平均水分含量按照90%，饲料干物质含量按88%测算），可弥补3 370.1万t的饲料缺口，所以有必要加强对尾菜的利用，如此不仅解决了“尾菜之困”的难题，也缓解了我国饲料原料紧缺的问题。

表 2-1　2017 年我国肉蛋奶产量及其饲料需求量　　（万 t）

种类	产量	饲料需料量
肉类	8 654.4	43 272.0
蛋类	3 096.3	9 288.9
奶类	3 148.6	9 445.8
总计	14 899.3	62 006.7

三、蔬菜尾菜的营养成分及理化性质

蔬菜中有机物含量较高，主要包括糖类、蛋白质、粗纤维、脂质类物质等，平均占干物质 70%左右，而叶菜类蔬菜作为尾菜饲料化的主要原料，其干物质含量可达 95%。另外，其碳氮比低，通常为 7.00~22.35（刘荣厚等，2008；李扬和李彦明，2015）；富含营养成分，其中含糖类和半纤维素 75%、纤维素 9%、木质素 5%，以干基计算含氮量为 3%~4%，含磷量为 0.3%~0.5%，含钾量为 1.8%~5.3%（黄鼎曦等，2002；刘荣厚等，2008）；pH 值为 6.00~9.23（王丽英等，2014）。白菜在我国是一种常见的蔬菜，需求量大、价格低，同时尾菜折损比也较平均值高。白菜的适口性好，其干物质中含有较高的蛋白质和氨基酸，是优良的畜禽饲料原料。对于南方的水生蔬菜，茭白的尾菜产生数量也相当大，茭白鞘叶的纤维含量高，适合通过青贮处理作动物的饲料。相关蔬菜的营养成分见表 2-2。

蔬菜一般呈现强季节性、保存周期短的特点，且含水量较高，一般在 80%~90%。另外蔬菜的生产周期常处于高温季节，蔬菜尾菜在堆积的情况下，容易腐烂发臭，同时为苍蝇、蚊子、有害微生物传播疾病提供了便利条件。腐烂产生的废水中含有大量的硝酸盐氮（NO_3^--N），可经地表的径流冲刷直接污染地表水，也能渗透至地下污染水源，而地下水将会直接或间接危害人类的健康。另外，大量的尾菜在腐烂变质的过程中，产生的 NH_3、H_2S、CO_2、CH_4、乙烯、乙炔等气体对空气质量与人类健康会产生一定的危害。

表 2-2　相关蔬菜的营养成分含量　（%）

蔬菜种类	必需氨基酸	非必需氨基酸	总氨基酸	粗蛋白质	粗脂肪	粗纤维	粗灰分	水分
白菜类	6.42	13.11	19.53	28.26	6.78	12.94	0.70	94.70
甘蓝类	5.47	9.30	14.77	18.90	6.16	11.94	0.62	92.29
豆菜类	9.45	16.51	25.96	27.26	8.57	11.27	0.68	84.42
绿叶菜类	7.73	10.70	18.43	23.80	6.49	11.75	1.26	92.83

在蔬菜栽培管理过程中，特别是保护地栽培，病虫害的发生易导致蔬菜废弃物携带大量的病原菌和虫卵（宋丽，2010；常瑞雪，2017），例如，可能携带霜霉病、灰霉病、病毒病等病原菌，及粉虱类、蓟马类和蚜虫类等虫卵。同时，在病虫害防治过程中，不合理用药可能会导致蔬菜废弃物中农药残留超标。黄月香等（2008）对北京市蔬菜农药残留进行调查，随机抽取了70个品种2 196个样品，发现超标样品共计18个品种49个样品，超标率为2.23%，其中叶菜类和花菜类蔬菜超标种类较多，超标量较严重。除此外，部分地区的土壤存在重金属污染现象，在该类土壤上栽培的蔬菜（特别是叶菜）因吸附、累积作用易导致植株或果实中重金属含量偏高，废弃物也可能存在重金属含量超标现象。在我国，不同地区气候环境、土壤条件存在差异，结合设施类型的因地制宜发展及地域性品牌建设，使蔬菜生产具有一定区域性、周期性和主栽种类的差异性，进而所产生的蔬菜废弃物一定程度上也呈现出地域、季节和种类的区别特征。例如芹菜是山东马家沟标志性产品，年种植面积达667hm^2，毛菜年产量大约75万t，净菜加工后废弃物量高达48万t，是该地区蔬菜废弃物的主要种类之一（田久东等，2017）；江苏省扬州市2008年水生蔬菜的种植面积为10 866.7hm^2，主要包括莲藕、茭白等，夏秋季节是茭白收获的季节，茭白鞘叶会被择去成为尾菜（戚如鑫等，2018）。

第二节　蔬菜废弃物资源化利用途径

蔬菜废弃物因其保存周期短、极易腐烂，不宜长途运输，短期内用填埋法处理见效快；在城市生活垃圾中蔬菜废弃物占20%~50%，而这部分废弃物不容易被分离出来单独处理，一般随生活垃圾直接填埋（刘广民等，2009）。填埋法是传统农业生产中蔬菜废弃物处理的最主要方法之一，目前在部分城市仍是生活垃圾处理的常见方式。该方法操作简单，省时省工，但填埋仅表观解决了地面蔬菜废弃物造成的环境污染，随着时间的推移会造成二次污染，包括地下水污染、土壤污染和空气污染等，同时，填埋还造成大量有机能源的浪费。随着环境污染和资源浪费等问题日益突出，许多学者开始对蔬菜废弃物资源化利用途径进行研究。表 2-3 总结了蔬菜废弃物主要资源化利用途径和特点。将尾菜进行无害化处理和资源化利用，对保障蔬菜产业健康可持续发展和保护农业农村生态环境意义重大。

表 2-3　蔬菜废弃物主要资源化利用途径和特点

方法	优点	缺点
直接还田	节约成本；改善土壤理化性质；结合高温闷棚技术能明显抑制病虫害传播	优化的秸秆菌剂较少，且菌剂成本高
堆肥化	操作简单；不受环境和地域的限制；能有效杀灭致病微生物和虫卵；营养全面	需先晾晒，时间长；产生臭味；氮损失严重；占地面积相对较大
液肥化	操作简单；时间短；生产成本低；配施方便；营养全面	产生臭味；氮损失严重；有潜在致病微生物和虫卵
能源化	回收沼气，节约不可再生资源；沼液、沼渣可作肥料	时间长；条件苛刻（配套装置）生产成本高；受规模限制
饲料化	饲料养分高；动物适口性好；提高动物的消化能力；节约饲养成本	地区差异性强，不适合大规模化生产

一、尾菜饲料化

蔬菜废弃物用作畜禽饲料在我国有着久远的历史。在我国畜牧业发展早期，农村家庭的蔬菜废弃物经常会直接投喂猪、羊、鸡等动物，这在当时对我国畜牧业的发展起着重要作用（李俊等，2009）。但是蔬菜废弃物中的木质素与糖结合在一起，增加了反刍动物瘤胃中的微生物和酶对其分解的难度，且蔬菜废弃物蛋白质含量低，一些必需的营养元素缺乏，直接饲喂不能被动物高效吸收利用；另外，携带病虫害的废弃物直接饲养畜禽，可能会危害动物健康（陈智远等，2010）。随着科学技术的蓬勃发展，研究人员利用生物或物理技术对蔬菜废弃物进行处理，将蔬菜废弃物中的糖、蛋白质、半纤维素、纤维素等物质转变为饲料，在一定程度上提升饲料的养分、降低动物饲养成本（李敏和王海星，2012；戚如鑫等，2018）。

尾菜饲料化，是指通过生物或物理技术处理将尾菜转变为饲料，用于替代或部分替代饲料。尾菜饲料化可在一定程度上提升饲料的养分、降低动物饲养成本。连文伟等对菠萝叶进行饲料化处理，将菠萝叶通过青贮技术制成青贮饲料。张继等（2007）对马铃薯和高山娃娃菜的废弃物进行固体发酵，生产出菌体蛋白饲料。李海玲等（2015）将白菜尾菜和小麦秸秆按一定比例进行混合发酵，增加了白菜尾菜和小麦秸秆饲料化的可利用性。戴洪伟等（2015）将玉米秸秆和莲花菜尾菜利用酵母菌进行发酵，提高了原物料中粗脂肪和粗蛋白质的含量。杨富民等（2014）采用畜禽粗饲料制粒及制块的技术，针对芹菜、白菜和莲花菜这3种蔬菜的尾菜研制出相应的尾菜饲料化生产线，并进行了优化。王朝霞报道，兰州市榆中县定远镇蒋家营村的村民，利用青贮技术将花椰菜的废弃物制作成青贮饲料用于饲养奶牛，且饲养效果较好。徐大文（2014）设计出了将尾菜加工成饲料粉的技术。邵建宁等通过研制出的尾菜液体青贮菌剂，对白菜废弃物和青笋叶进行青贮发酵，生产出的尾菜青贮饲料品质良好。李勇等（2007）通过在白菜中添加小麦麸、2%乙酸和玉米粉进行青贮，发现当青贮时间为第30d时效果可达最佳。目前，主要的饲料化方式有青贮和加工饲料蛋白、饲料粉等。青贮处理可以延长饲料储存时间，并提升饲料的适口性和营养价值，有助于动物采食量的增加；加工成饲料蛋白、饲料粉，可以提升动物的消化能力和动物产品的品质。这两种方式一定程度上解决了直接饲喂时存在的问题，是蔬菜废弃物饲料化利用的有效途径。

（一）尾菜颗粒饲料

尾菜经清洗、打浆、压榨、烘干、造粒、过筛等工序生产加工成尾菜颗粒饲料，其关键是降低含水量和延长贮藏期，压滤是去除水分简单、经济的方法之一。尾菜经压滤后含水量可降至30%～60%，加入吸水剂、黏合剂等辅料，通过造粒、制块，制成供畜禽自由采食的粗饲料。目前饲料所用吸水和黏合物料主要为膨润土、次粉、玉米蛋白粉、稻壳粉等。杨富民等（2014）利用芹菜、白菜、莲花菜的尾菜，采用畜禽粗饲料制粒和制块工艺，生产的粗饲料营养丰富、适口性好、耐储存。Retnani 等（2014）利用尾菜制备的薄片饲料饲喂绵羊比传统饲料饲喂多增重25.6%。

（二）尾菜青贮饲料

尾菜青贮饲料是利用乳酸菌等微生物的发酵改变尾菜的理化性状，在缺氧环境中乳酸菌大量繁殖从而将尾菜中的碳水化合物变成乳酸，乳酸积累到一定浓度抑制了腐败菌的生长，使尾菜得以长期保存，通过青贮处理可以使原来尾菜变软熟化，增加适口性、提高营养价值及消化吸收率。李勇等（2007）在白菜中添加玉米粉、小麦麸和2%乙酸进行混合青贮，取得了良好的青贮效果。何元翔等（2013）、冯炜弘等（2013）研究发现，萎蔫处理后的花椰菜茎叶适宜青贮发酵，添加乳酸菌剂可以得到品质优良的花椰菜茎叶青贮饲料。

（三）尾菜发酵蛋白饲料

尾菜发酵蛋白饲料是利用微生物在尾菜中的生长繁殖和新陈代谢，积累有用菌体、酶和中间代谢产物来生产和调制的饲料。尾菜中的成分一般都能被微生物分解利用，这些微生物含有较多的蛋白质及较丰富的维生素，加到饲料中可提高饲料的饲喂效果。武光朋（2007）以蔬菜废弃物为主料，以麸皮等作辅料，采用不灭菌的固体发酵技术，生产单细胞蛋白饲料，产物蛋白质含量可提高75%。李海玲等（2015）对尾菜与小麦秸秆进行混合发酵试验，并比较分析发酵前后的营养物质含量变化，发现通过发酵可提高白菜混合物中的粗蛋白质和脂肪含量。

二、尾菜肥料化

尾菜肥料化是尾菜在一定条件下通过微生物或酶制剂作用，释放出其中的矿物质养分、分解成的有机质、腐殖质供作物吸收利用的产品生产过程。尾菜制成的有机肥料，具有营养全面、肥效长、易被作物吸收等特点，可提高作物产量和品质、防病抗逆。在提高土壤肥力、增加土壤有机质和改善土壤结构等方面有独特作用（徐兵划等，2016；黄鸿翔等，2006）。

（一）尾菜堆肥

尾菜堆肥是利用自然界微生物或商业腐熟菌剂，有控制地进行尾菜有机物向稳定腐殖质转化的生物化学过程，堆肥的腐熟过程，既是有机物分解和再合成的过程，又是一个无害化处理的过程（Varma et al.，2015；李国学等，2003；魏源送等，1999）。尾菜进行堆肥处理，首先可以将其中的易腐有机物转化为土壤易接受的有机营养土；其次堆肥过程中的高温发酵使尾菜中的致病菌、寄生虫卵基本被杀死。按照堆肥的基本原理分为好氧堆肥和厌氧堆肥。好氧堆肥依靠专性和兼性好氧菌的作用使有机物降解，堆肥温度高，可以最大限度地消灭病原菌，有机物的分解速率较快，堆肥周期较短。厌氧堆肥依靠专性和兼性厌氧菌的作用降解有机物，不需要经常翻搅堆肥原料，可减少劳动量，堆肥周期相对较长，多用于含水率高的尾菜（王丽英等，2014）。席旭东等（2010）以蔬菜废物为主要原料通过地下厌氧、地下好氧、地上厌氧和地上好氧4种堆肥处理发现，地上好氧处理温度上升快、含水率下降明显、腐熟度好、堆肥质量高，可以实现蔬菜废物的高效转化。龚建英等（2012）进行微生物菌剂和鸡粪对蔬菜废弃物堆肥化处理的影响研究，发现利用小麦秸秆、蔬菜废物和动物粪便进行联合堆肥，同时添加微生物菌剂，可促进对蔬菜废物堆肥的快速无害化，减少此类有机废物直接施用后造成的风险，可以提高蔬菜废物的无害化循环利用。张相锋等（2003）以蔬菜废物、花卉废物和鸡舍废物为原料，进行了不同配比的联合堆肥中试研究，通过堆肥工艺的优化控制，可以获得高质量的堆肥产品。

（二）尾菜沤肥

尾菜沤肥是在淹水条件下，以厌氧和兼性厌氧菌为主的微生物对尾菜中有机物的分解过程，好氧性细菌、放线菌和真菌的作用很弱。李吉进等（2012）选用白菜废弃物、番茄秧废弃物为原料，采用桶装沤制96d制得的沤肥不仅可溶性氮、磷、钾含量较高，而且肥效也好。刘安辉等（2011）对蔬菜废弃物沤肥和化肥对油菜产量、品质的影响研究表明，蔬菜废弃物沤肥可以明显增加油菜产量、提高品质。

（三）尾菜微生物复合肥

微生物肥料利用微生物的生命活动及其代谢产物，改善作物养分供应，向农作物提供营养元素、生长物质，调控其生长，达到改善作物品质、提高产量和土壤肥力的目的（孟瑶等，2008）。尾菜微生物复合肥是尾菜经过堆沤肥处理后，加入功能微生物，配以一定比例的无机氮、磷、钾，复混形成的一种融有机肥、无机肥及功能微生物为一体的“三合一”尾菜微生物复合肥料。尾菜微生物复合肥料集有机肥、化学肥料和微生物肥料的优点于一体，实现氮、磷、钾平衡和有机无机平衡，可以增加土壤有机质，改良土壤结构，提高土壤肥力，改善农产品质量并提高产量（毛开云等，2014）。

三、尾菜基质化

尾菜基质化是指尾菜经特定处理，作为栽培基质栽培食用菌、蔬菜或作为养殖基质养殖黄粉虫、蚯蚓等高蛋白虫类（范如芹等，2014；田赟等，2011）。

（一）尾菜作为栽培基质

尾菜经适当处理可作为食用菌栽培的基质。食用菌是一类子实体肉质或胶质，并可供食用的大型真菌。食用菌可分解尾菜基质中的纤维素、半纤维素，通过分解吸收组合成自身的菌体蛋白。李瑞琴等（2016）在蔬菜废弃物发酵后熟期满后，将充分腐熟并经过暴晒后的发酵产物过 10mm 筛，混合均匀，作为蔬菜有机生态型栽培基质，对番茄的生长发育和营养品质有一定的促进作用。

（二）尾菜养殖黄粉虫

黄粉虫可以取食各种蔬菜废弃物，通过黄粉虫的过腹转换处理尾菜，将低值的尾菜转变成高附加值的昆虫蛋白，尾菜养殖黄粉虫有着更高的饲用安全性和营养价值。杨文乐和徐敬明（2013）探讨豆渣、麦麸、卷心菜对黄粉虫幼虫生长发育的影响发现，饲喂效果明显的饲料配方中均有 10% 卷心菜。徐世才等（2013）研究混合饲料和青菜叶对黄粉虫生长发育的影响，结果表明混合饲料和青菜叶对幼虫体质量增长、幼虫历期、幼虫粗蛋白质含量、幼虫化蛹率和成虫羽化率影响显著。

（三）尾菜养殖蚯蚓

蚯蚓的食物非常广泛，各类畜禽粪便、菜叶、农业生产废弃物等无毒有机物经过腐熟后均可作为其食物（Bakar et al., 2014；Rani et al., 2013）。以尾菜为蚯蚓养殖的基料，可显著提高蚯蚓的日增重、产茧数和孵化幼蚓数（张志剑等，2013）。

四、尾菜原料化

尾菜原料化是以尾菜为原料通过有效成分提取分离或生物发酵等生产高附加值产物。目前有研究报道利用尾菜加工蔬菜纸、活性炭，从尾菜中分离提取叶蛋白、纤维素、叶绿素、萝卜硫素、酚酸等有效成分和通过微生物发酵生产聚羟基烷酸酯、聚乳酸等。

（一）尾菜提取叶蛋白

尾菜中含有蛋白质，为得到尾菜蛋白提取最佳方法，汪建旭等（2013）以花椰菜废弃茎叶为原料，分别采用直接加热法、酸沉淀法、碱沉淀法、酸热沉淀法、碱热沉淀法、酸絮凝剂法提取叶蛋白，得到花椰菜废弃茎叶蛋白提取最佳方法为酸絮凝剂法。林燕如等（2013）以苋菜为试材，研究了浸提剂 pH 值、打浆时间、料液比、提浸时间对叶蛋白提取效果的影响，并在此基础上研究了不同絮凝温度及提取液 pH 值对叶蛋白沉淀的影响，结果表明苋菜叶蛋白提取的最佳工艺条件为浸提剂 pH 值为 5，打浆时间 5min，料液比 1∶7，浸提时间 6min，当絮凝温度为 85℃，提取液选用 pH 值为 3 和 9 时，苋菜叶蛋白的提取率为 2.90%，得率为 23.69%。

（二）尾菜提取萝卜硫素

萝卜硫素（1-异硫氰酸-4-甲磺酰基丁烷）是十字花科植物中发现的一种活性最强的抗癌成分。胡翠珍等（2016）以西兰花鲜食部分绿色幼嫩花茎和花蕾为试验材料，利用响应面法对添加剂和超声波辅助酶解西兰花提取萝卜硫素工艺进行优化。萝卜硫素的理论最大提取率达 1 858.20μg/g，经试验验证达 1 813.26μg/g，其相对误差为 2.48%，表明该提取工艺参数在西兰花中提取萝卜硫素是可行的。

（三）尾菜提取纤维素和加工蔬菜纸

尾菜提取膳食纤维的制备有物理方法、化学方法和酶法。王遂等（2000）以玉米皮为原料研究提取碱性半纤维素，提出了适合于工业化生产的提取途径。吴慧昊等（2013）以富硒白菜、菠菜为原料，通过添加不同的胶黏剂，研究其制成蔬菜纸的最佳配比条件，通过正交试验确定其复配最佳添加量：CMC-Na 0.3%、海藻酸钠 0.4%、明胶 0.6%、果胶 0.6%，将产品在 75℃烘烤 6h，得到的产品色泽鲜亮、平整、易揭片，咀嚼不粘牙。隋海涛等（2012）以紫甘蓝为原料，研究了不同因素对紫甘蓝蔬菜纸成型的影响，并优化了制取的试验条件，从而改善了紫甘蓝蔬菜纸的产品质量及产量。

（四）尾菜提取叶绿素

谢惠波等（2010）以空心菜为原料提取叶绿素、叶黄素两种色素，提取的色素能溶于水，颜色鲜艳、明亮；在最佳试验条件下叶绿素的提取率为 0.21g，叶黄素为 0.056g（以 100g 新鲜空心菜计）。黄晓德等（2007）研究以西兰花叶为原料提取叶绿素制备叶绿素铜钠盐的工艺条件，通过正交试验对西兰花叶的叶绿素提取工艺进行了优化。

（五）发酵产品

聚羟基烷酸酯是一种生物合成的环境友好塑料，是细胞内碳源和能源的储存物，可完全生化降解，其物化特性与传统塑料相近且具有光学活性等特殊功能，未来可代替传统石化塑料。综合利用芥蓝有机废弃物，接种特定的细菌和酵母菌，采用固态发酵技术，将聚羟基烷酸酯逐渐积累到微生物体内，然后通过技术手段从微生物中分类回收其富含的聚羟基烷酸酯。菜心有机废弃物用乳酸菌发酵制成粗乳酸，然后提纯乳酸，通过聚合反应制成可降解的塑料聚乳酸。这种塑料具有普通塑料的物理性质，又可自然降解，不会造成污染，还能降低成本（耿安静等，2012）。

五、尾菜能源化

尾菜能源化利用主要集中在尾菜制沼气、制氢及发酵乙醇等技术研究。

（一）尾菜发酵沼气

沼气发酵又称甲烷发酵，指在特定的厌氧条件下，微生物将有机物质进行分解，其中一部分碳素物质转化为甲烷和二氧化碳的过程（Goel et al., 2014）。刘芳等（2013）以菜花、甘蓝、白菜、番茄废弃叶与牛粪为原料，对厌氧发酵产气规律和特性进行研究发现，蔬菜废弃茎叶与牛粪混合厌氧发酵呈现发酵周期延长、产气量升高、甲烷体积分数增加的趋势。刘荣厚等（2008）以废弃的甘蓝菜叶为发酵原料，采用小型沼气发酵装置和厌氧发酵工艺进行处理，当接种物浓度为30%时，挥发酸含量、氨态氮含量以及pH值都在正常范围内，且总产气量最高，从而证实蔬菜废弃物厌氧处理的可行性。董晓莹等（2015）对蔬菜垃圾产酸特性和产甲烷特性进行产沼气研究，通过自行设计的两相厌氧发酵装置获得了良好的产气效果。张艳等（2015）以娃娃菜废弃物为原料，在实验室小型厌氧发酵装置和农村户用沼气池进行了厌氧发酵试验，通过对发酵过程中各项指标的测定，结果表明接种物浓度为30%，碳氮比为20：1试验组的pH值、挥发酸含量及氨态氮含量都在正常范围内，沼气产量和CH_4含量明显高于其他组；在8m^3的户用沼气池采用沼液浸泡酸化前处理的工艺，60d沼气产量达到59.42m^3，CH_4含量稳定在47%左右，能够满足农村日常生活能源供应。

（二）尾菜发酵制氢

微生物制氢技术是利用异养型的厌氧菌或固氮菌分解小分子的有机物制氢的过程，具有产氢速率高、不受光照时间限制、可利用的有机物范围广、工艺简单等优点（Marone et al., 2014）。张相锋等（2012）以厌氧活性污泥为产氢菌种，研究了氮源对蔬菜废弃物厌氧生物制氢的pH值、产气能力、产氢能力以及气体成分的影响，结果表明添加适量的氮源能有效增加产氢量，延长产氢周期；氮源添加量为0~0.1%时，对蔬菜废弃物产氢能力具有促进作用，超过0.1%，则有明显的抑制作用。

（三）尾菜发酵乙醇

将尾菜转化成密度高、品位高的液体燃料是合理利用生物质能的有效途径。利用的主要形式有糖与淀粉发酵制酒精和纤维素发酵制酒精，糖与淀粉发酵制酒精技术已成熟（孙清，2010）。姜瑜倩（2013）利用果蔬废弃物发酵生产酒精，通过对原料发酵特点的研究，确定前处理、灭菌、腐烂度、营养盐、相关酶等对酒精产率的影响，筛选最佳酵母并优化发酵条件，浓缩小试后进行了经济可行性分析。

第三节　尾菜处理利用技术研究思路

一、根据尾菜分类研发

尾菜种类繁多，养分含量、碳氮比差异较大，因此，尾菜处理利用时可按照尾菜种类进行研发和选择处理利用技术。尾菜参照蔬菜产品器官可分为叶菜类、根茎类、瓜果类，在对其成分分析的基础上再有目的地进行尾菜处理利用。根据尾菜的种类结合尾菜物料性质、尾菜特点进行尾菜资源化技术研发、改进和优化，有针对性地选择适合的处理与利用方式。

二、根据尾菜分级研发

对尾菜进行分级可以根据尾菜品质有针对性地进行处理利用，一级尾菜清洗后可直接食用，可用于蔬菜汁、蔬菜粉、蔬菜纸等食品生产。二级尾菜经过分拣后，无腐烂变质，可用于饲料生产、有效物质提取及高蛋白虫类饲养等。三级尾菜动物无法食用，可用于栽培基质制备、肥料生产和沼气生产等。

三、根据尾菜来源研发

尾菜的产生相对集中，主要产生于蔬菜产区、蔬菜集散地和蔬菜加工场所，具备单独收集和处理的优势和条件。在蔬菜产区针对蔬菜种植户建议采用就地处理模式，选择经济适用的尾菜处理利用方式和技术，采取田间堆肥、沤肥及直接还田等方式，就地消化田间地头产生的尾菜。集中处理适合蔬菜集散地和蔬菜加工场所等收集的尾菜，可采取工业化饲料加工、有机肥生产、有效物质提取、能源化利用等作为尾菜处理资源化利用的主要方向。

第四节　尾菜饲料化在畜禽养殖中的应用

将尾菜饲料化应用于畜禽养殖中能够起到节省饲料、提高饲料营养价值、改善饲料适口性、提升动物生产能力和品质、降低动物饲养成本等作用。李明福等采用菠萝叶废弃物青贮饲料喂养反刍动物后发现饲喂效果相对较好，并且菠萝叶废弃物青贮饲料也适用于猪的喂养；将50%的常规青饲料替换成菠萝叶废弃物青贮饲料用于喂养生长和育肥阶段的猪，通过试验发现猪的采食量、粪尿、皮肤、毛色及健康状况等都处于正常状态，且增重效果较好；在饲养成本方面，猪的体重每增重1kg即可节省0.35元。倪小军等通过金针菇菌糠饲料化的试验发现，食用含金针菇菌糠饲粮的猪增重显著升高且长势较好，毛色和皮肤较好，采食量也显著增加，健康状况较好且死亡率相对于对照组也有所降低；在饲养成本方面，通过试验发现每头猪的饲料成本降低了8元，每头猪增值11.78元，每头猪的净利润可增长19.78元。陈芳对竹笋废弃物进行青贮化，使得其干物质含量提高至23.8%，粗蛋白质含量为16.7%、粗纤维含量为34.7%、pH值为3.9；通过试验发现，以青贮化的竹笋废弃物饲料替代20%的精料饲喂湖羊的增重效果最好，日增重达206g；将竹笋废弃物青贮饲料用于替代肉牛日粮中的大麦和小麦，采食量平均增加7.1%，平均日增重相对于对照组提高了9.7%，饲料成本相对于对照组降低了0.92%，盈利相对于对照组增加了17.72%。胡理明将茭白鞘叶进行青贮化，发现茭白鞘叶经青贮处理后，不论是营养价值还是适口性均得到了有效的提升，品质优于普通饲草料；将茭白鞘叶青贮饲料加入湖羊的日粮中，试验组的湖羊食用茭白鞘叶青贮饲料后春季增重7.7%，秋季增重11.2%，年均增重9.45%，且试验期内未发生临床疾病。牛荇洲将高原夏菜通过青贮处理后形成尾菜青贮饲料，并对藏羊进行育肥试验，结果发现，与以玉米全株青贮作为粗饲料的对照组相比，以尾菜青贮饲料为粗饲料的2个试验组的藏羊日增重分别提升了8.91%和15.04%，增重率分别提升了11.32%和16.42%，经济效益分别提升了19.37%和29.30%，从而增加了养殖收入。连文伟等在泌乳奶牛的日粮中添加6kg/(头·d)的菠萝叶废弃物青贮饲料进行喂养，发现奶牛的产奶量提高了9.7%，并且牛奶比重也提高到了26.8%以上，在奶牛的饲料成本上节约了10~80元/t。Liu等将青贮笋壳作为奶牛粗饲料，可提升奶牛的采食量和生产性能。钱仲仓等将茭白叶通过青贮处理后变为pH值为4.52、总氮值为3.71%的茭白叶青贮饲料，通过对天台黄牛进行饲养试验后发现，试验组相对对照组增重提升了7.18%。还有研究表明，一般情况下兔类对饲料中粗纤维的消化率低于40%，而牛、羊对饲料中粗纤维的消化率高于兔类。

由此可见，尾菜饲料化在实际的养殖中能够为养殖户节约养殖成本，提高饲料的适口性和畜禽采食量，并在一定程度上提高养殖动物的生长性能，而最终体现为提高养殖户的养殖经济效益。

第五节　关于蔬菜废弃物资源化高效利用的思考

蔬菜废弃物具有“双重性”，无序堆放会浪费资源、污染环境，合理开发将会变废为宝，成为一个很大的资源库。传统处理方式易造成环境污染和资源浪费，不利于蔬菜清洁生产和现代农业的可持续发展，因此实现蔬菜废弃物资源化高效利用是目前我国亟须解决的问题。

自20世纪80年代开始，国外就陆续着手对蔬菜废弃物处理方法进行专门研究，主要有好氧堆肥、厌氧消化、好氧—厌氧联合处理和生产饲料等方法。目前发达国家在蔬菜废弃物的利用技术方面已趋于成熟，处理方法总体可分为秸秆还田循环利用和秸秆离田产业化利用两大类（孙宁等，2016）。近年来，我国在蔬菜废弃物资源化利用上已开展了大量研究，且已有成果应用于生产，实现蔬菜废弃物资源化利用。但是，在应用设备、应用技术和应用方式上仍存在很多局限性，为进一步探索适合我国国情的发展模式，在继续探寻与创新蔬菜废弃物资源化高效利用途径时，应结合我国蔬菜废弃物的来源与特点，充分考虑废弃物产生情况和废弃物种类、当地政策等，优化或开发适宜的资源化利用方法，以实现清洁生产和资源高效利用的目的：①基于不同利用途径的基础研究成果，借鉴发达国家蔬菜废弃物利用先进经验，加大配套工艺研究和设备研发力度，鼓励研制和应用高效生产设备，推动废弃物处理的技术创新和装备化水平提高。如在加大液肥化（新途径）发酵装置及配套溶氧、温度自动监测装置研发的同时，也加大液肥生产相关技术的研究，为推广蔬菜废弃物高效化、轻简化、自动化的利用模式打下牢固基础。②构建循环农业生产技术集成路线。利用工程技术和农业技术相结合，按照“整体、协调、循环、再生”的原则，将蔬菜生产管理技术和废弃物资源化处理技术优化整合，构建蔬菜废弃物资源化高效利用生态模式和循环农业生产方式。结合现代园区中水肥一体化技术的应用，建立“蔬菜废弃物液化+有机水肥一体化”的资源化利用与水肥高效管理模式，实现蔬菜废弃物无害化、资源化处理与现代园区水肥高效管理的一体化，利于促进规模化蔬菜园区实现清洁化生产。③因地制宜，根据蔬菜废弃物来源的区域特点、种类特点和季节性特点，选用合适或创新的处理方法（一种或多种混用）。在田间或大型园区中，可鼓励利用“直接还田+生物菌剂+高温闷棚”技术，对秸秆进行就地加工，避免秸秆运输、转场，缩减作业环节。在个体小型温室或蔬菜集散地，积极推行蔬菜废弃物离田产业化利用。如叶菜类蔬菜集中收获的季节，在产区和集散地可利用液肥化处理方式；秸秆类蔬菜集中地区可根据具体情况施行堆肥化+沼气化共同利用模式；能加工生产饲料的蔬菜废弃物，可分拣并集中饲料化处理。④政府制定政策和配套资金支持，在典型的蔬菜主产区和大型蔬菜集散地建立适宜的废弃物处理中心，示范应用蔬菜废弃物的资源化高效利用模式；积极鼓励秸秆利用的相关企业发展，引导该类企业与蔬菜生产园区、批发市场及农产品加工厂等加强合作，促进互利共赢；加大宣传力度，增加企业和个人资源化利用意识。

参考文献

毕于运，王亚静，高春雨，2010. 中国主要秸秆资源数量及其区域分布［J］. 农机化研究，32（3）：1-7.

蔡文婷，朱保宁，李兵，等，2012. 果蔬废物 CSTR-ASBR 强化酸化分相厌氧消化产气性能研究［J］. 中国沼气，30（6）：23-27.

常瑞雪，2017. 蔬菜废弃物超高温堆肥工艺构建及其过程中的氮素损失研究［D］. 北京：中国农业大学.

陈静静，李建华，Takahashi J，等，2016. 蔬菜废弃物资源化利用——生产乳牛混合饲料［J］. 中国科技信息，19：82-84.

陈智远，石东伟，王恩学，等，2010. 农业废弃物资源化利用技术的应用进展［J］. 中国人口资源与环境，20（12）：112-116.

代学民，龚建英，南国英，2015. 辣椒秧—玉米秸秆高温堆肥无害化研究［J］. 河南农业科学，44（2）：66-70.

戴洪伟，解耀钦，2015. 玉米秸秆和莲花菜尾菜酵母菌发酵试验［J］. 甘肃畜牧兽医，45（3）：31-33.

董晓莹，闫昌国，王演，等，2015. 半连续两相厌氧发酵工艺处理蔬菜废弃物产沼气研究［J］. 太阳能学报，36（4）：988-993.

杜鹏祥，韩雪，高杰云，等，2015. 我国蔬菜废弃物资源化高效利用潜力分析［J］. 中国蔬菜，1（7）：15.

范如芹，罗佳，高岩，等，2014. 农业废弃物的基质化利用研究进展［J］. 江苏农业学报，30（2）：442-448.
冯炜弘，汪建旭，杨道兰，等，2013. 乳酸菌剂对花椰菜茎叶青贮饲料发酵品质的影响［J］. 中国饲料，15：19-24.
甘肃省科技厅网，2016-09-19. 酒泉市尾菜资源化利用初见成效年处理利用率达31%［EB/OL］. 甘肃新闻网 . https：//www. jiuquan. cc/12755. html.
耿安静，于秀荣，王富华，2012. 菜心的综合开发利用研究［J］. 食品工业，33（4）：107-109.
龚建英，田锁霞，王智中，等，2012. 微生物菌剂和鸡粪对蔬菜废弃物堆肥化处理的影响［J］. 环境工程学报，6（8）：2813-2817.
国家统计局农村社会经济调查司，2017. 中国农村统计年鉴［M］. 北京：中国统计出版社 .
韩雪，常瑞雪，杜鹏祥，等，2015. 不同蔬菜种类的产废比例及性状分析［J］. 农业资源与环境学报，32（4）：377-382.
何元翔，汪建旭，冯炜弘，等，2013. 萎蔫处理对花椰菜茎叶可青贮性的影响［J］. 西北农业学报，22（3）：161-167.
何宗均，梁海恬，李峰，等，2016. 蔬菜废弃物腐熟基质对番茄育苗效果的影响［J］. 天津农业科学，22（8）：32-34.
胡翠珍，李胜，马绍英，等，2016. 响应面优化西兰花中萝卜硫素复合提取工艺［J］. 食品工业科技，37（4）：271-277.
黄鼎曦，陆文静，王洪涛，2002. 农业蔬菜废物处理方法研究进展和探讨［J］. 环境工程学报，3（11）：38-42.
黄鸿翔，李书田，李向林，等，2006. 我国有机肥的现状与发展前景分析［J］. 土壤肥料（1）：3-8.
黄晓德，钱骅，赵伯涛，2007. 西兰花叶叶绿素提取及叶绿素铜钠盐制备工艺研究［J］. 中国野生植物资源，26（3）：45-47.
黄月香，刘丽，培尔顿，等，2008. 北京市蔬菜农药残留及蔬菜生产基地农药使用现状研究［J］. 中国食品卫生杂志，20（4）：319-321.
姜瑜倩，2013. 果蔬废弃物生物炼制酒精技术研究［D］. 天津：天津科技大学 .
金赞芳，王飞儿，陈英旭，等，2004. 城市地下水硝酸盐污染及其成因分析［J］. 土壤学报，41（2）：252-258.
李爱科，郝淑红，张晓琳，等，2007. 我国饲料资源开发现状及前景展望［J］. 畜牧市场（9）：13-16.
李国学，李玉春，李彦富，2003. 固体废物堆肥化及堆肥添加剂研究进展［J］. 农业环境科学学报，22（2）：252-256.
李海玲，惠文森，刘杰，等，2015. 小麦秸秆和白菜尾菜混合发酵试验［J］. 中国酿造，34（5）：131-134.

李海玲，陈丽华，相吉山，等，2015. 一种提高小麦秸秆和白菜尾菜蛋白含量的方法. 中国：104770560A［P］.
李吉进，邹国元，孙钦平，等，2012. 蔬菜废弃物沤制液体有机肥的理化性状和腐熟特性研究［J］. 中国农学通报，28（13）：264-270.
李金文，沈根祥，钱晓雍，等，2016. 蔬菜初级加工废弃物产生现状与实证分析——以上海市为例［J］. 中国农业资源与区划，37（11）：87-91.
李俊，刘李峰，张晴，2009. 餐厨废弃物用作动物饲料国内外经验及科研进展［J］. 饲料工业，30（21）：54-57.
李敏，王海星. 2012. 农业废弃物综合利用措施综述［J］. 中国人口·资源与环境（S1）：37-39.
李培之，2017. 寿光蔬菜废弃物处理措施与成效［J］. 中国蔬菜（3）：13-15.
李瑞琴，于安芬，白滨，等，2016. 蔬菜废弃物栽培基质对番茄生长发育和营养品质的影响［J］. 水土保持通报，36（2）：110-114.
李衍素，于贤昌，2018. 我国蔬菜绿色发展“4H”理念［J］. 中国蔬菜，352（6）：10-13.
李勇，朱平军，范伟杰，等，2007. 白菜青贮效果观察［J］. 中国畜牧兽医，34（2）：21-22.
连文伟，张劲，李明福，等，2003. 菠萝叶渣青贮饲料饲喂奶牛对比试验［J］. 热带农业工程（4）：23-25.
林燕如，张晓芝，2013. 苋菜叶蛋白提取工艺研究［J］. 北方园艺（18）：139-142.
刘安辉，李吉进，孙钦平，等，2011. 蔬菜废弃物沤肥在油菜上应用的产量、品质及氮素效应［J］. 中国农学通报，27（10）：224-229.
刘芳，邱凌，李自林，等，2013. 蔬菜废弃物厌氧发酵产气特性［J］. 西北农业学报，22（10）：162-170.
刘荣厚，王远远，孙辰，等，2008. 蔬菜废弃物厌氧发酵制取沼气的试验研究［J］. 农业工程学报，24（4）：209-213.
毛开云，陈大明，江洪波，2014. 微生物肥料新品种研发及产业化发展态势分析［J］. 生物产业技术（3）：33-40.
孟瑶，徐凤花，孟庆有，等，2008. 中国微生物肥料研究及应用进展［J］. 中国农学通报，24（6）：276-283.
戚如鑫，魏涛，王梦芝，等，2018. 尾菜饲料化利用技术及其在畜禽养殖生产中的应用［J］. 动物营养学报，30（4）：1297-1302.
秦渊渊，郭文忠，李静，等，2018. 尾菜资源化利用研究进展［J］. 中国蔬菜（10）：17-24.
任海伟，王聪，窦俊伟，等，2016. 玉米秸秆与废弃白菜的混合青贮品质及产沼气能力分析［J］. 农业工程学报，32（12）：187-194.
上海市委农办大调研办公室，2018. 关于本市蔬菜废弃物资源化利用情况的调研［EB/OL］. http：//www. shac. gov. cn/nw/swnbddy/20180824/105452.html.
邵世勤，马青枝，布彩霞，等，1994. 不同类蔬菜品种营养成分含量的研究（Ⅱ）［J］. 内蒙古农牧学院学报（3）：42-46.
邵世勤，马青枝，布彩霞，等，1993. 不同类蔬菜品种营养成分含量的研究［J］. 内蒙古农牧学院学报（2）：56-61.
申海玉，杨利，韩超，等，2016. 西兰花茎叶粉饲料化应用对雏鸭消化性能的影响［J］. 凯里学院学报，34（3）：70-73.
隋海涛，宗元，张新华，等，2012. 紫甘蓝蔬菜纸的研制［J］. 食品工业，33（4）：52-56.
孙清，2010. 燃料乙醇技术讲座（二）燃料乙醇的生产方法［J］. 可再生能源，28（2）：154-156.
田赟，王海燕，孙向阳，等，2011. 农林废弃物环保型基质再利用研究进展与展望［J］. 土壤通报，42（2）：497-502.
汪建旭，冯炜弘，杨道兰，等，2013. 花椰菜废弃茎叶中叶蛋白提取工艺的研究［J］. 食品工业科技，34（22）：253-256.
王丽英，吴硕，张彦才，等，2014. 蔬菜废弃物堆肥化处理研究进展［J］. 中国蔬菜（6）：6-12.
王遂，崔凌飞，尤旭，2000. 玉米皮半纤维素提取工艺的研究［J］. 中国粮油学报，15（3）：49-53.
王远远，2008. 蔬菜废弃物沼气发酵工艺条件及沼气发酵残余物综合利用技术的研究［D］. 上海：上海交通大学.
魏源送，王敏健，王菊思，1999. 堆肥技术及进展［J］. 环境科学进展，7（3）：12-24.
吴慧昊，谭力，王庆，2013. 膳食纤维蔬菜纸加工工艺参数研究［J］. 西北民族大学学报（自然科学版），34（2）：72-75.
武光朋，2007. 蔬菜废弃物的开发利用研究［D］. 兰州：西北师范大学.
席旭东，晋小军，张俊科，2010. 蔬菜废弃物快速堆肥方法研究［J］. 中国土壤与肥料（3）：62-66.
谢惠波，杨宗伟，陈丽，等，2010. 空心菜提取色素的综合利用研究［J］. 食品研究与开发，31（7）：189-192.
徐兵划，钱春桃，陶启威，等，2016. 蔬菜废弃物液体有机肥对小麦产量的影响［J］. 大麦与谷类科学（2）：1-5.
徐大文，2014. 浅谈尾菜加工饲料粉技术［J］. 科学种养（11）：46.
徐妙云，陈志敏，2007. 有机废弃物饲料资源化的研究进展［J］. 饲料与畜牧（3）：

17-19.
徐世才，刘小伟，王强，等，2013. 玉米秸秆发酵制取黄粉虫饲料的研究［J］. 西北农业学报，22（1）：194-199.
扬州市统计局，2012. 扬州市统计年鉴［M］. 北京：中国统计出版社 .
扬州市统计局，2013. 扬州市统计年鉴［M］. 北京：中国统计出版社 .
扬州市统计局，2014. 扬州市统计年鉴［M］. 北京：中国统计出版社 .
扬州市统计局，2015. 扬州市统计年鉴［M］. 北京：中国统计出版社 .
扬州市统计局，2016. 扬州市统计年鉴［M］. 北京：中国统计出版社 .
杨富民，张克平，杨敏，2014. 3 种尾菜饲料化利用技术研究［J］. 中国生态农业学报，22（4）：491-495.
杨鹏，朱岩，杜连柱，等，2013. 蔬菜废弃物好氧发酵腐殖液肥料化试验［J］. 农业机械学报，44（12）：164-168.
张继，武光朋，高义霞，等，2007. 尾菜固体发酵生产饲料蛋白［J］. 西北师范大学学报（自然科学版）（4）：85-89.
中华人民共和国国家统计局，2017. 中国畜牧兽医年鉴［M］. 北京：中国农业出版社 .
ALVAREZ R，LIDÉN G，2008. Semi-continuous co-digestion of solid slaughterhouse waste，manure，and fruit and vegetable waste［J］. Renewable Energy，33（4）：726-734.
BAKAR A，MAHMOOD Z，ABDULLAH N. 2014. Vermicomposting of vegetable waste amended with different sources of agro-industrial by product using *Lumbricus rubellus*［J］. Polish Journal of Environmental Studies，23（5）：1491-1498.
DAS A，MONDAL C，2013. Studies on the utilization of fruit and vegetable waste for generation of biogas［J］. International Journal of Engineering Science，3（9）：24-32.
FAO，2011. Global Food Losses and Food Waste：Extent，Causes and Prevention［EB/OL］. Rome. http：//www. fao. org/docrep/014/mb060e/mb060e00. htm.
Marone A，Izzo G，Mentuccia L，et al. 2014. Vegetable waste as substrate and source of suitable microflora for bio-hydrogen production［J］. Renewable Energy，68（8）：6-13.
RANI S，SRIVASTAVA R，GUPTA K. 2013. Preliminary observation on the vermicomposting of vegetable wastes amended with cattle manure［J］. Asian Journal of Microbiology Biotechnology and Environmental Science，15（3）：511-514.
RETNANI Y，SAENAB A，TARYATI，2014. Vegetable Waste as Wafer Feed for Increasing Productivity of Sheep［J］. Asian Journal of Animal Sciences，8（1）：24-28.
VARMA V S，KALAMDHAD A S，2015. Evolution of chemical and biological characterization during thermophilic composting of vegetable waste using rotary drum composter［J］. International journal of Environmental Science and Technology，12（6）：2015-2024.

第三章　稻草饲料化处理与应用技术

第一节　稻草秸秆资源概况

中国是农业大国，主要的农作物以水稻、玉米、小麦等为主。据资料统计，每年我国秸秆产量在9 000万t左右（赵静，2019），主要处理方式是还田或者焚烧，难以充分利用导致浪费。许多农作物秸秆是很好的粗饲料，据专家测算，1t普通的秸秆营养价值相当于0.25t粮食。在秸秆直接还田还存在很多技术难题的情况下，用秸秆喂羊，既能节约资源，又可避免污染环境。江西是水稻主产区，近年来江西水稻播种面积基本维持在333万hm^2左右，每年稻草产量2 000万t左右（李星，2019；管珊红等，2017）。江西肉羊养殖量大幅度增加，2019年饲养量达到250万头，比2010年增加2倍多。然而，优质粗饲料的缺乏导致江西养羊用粗饲料大多从省外调运，使养羊成本大大增加。随着饲养水平的提高和饲养数量的增加，稻草资源在羊生产中越来越被重视，稻草充分使用将促使江西养羊业进一步发展。

直接饲喂稻草存在适口性较差、消化率不高和利用率低等问题，且稻草储存不良的情况下易发霉变质。适当地加工处理不仅可有效地保存稻草，还可以很好地提高稻草品质，使稻草在羊生产中得到更合理利用。刘春龙等（2002）等用氨化、微贮、复合酶处理稻草，发现用活乳酸杆菌复活进行微贮可以提高稻草粗蛋白质含量15.6%，而采用按0.1%添加复合酶处理，则可以把稻草粗纤维降解率提高21.8%。但这些方法都使稻草有机物有一定的损失（钟文晨等，1997）。稻草经过氨化、微贮处理后，质地柔软，适口性增强，改善了稻草的营养价值，与未处理的稻草组比较，微贮、氨化两组山羊增重显著高于未处理稻草组，微贮、氨化两组试验山羊增重显著高于对照组，分别提高59.05%和54.8%。而微贮的成本只有氨化成本的52.4%。刘泉（2015）研究微贮稻草与青贮玉米秸秆饲喂山羊的效果，相比之下，青贮玉米秸秆虽然适口性好、营养价值高、羊的日增重也高，但效益却低于微贮稻草，青贮玉米秸秆效益比为10.30%，微贮稻草则为8.75%。而且青贮玉米秸秆制作受到季节的限制（刘泉，2015）。因此，在南方地区，微贮稻草是一种成本较低、操作方便、经济适用的加工方法。秸秆制粒是近来提高粗饲料利用率的一个研究热点。制粒后的稻草便于羊消化吸收，缩短采食时间，防止挑食，避免浪费，提高饲料转化率等。孙振国（2017）研究表明稻草颗粒料饲喂湖羊时，适口性提高，采食量和营养总量都有所增加，显著提高了湖羊的日增重。这样既避免了稻草资源的浪费，又方便运输和储藏。

第二节　稻草饲料化处理技术

一、稻草氨化

（一）氨化处理

氨化处理的研究始于20世纪40年代，但是最初仅着眼于非蛋白氮的利用上，直到20世纪70年代后期才转向处理各种粗饲料以提高其营养价值的研究上。氨化的原理是氨化可打断秸秆中木质素与纤维素、半纤维素间的酯键，破坏其木质化纤维的镶嵌结构，可以使秸秆膨胀，酚醛酸物质减少，刺激瘤胃纤维分解菌的附着数量增加等作用，有利于改善秸秆中粗纤维的降解。氨化过程中形成的铵盐可作为氮源促进瘤胃微生物的生长、繁殖。另外，氨溶于水后形成的氢氧化铵对粗饲料也有碱化作用。因此氨化是通过碱化和氨化的双重作用提高低质粗饲料的营养价值。

氨化处理法常用的原料有液氨、氨水、尿素和碳酸氢铵四种。其中，液氨需要高压容器贮运，一次性投资大，且液氨属于有毒易爆物质，在生产中还存在着安全性问题。氨水含氮量低，运输量大，仅适合于在临近化工厂的地方应用；碳铵虽然价格便宜，供应充足，且使用方便，但碳铵的分解受温度的影响，低温下分解不完全，尤其在寒冷季节氨化效果更不甚理想。因此，相较而言，尿素处理粗饲料安全、成本低，还可减少天气变化带来的营养物质损失，较适合实际生产使用（张国奋等，1994）。

秸秆经氨化处理后，营养价值得到很大程度改善，几乎接近中等品质干草，其粗蛋白质含量提高7.0%，相当于玉米中粗蛋白质的含量，半纤维素从10.34%下降到5.88%，日粮能量蛋白比值调整到20.1，较接近于标准（22~24）。消化率提高5.76%，肠胃内容物排空速度提高1/3，平均日粮采食量增加 0.21kg/头（张祖娟，1998）。另外，据 Tetlow（1983）报道，氨化处理还能有效地抑制真菌、放线菌、酵母的生长，Lacey 等（1981）和 Grotheer（1986）等也有类似的研究报道。

（二）氨化稻草时的注意事项

（1）稻草应无霉变且干爽。

（2）尿素的含氮量应≥46%，质量要好，无粉尘，尿素水的浓度为3%~5%，即 50kg 水需 1.5~2.5kg 尿素，要求尿素要完全溶解于水中，待搅拌均匀后再喷洒。

（3）如在池内作氨化，应把池底的排水口堵死，最好在池底铺一层薄膜，目的是防止尿素水流失，影响氨化效果。

（4）制作时应一层层喷尿素水，每层稻草的厚度为 20~30cm，喷洒前应让稻草尽量蓬松，这样尿素水才好渗透到下面。

（5）喷洒尿素水的原则。下层水少，上层水多，逐层递增，每层都得湿透，每 50kg 干稻草需喷洒尿素水 30~35kg。如稻草过干，尿素水量应增加，尿素浓度可适当降低。

（6）制作过程要尽量快，最好能在 3~5d 内全部完成密封。如稻草量大，人工不足，可一堆堆做，做好一堆密封一堆。

（7）稻草一定要压实，并密封好，用质量好的薄膜铺盖在上面，薄膜之间的接口处用细沙土封好，薄膜上最好能放上砖块等重物。

（8）稻草氨化所需的时间。5℃时需 8 周，5~15℃时需 4~8 周，15~30℃时需 1~4 周，待氨气味很浓、稻草变成棕色和变软，即可开封饲喂。

（9）开封后，每次取完稻草仍需密封好余下部分。

（10）氨化好的稻草氨气味很重，不宜马上饲喂，应摊放 1~2d 后再喂。

（11）牛对氨化稻草有适应过程，刚开始不爱吃，给予量应由少到多。

（12）牛不宜空腹食用氨化稻草，6 月龄以下的牛不宜食用氨化稻草（赖景涛，2012）。

二、青贮稻草

我国农村在以前多以自然晒干及堆垛的方式储藏鲜稻草，直到 20 世纪 80 年代，稻秸青贮技术才被引入我国（杨小军，1996）。虽然相比于日、韩等国，我国对稻秸青贮技术的研究起步较晚，但通过科研人员对国外青贮技术的不断学习以及设备的改善，稻草青贮饲料的数量和质量逐年增加（秦梦臻，2011）。青贮是指在密闭厌氧的条件下，乳酸菌利用原料中的可溶性碳水化合物（WSC）作为发酵底物进行增殖，产生乳酸，降低环境pH值，抑制其他有害微生物的活动，从而达到保存饲料和长期使用的目的（McDonald，1981）。目前稻秸青贮技术的研究主要有三个方向：一是原料特性，主要是水稻的品种；二是添加剂青贮；三是混合青贮。

（一）水稻品种

不同水稻品种间稻秸的成分和营养价值存在很大差异（Vadiveloo et al.，1996；Agbagla-Dohnani et al.，2001）。稻秸的营养价值与其结构存在着紧密的关系，不同类型水稻的稻草茎显微结构是不同的（Devendra，1983），主要表现在茎秆表皮层是否明显，厚壁组织厚实与否，维管组织的韧皮部、木质部紧凑致密程度，以及稻秸表皮的颗粒结构等差异，这些物理结构上的差异影响了稻草秸秆的营养价值（Pearce，1984）。因此，稻秸中茎秆的比例越大，木质化程度越高，乳酸菌在青贮发酵过程中可利用的养分也越低，进而抑制乳酸菌的增殖，降低稻秸青贮发酵品质（刘丹等，2004）。左相兵等（2011）以生产稻冈优26的稻秸和制种稻冈优46A的母本稻秸作为青贮原料，比较研究了生产稻稻秸和制种稻的青贮效果，结果表明，冈优26稻秸青贮饲料的pH值、氨态氮（NH_3-N）和中性洗涤纤维素（NDF）含量均显著高于冈优46A，因此制种稻稻秸制作青贮饲料的发酵品质更好，营养价值更高。

（二）添加剂青贮

刚收获后的新鲜稻秸水分含量在70%左右，比较适合青贮利用，但由于其可溶性糖和乳酸菌的数量较少，自然发酵的青贮稻秸发酵品质较差（蔡义民等，2000）。添加剂青贮的优势在于一方面可促进乳酸菌发酵，另一方面可抑制有害微生物活动。根据青贮添加剂作用效果，可将青贮添加剂分为5类，即发酵促进型添加剂、发酵抑制型添加剂、好氧型变质抑制剂、营养型添加剂和吸收剂（粱欢等，2014）。常用于稻秸青贮的添加剂主要有乳酸菌制剂、糖类、酶制剂和绿汁发酵液。

1. 乳酸菌制剂

青贮过程中有害微生物活动的抑制程度与乳酸产量有关，而乳酸产量则依赖于青贮饲料附着的乳酸菌数量以及发酵底物的有效含量（McDonald，1981）。添加乳酸菌制剂可以扩大青贮原料乳酸菌数量，促进乳酸菌尽快繁殖，产生大量乳酸，使pH值降低，提高青贮饲料品质（Muck，1993）。张佩华等（2008）使用3头带永久性瘤胃瘘管的中国荷斯坦泌乳奶牛分析研究了添加乳酸菌（3g/t）对鲜稻秸青贮发酵品质的影响，结果表明，添加乳酸菌青贮显著降低了稻秸的NDF含量，极显著提高了6h、12h、24h时间点的DM和NDF的瘤胃消失率，显著提高了48h和72h时间点的DM和NDF的瘤胃消失率，有效地改善了饲料稻秸秆养分DM和NDF的瘤胃降解特性。韩国科研人员在向碳水化合物含量极少的稻草中添加微生物添加剂后，发现稻草发酵能力显著提高，青贮发酵品质得到改善（Kim et al., 2006）。华金玲等（2007）研究了添加不同水平的乳酸菌（0g/kg、0.01g/kg、0.023 g/kg、0.045g/kg）对鲜稻秸青贮发酵品质的影响，试验结果表明，添加乳酸菌可降低水稻秸青贮饲料的pH值和氨态氮占总氮（AN/TN）的含量，提高有机酸的含量尤其是乳酸的含量，改善水稻秸青贮饲料的发酵品质，且随着乳酸菌添加量的增加，水稻秸的青贮发酵品质改善的程度越大。刘凯玉等（2014）研究了添加复合菌制剂［植物干酪乳杆菌（*Lactobacillus casei*）、布氏乳杆菌（*L. buchmri*）和乳酸菌（*L. plantarum*）］对鲜稻秸青贮发酵品质及瘤胃降解特性的影响，研究结果表明，添加复合菌制剂可以显著提高稻秸青贮饲料的发酵品质和有机物有效降解率（EDOM）。

2. 糖类

青贮发酵过程中需要有一定量的WSC作为乳酸菌发酵的底物，一般要求其含量在3%（鲜重）以上（玉柱等，2011），但大多数鲜稻秸的含糖量低于3%，因此，糖类、糖蜜、乳清、麸皮等常被添加到稻秸青贮饲料中以促进乳酸菌发酵。吕建敏等（2011）研究了在草中添加麸皮的青贮效果，结果发现，当麸皮添加水平提高时，青贮料的pH值、AN/TN值和丁酸含量逐渐下降，乳酸含量逐渐提高，麸皮添加水平达9%时，稻秸青贮饲料的品质达到良好。侯晓静等（2011）研究了添加不同比例米糠［50g/(kg·FM)、100g/(kg·FM)、200g/(kg·FM)］对稻草青贮饲料的影响，结果表明，添加米糠有效地降低了青贮饲料的pH值、AN/TN比值、乙酸、丙酸以及丁酸含量，提高了青贮料中DM、CP、WSC含量，同时降低了NDF、酸性洗涤纤维（ADF）含量，且添加量为100g/(kg·FM)处理组的青贮效果最好。

3. 酶制剂

青贮饲料中添加的酶菌制剂多为复合酶制剂，常见的酶有纤维素酶、半纤维素酶、木聚糖酶、果胶酶、淀粉酶和葡萄糖氧化酶等（Henderson et al., 1993）。这些酶可以使植物细胞壁崩解，细胞内容物充分释放出来，并将饲料中的纤维素分解为单糖或双糖，为乳酸菌发酵提供底物，促进发酵（Henderson et al., 1982）。史占全等（2000）对新鲜晚稻草添加 Strawzyme 纤维素酶进行青贮，结果发现，添加纤维素酶显著降低了青贮料的 NDF 和 ADF 含量（$P<0.05$），提高了干物质的瘤胃降解率，增加了育成牛的采食量和日增重。门宇新（2007）使用日本雪印种子公司生产的粉状酶制剂（酶活力：纤维素酶3 500 IU/g 和木聚糖 450IU/g），研究了不同酶制剂添加量对稻秸青贮发酵品质的影响，结果表明，添加酶制剂对改善水稻秸的青贮品质起到积极的促进作用，但是由于稻草因 WSC 含量很低，加酶处理虽能在一定程度上促进乳酸发酵，改善其青贮发酵品质，但仅靠添加酶制剂尚难以保证青贮稻草的质量。王兴刚（2013）研究酶制剂对稻秸青贮效果时也发现，单独添加酶制剂可以有效改善青贮饲料的发酵品质，但乳酸菌和酶制剂混合添加效果更好，可以极显著降低青贮饲料的中性洗涤纤维和酸性洗涤纤维含量。因此，建议在今后的生产利用中同时添加酶制剂与乳酸菌制剂。

4. 绿汁发酵液

绿汁发酵液是近年来研制出的一种新型生物型青贮添加剂，通过新鲜牧草榨汁、过滤，并在滤液中加入适量的葡萄糖，在一定温度下厌氧发酵而制得，它与乳酸菌活菌制剂类似，但与各种乳酸菌添加剂相比，它不仅表现更为稳定，而且制作简便（Ohshima et al., 1997）。目前，绿汁发酵液青贮效果的研究多集中在苜蓿上，而对于添加到其他牧草青贮的研究较少，因此具有广泛且有效的应用前景。刘丹丹（2008）研究了在鲜稻秸中添加不同浓度由新鲜紫花苜蓿制备的绿汁发酵液（PFJ、PFJ20、dPFJ 和 dPFJ20）进行青贮的效果，结果表明，在整个稻秸发酵过程中，PFJ20 的 pH 值一直比较稳定，感官评价上优于其他组合，乳酸含量较对照组增加了 104.2%，乳酸/乙酸值为 7.2，效果最优，能显著改善青贮品质，其次为 PFJ 组和 dPFJ 组。文奇男等（2011）研究了乳酸菌和青玉米汁发酵液对水稻秸青贮发酵品质及营养价值的影响，研究发现，添加青玉米汁发酵液降低了青贮饲料的 AN/TN、丁酸、NDF 和 ADF 含量，提高了乳酸和粗蛋白质的含量，综合考虑发酵效果、营养价值等指标，青玉米汁发酵液处理的水稻秸青贮发酵品质最好，营养价值最高。华金玲等（2011）研究了用鲜玉米秸制备的绿汁发酵液作为青贮添加剂对水稻秸青贮品质的影响，结果表明，绿汁发酵液（PFJ）或其发酵液稀释再发酵后的绿汁发酵液（dPFJ）处理组的青贮稻秸中的 pH 值和氨态氮水平明显低于其他处理组，乳酸含量显著高于其他处理组。

（三）混合青贮

混合青贮，是指在满足青贮基本要求的前提下，将两种或两种以上青贮原料混合贮存于密封的容器内所制作而成的青贮饲料。将新鲜牧草、各种农副产品与农作物秸秆进行混合青贮，可提高青贮饲料的品质，目前研究较多的主要有苜蓿—玉米秸秆、苜蓿—鸭茅等混合青贮。许能祥等（2012）研究了稻秸分别与玉米秸、杂交狼尾草和象草的混合青贮，结果表明，各混合青贮料的发酵品质均优于单独稻秸青贮组，不同混贮饲料之间的 pH 值、LA、AN/TN、WSC、CP 和 ADF 含量差异极显著，其中稻秸与玉米秸混合青贮料品质最佳，最差的是稻秸与象草混合青贮料。李改英等（2007）对稻草、麸皮、米糠分别与苜蓿进行混合青贮，在添加糖蜜的情况下，稻草与苜蓿的混合青贮效果最好。张微微等（2011）研究了甜菜根分别与干稻秸、干玉米秸和干豆荚混合青贮的效果，综合比较发现以豆荚和稻秸作为青贮吸收剂效果较优。陈海燕等（1998）以稻草和大头菜为原料，研究了添加不同比例稻草对大头菜和稻草混贮饲料青贮发酵品质的影响，结果表明，随着稻草添加比例的增加，各组青贮料的 DM、NDF 和灰分的含量相应上升，CP 含量逐渐降低，添加 12%和 18%稻草的大头菜青贮料，其氨态氮量显著低于对照组，与对照组（大头菜单独青贮组）相比，试验组的乳酸含量显著低于对照组，干物质 48h 降解率及最大降解率显著降低，综合考虑，在大头菜青贮中加入 12%～18%的稻草，仍可得到优质青贮料。王小芹等（1999）研究了笋壳与不同比例稻秸和麦秸混合青贮的效果，研究结果表明，添加 10%稻草能够调节水分含量，减少干物质损失，降低 AN/TN 比例，但对 pH 值、乳酸和总有机酸含量无显著影响，综合考虑，笋壳混合青贮以添加 5%稻草及 5%麸皮较为适宜。韩健宝（2010）研究了添加啤酒糟对水稻秸秆与番薯藤、干苹果渣、苜蓿混合青贮发酵品质的影响，结果发现水稻秸秆与番薯藤、干苹果渣、苜蓿按 5∶2∶2∶1 的比例进行混合青贮时 pH 值较高（pH 值 4.74），乳酸含量较低，添加啤酒糟明显降低了 pH 值，因此添加啤酒糟可提高稻秸混贮饲料的发酵品质。

第三节　稻草饲料化在畜牧生产中的应用

一、稻秸青贮饲料在肉牛上的应用

史占全等（2000）研究了稻秸青贮饲料对育成牛生产性能的影响，发现青贮不仅提高了稻秸的瘤胃干物质降解率，肉牛的采食量和日增重也显著提高，采食量和日增重分别较饲喂干稻秸组提高了 58.6%和 36.3%。孙凤俊等（1998）选用黄牛与夏洛莱肉牛杂交一代公牛作为试验对象，研究了饲喂添加酵菌素发酵的稻秸青贮饲料对肉牛生产性能的影响，结果表明，饲喂稻秸青贮饲料组肉牛（试验组）个体增重比饲喂稻秸干草组（对照组）提高了 15kg，每头平均日增重提高 0.25kg，试验组每头牛每天获毛利比对照组提高 17%，差异显著，每增重 1kg 体重饲草饲料消耗成本试验组比对照组降低 0.13 元。李成云等（2006）研究了不同添加剂处理对鲜晚稻草青贮饲料营养价值及延边黄牛采食量的影响，结果表明，添加剂处理后稻草青贮饲料质地柔软，具有酸香气味，在全程试验期内各组试验牛均健康无病，其中添加乳酸菌青贮效果最优，每头黄牛的平均日采食量达到 7.59kg/d，较饲喂干稻秸组高 93.13%，差异显著。李富国（2013）比较研究了饲喂稻秸青贮饲料与玉米秸秆对西门塔尔与本地黄牛杂交牛生产性能及经济效益的影响，结果表明，饲喂稻秸青贮饲料的肉牛平均日采食量为 6.7kg/d，日增重为 1.213kg/d，均显著高于玉米秸秆组，饲喂青贮稻秸组肉牛的平均盈利比玉米秸秆组多 46 元/头，由此可见，稻秸青贮饲料饲喂肉牛可显著提高肉牛增长速度和经济效益。

二、稻秸青贮饲料在奶牛上的应用

文奇男（2011）选用青玉米汁发酵液处理的水稻秸青贮用于奶牛的生产性能试验，以稻秸干草作为对照，研究水稻秸青贮饲料对奶牛的产奶量及乳成分的影响，结果表明，水稻秸青贮能显著提高奶牛的干物质采食量、产奶量、乳脂率及乳蛋白率，而对乳糖率和乳干物质率无显著影响，因此，水稻秸青贮能显著提高奶牛的产奶量，改善乳品质。李旭华等（2013）研究了不同类型稻草混合青贮料对奶牛泌乳性能的影响，结果发现，在稻秸中添加复合酶或乳酸菌进行青贮发酵均可提高奶牛产奶量，不论是加复合酶还是加乳酸菌，稻草+玉米秸秆组产奶量均优于稻草+象草组，其中稻草+玉米秸秆青贮组（加复合酶制剂）产奶量和 4%标准奶含量极显著高于其他组，各组之间的其他乳成分指标（除乳脂和乳蛋白外）差异均不显著，综合考虑，稻草+玉米秸秆青贮组（加复合酶制剂）的青贮品质和对奶牛的饲用价值均优于其他组，是稻草的最佳混合青贮组合模式。王伟民（2008）比较研究了水稻秸青贮和玉米青贮两种青贮料在不同精粗比条件下对奶牛泌乳性能及经济效益的影响，结果表明，利用水稻秸青贮饲喂动物时，在合适的精粗比条件下能够达到泌乳奶牛的生产要求，当精粗比为5：5时，经济效益最佳，但低于4：6时经济效益就大打折扣，分析经济效益可以看出，相近产奶量情况下，水稻秸青贮处理组的经济效益要高于玉米青贮处理组，因此水稻秸青贮饲料拥有巨大的潜力。Yoshiaki等（2009）研究了用全株玉米青贮饲料替代不同比例（0%，T1；33%，T2；67%，T3；100%，T4）稻秸青贮饲料对水牛和奶牛泌乳性能的影响，研究结果表明，用全株玉米青贮饲料替代稻秸青贮饲料可以提高两种动物的粗蛋白质和总可消化养分采食量，有效提高了水牛的干物质采食量和产奶量，但对奶牛的产奶量无显著影响。

参考文献

陈海燕，严冰，1998. 添加稻草对大头菜青贮料发酵品质和瘤胃降解的效果［J］. 浙江农业学报，10（4）：215-219.

蔡义民，张建国，藤田泰仁，等，2000. 优良乳酸菌的筛选和高品质青词料水稻的调制［J］. 日本草地学会报，46（增）：236-237.

管珊红，曾小军，许晶晶，等，2017. 江西省水稻产业发展现状与对策［J］. 南方农业学报，48（1）：189-196.

韩健宝，2010. 添加啤酒糟对农作物秸秆和农副产品混合青贮发酵品质的影响［D］. 南京：南京农业大学.

华金玲，张永根，王德福，等，2007. 添加乳酸菌制剂对水稻秸青贮品质的影响［J］. 东北农业大学学报，38（4）：473-477.

华金玲，庞训胜，王立克，2011. 绿汁发酵液对水稻秸青贮品质影响的研究［J］. 东北农业大学学报，42（6）：62-65.

侯晓静，沈益新，许能祥，等，2011. 不同添加物对稻草青贮品质及营养组成的影响［J］. 江苏农业科学（6）：356-360.

赖景涛，2012. 制作氨化稻草的注意事项［J］. 上海畜牧兽医通讯（3）：89.

李星，2019. 浅析江西水稻机械化种植现状［J］. 南方农机，50（23）：1-10.

李改英，高腾云，傅彤，等，2007. 糖蜜和农副产品复合添加物对苜蓿青贮品质的影响［J］. 湖北农业科学（5）：813-816.

李富国，2013. 青贮水稻秸发酵品质及其饲喂肉牛效果的研究［D］. 哈尔滨：东北农业大学.

李成云，宋铁镇，秦炜赜，2006. 不同添加剂处理对鲜稻草青贮营养价值及适口性的影响［J］. 黑龙江畜牧兽医（9）：59-60.

李旭华，刘海林，张石蕊，2006. 不同处理稻草混合青贮料对奶牛生产性能的影响［J］. 饲料广角（21）：43-44.

梁欢，左福元，袁扬，等，2014. 拉伸膜裹包青贮技术研究进展［J］. 草地学报，22（1）：16-21.
刘春龙，孙凤俊，李长胜，等，2002. 不同的处理方法对稻草营养价值的影响［J］. 黄牛杂志，1：28-29.
刘丹，吴跃明，叶均安，等，2004. 化学预处理对稻草超微结构的作用效果［C］//重庆：中国畜牧兽医学会动物营养学分会—第九届学术研讨会.
刘丹丹，2008. 不同浓度绿汁发酵液和脱氢乙酸钠对青贮水稻秸品质和有氧稳定性的影响［D］. 哈尔滨：东北农业大学.
刘凯玉，张永根，辛杭书，等，2014. 不同处理水稻秸秆营养成分及其瘤胃降解特性研究［J］. 中国畜牧杂志，50（7）：57-61.
刘泉，鲁群，花卫华，2015. 微贮稻草与青贮玉米秸秆饲喂山羊的效果对比［J］. 江苏农业科学，43（7）：236-237.
吕建敏，胡伟莲，刘建新，2005. 添加酶制剂和麸皮对稻草青贮发酵品质的影响［J］. 动物营养学报，17（2）：58-62.
门宇新，2007. 添加乳酸菌制剂和酶制剂对水稻秸青贮发酵品质的影响［D］. 哈尔滨：东北农业大学.
秦梦臻，2011. 沿淮地区农作物秸秆青贮利用的研究［D］. 南京：南京农业大学.
史占全，蒋林树，2000. 稻草加酶青贮饲喂育成牛的效果研究［J］. 中国奶牛（5）：24-26.
孙振国，费明锋，2017. 稻草复合羊颗粒饲料饲喂湖羊增重效果试验［J］. 养殖与饲料（11）：36-37.
孙凤俊，高贵山，李长胜，等，1998. 酵素菌发酵稻秸对育肥牛增重效果的试验研究［J］. 黑龙江畜牧科技（1）：4-5.
王兴刚，2013. 添加乳酸菌与酶制剂对稻秸青贮品质的影响［D］. 南京：南京农业大学.
王小芹，刘建新，1999. 笋壳中添加稻草和鼓皮复合青贮对青贮料发酵品质和饲养价值的影响［J］. 动物营养学报，11（3）：12-15.
王伟民，2008. 不同精粗比玉米青贮和水稻秸青贮饲喂奶牛效果比较研究［D］. 哈尔滨：东北农业大学.
文奇男，张永根，王亮，2011. 不同发酵剂对水稻秸青贮发酵品质及营养价值的影响［J］. 饲料工业（32）：48-51.
文奇男，2011. 不同添加剂对水稻秸青贮品质及奶牛生产性能的影响［D］. 哈尔滨：东北农业大学.
许能祥，丁成龙，顾洪如，等，2012. 稻秸与玉米秸，杂交狼尾草及象草混合青贮的研究［J］. 中国草地学报，34（2）：93-98.
杨小军，1996. 稻草饲料研究进展［J］. 湖北农业科学（3）：48-49.

玉柱，孙启忠，2011. 饲草青贮技术［M］. 北京：中国农业出版社.
张国奋，李钟乐，徐春城，等，1994. 稻草尿素氨化处理的研究［J］. 延边农学院学报，16（1）：52-58.
张佩华，王加启，贺建华，等，2008. 青贮对饲料稻秸秆 DM 和 NDF 瘤胃降解特性的影响［J］. 草业科学，25（6）：80-84.
张微微，张永根，2011. 不同吸收剂对甜菜渣青贮品质及有氧稳定性的影响［J］. 动物营养学报，23（9）：1577-1583.
张祖娟，1998. 几类饲料的氨化处理及其效果评价［J］. 粮食与饲料工业（8）：25-26.
赵静，2019. 中国农作物秸秆综合利用分析与对策［J］. 农业展望，15（12）：121-124.
钟文晨，章贱明，1997. 氨化、微贮稻草与普通稻草饲喂山羊的效果对比试验［J］. 江西农业科技（5）：47-49.
左相兵，税静，李辰琼，等，2011. 制种稻和生产稻稻秸青贮效果研究［J］. 草业与畜牧（3）：15-18.
AGBAGLA-DOHNANI A, NOZIERE P, CLEMENT G, et al., 2001. In saccodegradability, chemical and morphological composition of 15 varieties of European rice straw［J］. Animal Feed Science and Technology, 94（1）：15-27.
GROTHEER M D, CROSS D L, GRIMES L W, 1986. Effect of ammonia level and time of exposure toammonia on nutritional and preservatory characteristics of dry and high moisture coastal Bermuda grass hay［J］. Animal Feed Science and Technology, 14: 55-56.
HAYASHI Y, THAPA B B, SHARMA M P, et al., 2009. Effects of maize（Zea mays L.）silage feeding on dry matter intake and milk production of dairy buffalo and cattle in Tarai, Nepal［J］. Animal Science Journal, 80（4）：418-427.
HENDERSON N, 1993. Silage additives［J］. Animal Feed Science and Technology, 45（1）：35-56.
HENDERSON A R, MCDONALD P, ANDERSON D, 1982. The effect of acellulase preparation derived from *Trichodemma vinde* on the chemical changes during the ensilage of grass, lucerne and clover［J］. Joumal of the Science of Food and Agiculture, 33（1）：16-20.
KIM J G, CHUNG E S, HAM J S, et al., 2006. Development of lacticacid bacteria inoculant for whole crop rice silage in Korea［C］//Intemat ional Symposium on Production and Utilization of Whole Crop Rice for Feed, Busan, Korea. 77-82.
LACEY J, LORD K A, CAYLET G R, 1981. Chemicals for preventing moulding in damp hay［J］. Animal Feed Science and Technology（6）：323-326.

MCDONALD P, 1981. The Biochemistry of Silage [M]. USA: John Wiley &Sons, Ltd.

MUCK R E, 1993. The role of silage additives in making highquality silage [Cy/Silage production from seed to animal. Proceedings of the National Silage Production Conference, Syracuse, New York, Febr. 23-25.

PEARCE G R, 1984. Some characteristics of senescent forages inrelation to their digestion by rumen micro-organisms [C] //Ruminant physiology - concepts andconsequences. Proceedings of a symposium. University of Westem Australia, 7-10.

OHSHIMA M, KIMURA E, YOKOTA H, 1997. A method of making goodquality silage from direct cut alfalfa by spraying previously fermented juice [J]. Animal Feed Science and Technology, 66 (1): 129-137.

VADIVELOO J, PHANG O C, 1996. Differences in the nutritive value oftwo rice straw varieties as influenced by season and location [J]. Animal Feed Science and Technology, 61 (1): 247-258.

第四章　甘蔗渣饲料化处理与应用技术

第一节　甘蔗渣概述

甘蔗（*Saccharum officinarum*）是单子叶植物纲禾本目禾本科甘蔗属植物，属于一年生或者多年生热带或者亚热带草本植物，是全球最重要的糖料与生物能源资源。甘蔗喜光与喜温，属高光效的 C_4 作物，光饱和点较高，二氧化碳补偿点低，光呼吸率低，光合强度大，因此甘蔗的生物产量较高。我国是世界上第三大甘蔗种植国家，仅次于印度和巴西，2016 年的种植面积是 152.682 万 hm^2，年产甘蔗约 1.1 亿 t，蔗糖 900 多万 t。我国种植甘蔗的主要省份在广西、广东西部、福建、海南和云南等南方省份，其总产量为 2 000 多万 t，其中广西的种植面积最大，占我国的 70%，有“糖都”之称。在甘蔗制糖的过程中会产生多种副产物，例如：蔗渣、滤泥、糖蜜、酒精废液等，其中甘蔗渣（占制糖副产物的 24%~27%），滤泥和废蜜是三大主要副产物（许霞，2020；路贵龙，2020）。

甘蔗渣是甘蔗压榨时产生的渣滓，产生量巨大，每产生 1t 蔗糖就会产生 2~3t 的甘蔗渣（吉中胜，2018）。甘蔗渣内含有丰富的纤维素、木质素、半纤维素，是一种废弃纤维资源。甘蔗渣的利用范围较广，包括应用于燃烧、造纸、生产乙醇、制作饲料等，但是由于特有的结构限制，导致其利用率较低。在畜牧业上的应用方面，甘蔗渣被开发成饲料资源，由于其所含粗纤维含量较高，故只作为牛、羊等反刍动物的饲料原料，在饲喂的过程中添加量也不宜过高。由于甘蔗渣的木质素和纤维素含量过高，所以其适口性较差、消化率较低，不宜直接应用于生产高品质粗饲料，需要进行预处理之后才能作为动物饲料。

综合上所述，甘蔗渣具有数量庞大、价格便宜、成分稳定和来源集中等特点。但是甘蔗渣的利用受到技术限制，大量甘蔗渣被直接焚毁或者丢弃，其利用率很低，造成了严重的资源浪费和环境污染。

第二节　甘蔗渣的组成及结构

甘蔗渣是甘蔗压榨制糖时所产生的废弃纤维资源，含水量较低，组织结构较为复杂，主要由纤维素、半纤维素和木质素组成。纤维素占干物质的38%~45%，半纤维素占干物质的16%~25%，而木质素占干物质的20%~30%（周波，2019）。木质纤维结构在甘蔗生长的过程中起到保护作用，组成结构见图4-1。从图中可知，木质素主要存在于细胞的初生壁里，纤维素主要存在于一次膜里，半纤维素存在于一次膜和内层里。木质素将纤维素和半纤维素紧紧包裹着，难以被酶和微生物所利用（柳富杰，2017）。因此，只有破坏了木质素，才能将纤维素和半纤维素暴露出来，从而提高甘蔗渣饲料化的利用率。

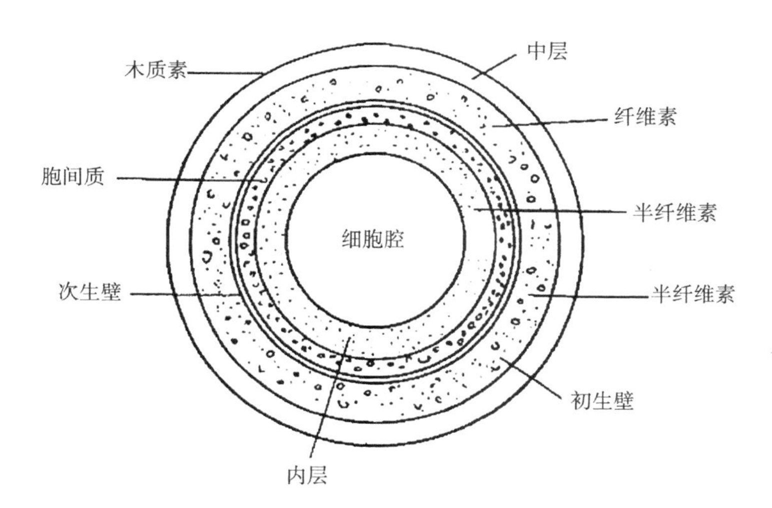

图4-1　植物细胞壁结构及化学成分分布（柳富杰，2017）

一、纤维素

纤维素（Cellulose）是由葡萄糖经过β-D吡喃葡萄糖基通过（1,4）-β-糖苷键连接而组成的大分子多糖，是一种高分子化合物，不溶于水及一般有机溶剂。纤维素的化学结构分子式是（$C_6H_{12}O_5$）$_n$（n表示聚合度），结构式如图4-2所示。纤维素中存在大量的羟基，羟基可与内部或者相邻分子之间互作而形成氢键，这些氢键的形成使纤维素具有较强的结合度以及化学稳定性。

纤维素是植物细胞壁的主要成分，是自然界中分布最广、含量最多的一种多糖，碳含量占植物界的50%以上。一般植物中，纤维素占40%~50%，还有10%~30%的半纤维素和20%~30%的木质素。纤维素通常与半纤维素、果胶和木质素黏结在一起，其结合方式和程度对植物源食品的质地影响很大。

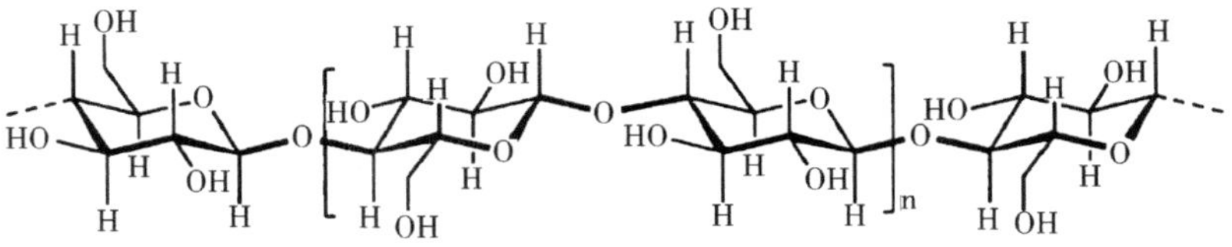

图4-2　纤维素分子结构（李闯，2020）

甘蔗渣纤维素呈半结晶状，平均聚合度约为100，其中30~100个纤维素“并肩”排列。“并肩”排列的纤维素分子，在其内部或者相邻的氢键作用下形成结晶区或者微晶纤维丝。甘蔗渣纤维素中β-1,4-葡萄糖区是结晶区，甘露糖或木糖的部位可能是非结晶区，其中非结晶或结晶度较低部分包裹着内部的结晶核。正是由于甘蔗渣纤维素这种较为复杂的结构，使其难以直接进行化学反应（Filho et al., 2006）。即使反刍动物瘤胃内富集着大量可以降解纤维的菌群，但也无法降解结晶部分，因此，甘蔗渣需要进行预处理降低其结晶度才能被反刍动物所消化。

二、半纤维素

半纤维素（Hemicellulose）属于混合多糖，是由两种或者两种以上的五碳糖或者六碳糖所组成的非均一的分子量较小的高分子化合物，如图4-3所示，结构多为支链结构，常带有短链，含有150~200个糖基。在结构上，半纤维素能够将纤维素和木质素混合物相互贯穿在一起。半纤维素在木质结构中的含量可达50%，主要结合在纤维素微纤维的表面。半纤维素的结构单元（糖基）有多种，主要包括木糖基、甘露糖基、葡萄糖基、半乳糖基、半乳糖醛酸基和葡萄糖醛酸基等。大部分的半纤维素聚合度较低，易溶于碱溶液，具有亲水性，遇水后可吸水膨胀。

甘蔗渣中的半纤维素属于禾本科植物纤维，含量在19%~24%。半纤维素主要由聚阿拉伯糖-4-O-甲基葡萄糖醛酸木糖构成，典型化学结构是 D-木糖基以（1-4）-β-键连接而成。

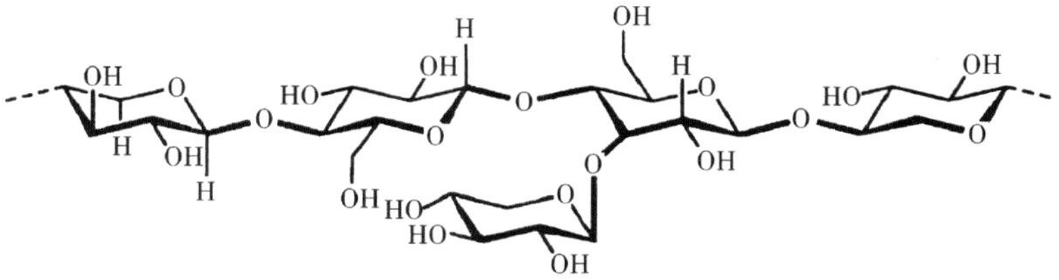

图 4-3　半纤维素的结构（李闯，2020）

三、木质素

在植物界中，木质素（Lignin）含量仅次于纤维素的有机聚合物，位于纤维素的纤维之间，为裸子植物和被子植物所特有。木质素使植物细胞壁具有刚性，能够维持植物木质部极高的坚硬度，使其不易腐烂。由于木质素的分子结构中含有大量的芳香基、酚羟基等活性基团，因此可进行有氧氧化、还原、醇解等化学反应。木质素可以溶于强碱和亚硫酸盐溶液，所以可以通过强碱或者亚硫酸盐溶液将木质素、纤维素和半纤维素分离。木质素是由 3 种醇单体［由愈创木基型（G 型）、紫丁香基型（S 型）、对羟基型（H 型）］结构单元，通过醚键和碳碳键相互连接形成的具有三维网状结构的高分子聚合物（图 4-4）。由于单体的不同，木质素可分为 3 种：①S-木质素，②G-木质素，③对-羟基苯基木质素。裸子植物主要为愈创木基木质素，双子叶植物主要含愈创木基-紫丁香基木质素（G-S），单子叶植物则为愈创木基-紫丁香基-对-羟基苯基木质素（G-S-H）（高利，2009）。

甘蔗渣木质素的结构单元是由 C_6-C_3 即苯基丙烷单元组成，主要由 G 型和 S 型组成，H 型的含量较少（G：S：H=1：0.91：0.66）。木质素苯环结构之间主要是醚键、C=O 键及 C=C 键连接，还存在着多种功能基（对一羟苯基、愈创木基等），而在单元之间，醚键和碳碳双键由于部位的不同，其连接的方式也变得异常复杂。崔兴凯等利用有机酸对甘蔗渣进行预处理，碱处理和氧化预处理过程中得到 5 种木质素，即乙酸木质素、Acetosolv 木质素（AAL）、Milox 木质素（ML）、过氧乙酸木质素（PAAL）和碱木质素（AL）。通过元素官能团和化学组分分析，分子量测定及光谱特性分析，验

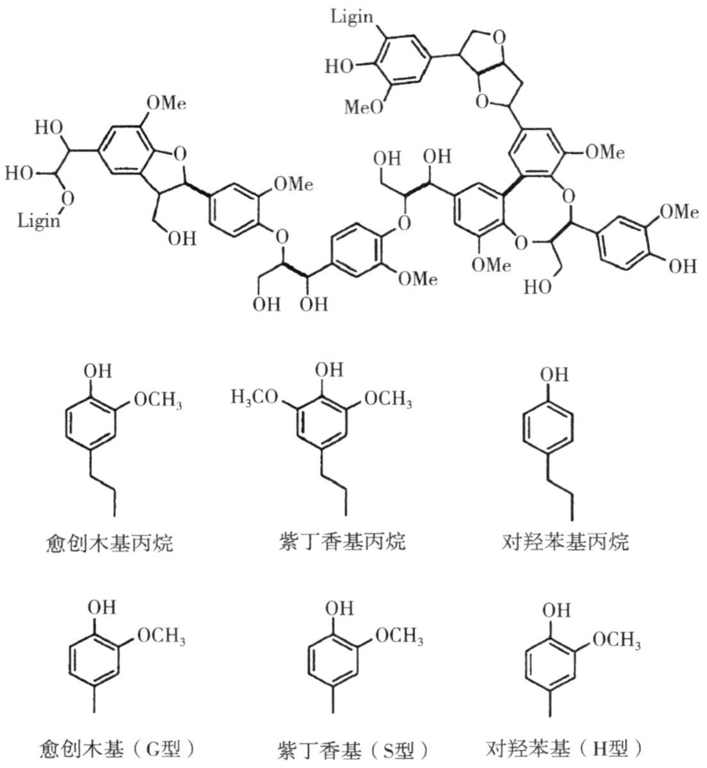

愈创木基丙烷　　紫丁香基丙烷　　对羟苯基丙烷

愈创木基（G型）　　紫丁香基（S型）　　对羟苯基（H型）

图 4-4　木质素结构、基本单元结构及苯丙烷结构单元（李闯，2020）

证了甘蔗渣木质素为典型的 H-S-G 型木质素，除 PAAL 外其余 4 种木质素具有类似的结构特性，而 PAAL 由于过氧乙酸的氧化作用使木质素结构发生显著变化，从而具有较低的分子量，较高的酸溶木质素和羰基含量（高利，2009；崔兴凯，2017）。

第三节　甘蔗渣的营养特性

甘蔗渣作为制糖三大副产物之一，产量巨大，用作饲料的潜力很大。甘蔗渣营养成分和秸秆相似，可以划分为秸秆一类，其质地粗糙，蛋白质和能量含量较低。甘蔗渣所含纤维素含量较多，一般只作为成年反刍动物的饲料。幼年反刍动物不建议饲喂甘蔗渣，因为易造成体内能量负平衡。未加工的甘蔗渣营养价值较低，使用量较低，仅用于提供粗纤维或者作为其他营养物质的载体。甘蔗渣中的干物质含量较高（90%～92%），干物质中的化学物质包括纤维素、半纤维素、木质素、蔗糖等。营养成分含量见表4-1所示。

表4-1　甘蔗渣营养成分　（%，干基）

组分	粗纤维	半纤维素	木质素	粗蛋白质	粗脂肪	粗灰分	参考文献
含量	42～50	25～30	20～25	2.0	0.7	2～3	Saha，2003 王允圃，2010

魏晨等（2019）研究了玉米秸秆、水稻秸秆、花生秧、大豆秸秆、甘蔗渣和甘蔗梢在肉牛瘤胃中的降解规律。结果表明，甘蔗渣各时间点的粗蛋白质瘤胃降解率显著低于其他粗饲料。其中，其粗蛋白质的瘤胃有效降解率（ED）（37.69%±0.63%）和瘤胃可降解蛋白（RDP）（37.62%±0.64%）比例最低，显著低于其他粗饲料；其粗蛋白质的瘤胃非降解蛋白（RUP）（62.18%±0.64%）比例最高，显著高于其他粗饲料；其72h的有机物有效降解率（42.04%±1.69%）、中性洗涤纤维有效降解率（38.44%±1.51%）、酸性洗涤纤维有效降解率（36.77%±1.08%）均显著低于其他粗饲料。

第四节　甘蔗渣的综合利用现状

虽然每年会产生大量的甘蔗渣，可甘蔗渣的利用率并不是很高，主要受到甘蔗渣的转化和技术的限制。目前大多数甘蔗渣被直接燃烧或者丢弃，不仅造成资源浪费，而且对环境造成严重污染。近年来，国家逐渐意识到农业废弃物的重要性，甘蔗渣的综合利用也获得快速发展。目前，甘蔗渣的应用范围较广，主要用途有三个方面：一是生物质燃料；二是生物质发电燃料；三是造纸的原料。此外，甘蔗渣还可作为原料生产木聚糖、动物饲料、栽培基质、木糖醇，制作高密度板材、糠醛和活性炭等，同时也取得了一定的突破和进展。

一、甘蔗渣的综合应用

（一）甘蔗渣的主要用途

1. 生物质燃料

甘蔗渣的含水量高达46%～48%，其低位热值大约8 000kJ/kg，热值较低；此外，甘蔗渣的化学组成中不含硫，腐蚀性低，灰分低，可以作为一种清洁、环保、可再生的生物质燃料。2018/2019年榨季，广西约70%的甘蔗渣被用作糖厂热电联产机组的锅炉燃料，用来发电和供应蒸汽（林荣珍，2020）。

2. 生物质发电燃料

燃烧发电是甘蔗渣利用最直接有效的途径之一，但到目前为止，全世界用甘蔗渣生产的电量并不是很高，主要因为燃烧设备和环保技术还没有达到要求，现有的设备还不能满足需求。甘蔗渣通过燃烧的过程中产生的热量进行发电，并且发电过程中热量的利用率很高。但是甘蔗渣燃烧过程中产生的能值较低，并且对环境造成严重的污染。因此，甘蔗渣作为发电的燃料的转化技术还不成熟，只能短期利用，但并不是最佳的利用途径。

3. 造纸原料

甘蔗渣造纸技术最早在国外提出，主要是利用残余固体残渣进行制浆。甘蔗渣可以用于造纸主要是由于甘蔗渣所含粗纤维含量较高。近年来，我国对此也开展了大量的研究，主要包括甘蔗渣制浆前热水预抽提工艺、甘蔗渣热水预抽提过程糖类组分溶出规律以及预抽提后甘蔗渣的制浆造纸性能等方面。乙醇法制浆、醋酸法制浆、高沸醇法制浆等方法可以有效分离纤维素和半纤维素。这些方法可以用于环保较好的纸浆生产。但经过除髓工序之后，甘蔗渣在制浆上的经济效益并不高。

（二）甘蔗渣的其他用途

1. 畜禽饲料

未处理的甘蔗渣所含粗纤维含量较高，适口性较差，不宜直接作为动物的能量来源。但经过氨化、青贮等饲料化技术的处理，可以改善甘蔗渣的适口性，提高动物对其消化率，甘蔗渣可以作为动物的部分常规饲料。

2. 制作高密度板材

甘蔗渣的纤维素和半纤维素含量较高，是制作高密度板材的理想原料，并且所制作的高密度板板材比重小、强度高、防腐性能好、不受海水的腐蚀，有良好的阻燃性能等优点，在家具、船舶、包装箱等制造行业被广泛应用。甘蔗渣原料相对集中，运输成本低，是我国目前利用甘蔗渣最直接有效的途径之一。

3. 栽培基质

随着生活水平逐渐提高，人们对食用菌的需求日益增多，菌林的矛盾日渐突显。而甘蔗渣纤维含量较高，是理想的栽培混合基质的辅助材料。因此，甘蔗渣作为一种新型食用菌栽培料资源受到学者的关注。甘蔗渣作为基质，已经成功在花卉、木耳等无土栽培方面广泛应用。

除上述提到的应用之外，甘蔗渣在制造沼气、高性能吸附材料、木糖和醛糖、活性炭、燃料乙醇等方面都有应用。

二、甘蔗渣在综合利用过程中面临的问题

我国广大研究学者将甘蔗渣应用在各个领域，让甘蔗渣做到了真正的综合利用。虽然我国对甘蔗渣的利用越来越重视，但是在利用的过程中还存在一些问题。

生物发电是甘蔗渣利用过程中比较理想的一条途径，但是生物发电所需要的设备和环保要求较高；制浆过程中需要除髓，这道工序会降低甘蔗渣在造纸过程中的经济效益；甘蔗渣通过饲料化技术处理的过程中会对环境造成较大的污染，应注意对环境的保护；甘蔗渣可以作为食用菌的栽培基质，但是硅化细胞会影响栽培效果。

甘蔗渣作为甘蔗制糖压榨产生的副产物，用途广泛，利用潜力巨大。但是目前甘蔗渣在很多行业的应用仍然处于初级阶段，还有许多实质性的技术问题需要解决，也需要国家政府在财力和政策上大力扶持。

第五节　甘蔗渣预处理技术

甘蔗渣的结构以纤维素的结晶微纤丝为骨架，木质素和半纤维素形成牢固结合层，紧紧包围着纤维素。木质素阻碍着酶对纤维素和半纤维素的接触，并且木质素对水解酶的结合不可逆，导致水解速度降低（Sheikh，2010）。甘蔗渣直接作为畜禽的饲料来源，不仅消化率低，而且长期饲喂会导致畜禽胃肠道功能的紊乱。因此，将甘蔗渣作为畜禽饲料必须对其进行适当的预处理，以提高畜禽对甘蔗渣的利用率。预处理的目的是为了破坏木质素和半纤维素的结合层以及纤维素的结晶区，克服碳水化合物释放的结构“束缚”以及化学阻碍，将其天然大分子结构分解成易与酶结合的小分子结构，从而降低纤维素的结晶度、聚合度，增大有效接触面积，提高酶的水解效率等。目前主要通过物理预处理、化学预处理、物理—化学预处理和生物酶解四种预处理方法对甘蔗渣进行预处理。甘蔗渣结构预处理变化如图 4-5 所示。

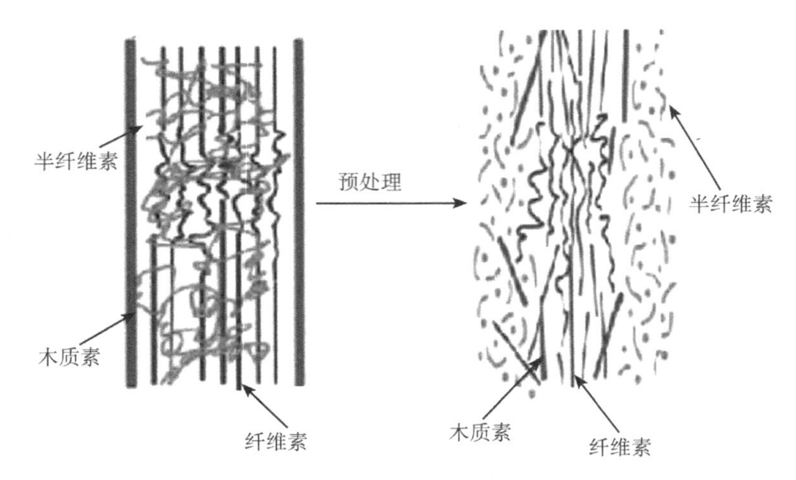

图 4-5　甘蔗渣预处理的结构变化（胡秋龙，2011）

一、物理预处理法

甘蔗渣的物理预处理是指在处理甘蔗的过程中通过机械手段（切短粉碎）、高温蒸气膨化、微波超声震荡以及高能辐射等手段改变纤维素的晶体结构、破坏木质素与纤维素以及半纤维素的结合层。在所有的预处理方法中，机械加工处理是最直接、最简单的方式。

（一）机械作用预处理

机械作用是最简单、最常用的物理预处理方法。机械作用是通过机械的手段将大块的甘蔗渣变成小的颗粒。机械作用能够大大改变纤维素的物理和化学性质，提高纤维素对各种化学反应和酶水解的可及度和反应性。通过机械作用，甘蔗渣的颗粒减小，改变了甘蔗渣内木质纤维素生物质固有的超微结构，降低结晶度和聚合度。陈渊等（2010）用自制的搅拌磨将甘蔗渣进行机械粉碎预处理，结果表明，搅拌磨可以将甘蔗渣中纤维素与半纤维素和木质素的结合层破坏，降低纤维素的结晶度。黄祖强等（2009）利用搅拌球磨机对甘蔗渣进行活化，结果表明，搅拌球磨机能够细化甘蔗渣的颗粒，破坏甘蔗渣纤维的晶体结构，结晶度由 61.6%下降到 43.4%。

（二）高温蒸气膨化预处理

高温蒸汽膨化技术目前广泛应用于食品和饲料加工行业。高温蒸汽膨化技术是指饲料原料通过高温高压处理后，迅速减压，利用水分瞬时蒸发破坏饲料原料的结构以及改变原料的某些理化性能的一种加工技术，甘蔗渣的物理预处理技术普遍使用这种方法。甘蔗渣经过高温蒸汽膨化处理后，纤维素和半纤维素与木质素的结构被破坏，半纤维素和木质素的含量降低，有利于动物体内纤维酶与其接触水解，使动物对甘蔗渣的可消化率从38%提高到68%~75%（严明奕，2001）。谭文兴等（2017）探究了甘蔗渣经过膨化处理后能否直接作为肉牛的粗饲料，结果发现，甘蔗渣经过膨化处理后，提高了适口性和消化率，增重效果明显，能够直接作为肉牛的粗饲料。

（三）微波技术

微波技术是指利用频率为300~3 000GHz的电磁波处理甘蔗渣，该技术具有穿透性强、选择性加热、热惯性较小等优点。通过微波技术的处理，甘蔗渣中纤维素的反应性和可及性得到提高。微波技术操作过程较为简单并且节能，已经成功应用在甘蔗渣的预处理过程中。在使用微波技术处理纤维原料的过程中，研究学者发现该技术可以提高木质纤维素原料对酶的适应性。但是利用该技术需要投入大量的资金去购买设备。Moretti等（2014）采用微波技术与甘油三酯联合预处理甘蔗渣，他们发现，预处理之后的甘蔗渣具有更高的稳定性，部分木质素和纤维素被降解。酶解过程中释放出大量的可发酵糖。

（四）超声波预处理

超声波也是声波的一部分，只是超声波的频率比普通声波要高，人耳无法听到，频率高于20kHz的声波被称为超声。超声波和普通声波一样都是由物质震动而产生的，并且仅在物质中能够传递。随着科技的进步，超声波也广泛应用在各个行业之中。目前，超声波主要应用于沉淀、附聚、乳化、分散及化学作用等。植物纤维高分子存在无定形区和缝隙，这为断裂植物纤维提供了条件。在植物纤维的预处理中，主要利用超声波在液体中对固体的分散作用。空化作用使超声波具有分散作用，空化作用即存在于液体中的微气核（空化核）在声场的作用下振动，当声压达到一定值时，气泡迅速增长，然后突然闭合，在气泡闭合时产生冲击波，在其周围产生上千个大气压的压力，从而破坏作用物的组织，达到分散的目的。一般以水作为液体分散剂，当超声波作用于悬浮在水中的植物纤维物料时，声的空化作用会造成植物纤维素的崩溃，降低微晶纤维素的结晶度、颗粒变得松散、表面出现凹坑或裂纹，增大纤维素的比表面积，从而使纤维素的可及度增大，对试剂的湿润度增加，反应活性提高。超声波所作用的时间应该适中，作用时间较长，空化区域的局部高温高压可导致分子间强烈的相互碰撞和聚集，使比表面积下降，同时纤维素可裂解为自由基，使活性羟基的数量减少，纤维素的反应活性反而下降；作用时间也不宜较短，若时间太短，植物纤维素的结晶度降低效果达不到理想预期，并没有增加纤维素的可及性和反应活性。Liu 等（2008）以吡啶为液体分散剂，利用超声波辐射对甘蔗渣进行预处理，结果发现，经超声处理 25～30min 后，甘蔗渣中自由羟基数增加，更有利于反应进行。

（五）离子液体预处理

离子液体具有很强的稳定性和良好的溶解能力，可以直接溶解甘蔗渣中的纤维素。离子液体在纤维素的处理属于一种新型的预处理液体溶剂，由阴阳两种离子组成。传统的离子液体预处理仍然存在一些问题，比如毒性大、生物降解性差等。因此，需要应用一些无毒、无污染、溶解性较好的离子液体。在处理过程中，溶剂分子迅速扩散到木质纤维素内部，将氢键打开，破坏纤维素结晶结构。在甘蔗渣的预处理过程中，离子液体通常用含有咪唑型阳离子和配位型阴离子的离子液体。Nasirpour 等（2014）借助表面活性剂辅助离子液体（1-丁基-3-甲基咪唑氯化物）处理蔗渣，吐温-80 和聚乙二醇 4000 将木质素的去除率较离子液体单独处理提高了 12.5%，聚乙二醇 4000 作为辅助剂酶解率高达 96.2%，通过傅里叶变换红外光谱，X 射线衍射和场发射扫描电子显微镜分析证实，甘蔗渣的纤维素结晶度降低，木质素得到有效去除。韩冬辉等（2013）先利用 3%的硝酸和 1.5%的氢氧化钠溶液对甘蔗渣进行预处理，再用离子液（1-丁基-3-甲基咪唑氯盐）处理预处理后的甘蔗渣，结果表明，甘蔗渣的处理时间被大大缩短。

（六）高能辐射预处理

高能辐射预处理也是一种理想的预处理方法，它是利用向甘蔗渣发射电子射线、γ 射线等高能射线进行加工，使其物理结构发生改变。高能辐射预处理可以减少溶剂的使用以及化学药品造成的环境影响，但会损坏纤维素组织。

二、化学预处理法

化学预处理方法是指利用酸、碱、有机试剂等化学试剂处理甘蔗渣。化学处理方法可以改变甘蔗渣内部组织结构的物理化学性质，并且可以去除部分的木质素。常用的化学处理方法有酸化预处理、碱化预处理、氨化预处理和其他的化学预处理。

（一）酸化预处理

酸化预处理处理效果最好，酸化处理的时间长短和温度有关。温度高，所需的时间较短；温度低，所需要的时间较长。酸化预处理的无机酸主要有硫酸（H_2SO_4）、硝酸（HNO_3）、盐酸（HCl）和磷酸（H_3PO_4）等；有机酸主要有甲酸、乙酸和丙酸等。酸化预处理后的甘蔗渣内结构会发生改变，半纤维素会水解成单糖并且释放进入水解液内，降低纤维素的平均聚合度，反应能力有所增强。

（二）碱化预处理

碱化预处理是利用碱溶液［NaOH、$Ca(OH)_2$］处理甘蔗渣，NaOH溶液处理的应用最广、最有效。碱溶液的主要作用基质是OH^-，OH^-可以破坏甘蔗渣内部组织结构的氢键，碱的其他组分可以与木质素、半纤维素的酯键发生皂化反应。因此，碱化处理可以使甘蔗渣的细胞壁变松散而易膨胀，可以降低纤维素、半纤维素与木质素的聚合度和结晶度，最终提高微生物对纤维素和半纤维素等的利用效率。

（三）氨化预处理

饲料氨化技术的发展始于20世纪70年代，我国饲料的氨化处理技术起步较晚，开始于20世纪80年代。目前氨化所用的方法包括液氨氨化法（液氨）、氨水氨化法（氨水）和尿素氨化法（液氨）。氨化预处理技术是一项非常重要的方法，挪威、瑞典等北欧国家，尤其是挪威，对此方法非常重视。氨处理的过程中，一方面氨可以与木质纤维素中的有机物生成铵盐，进而被反刍动物瘤胃中的酶和微生物合成微生物蛋白；另一方面可以破坏木质素与纤维素、半纤维素的结合状态并且会与木质素发生氨解反应，破坏木质素与纤维素和半纤维素之间的酯键，从而将纤维素释放出来。Kim等（2010）将甘蔗渣浸泡在0.3%氨水，30℃处理40d，保留了全部的纤维素，去除了46%的木质素。

氨化处理的操作简单、可行性较强，能够降解甘蔗渣组织结构中部分的纤维素和半纤维素，并且可以破坏甘蔗渣内的木质纤维素的结构，从而提高纤维素的利用率。但是，碱化预处理会对环境产生巨大的影响，因为碱化处理甘蔗渣之后会产生大量不可回收的盐。目前，氨化处理所面临的问题是如何回收并利用这些不可回收的盐。

（四）超临界 CO_2 预处理

超临界 CO_2预处理方法也是一种预处理甘蔗渣不错的方法。超临界 CO_2预处理技术有黏度低、扩散力高以及优良的溶解性能等优点。超临界 CO_2处理的过程中，一方面 CO_2分子通过缝隙渗入到木质纤维素生物质内部，通过快速释放破坏其结构；另一方面，CO_2分子会溶于水形成碳酸，能够溶解半纤维素。亚临界 CO_2 处理甘蔗渣可以制备还原糖，梁杰珍等研究表明，在反应温度 200℃，CO_2初压 1MPa，反应时间 40min，反应搅拌转速 200r/min 时，可获得最大还原糖收率 45.6%，说明该方法可用来处理甘蔗渣（梁杰珍，2012）。除此之外，超临界 CO_2 也可以结合其他方法预处理甘蔗渣。Phan 等（2014）将超临界 CO_2和碱性过氧化氢结合使用处理甘蔗渣，二者结合可以降解部分的木质素，但不能将纤维素和木质素分开，通过扫描电子显微镜观察处理后的残渣，发现二者之间出现协同作用。

（五）氧化预处理

氧化预处理法包括 H_2O_2法、湿氧化法等。在碱性条件下，过氧化氢可以促进聚糖上的酯键发生水解，降低纤维素的聚合度，甘蔗渣的水解性能及消化率都会有所提高；湿氧化法是指在加温加压条件下，水和氧气共同处理甘蔗渣。水和氧同时存在的情况下，甘蔗渣内木质素可被过氧化物酶催化降解，处理后的甘蔗渣对酶水解的敏感度增强。

三、物理—化学预处理法

单独的物理或者化学方法对甘蔗渣的预处理可能无法达到最初的预期。因此，生产上通常物理和化学两种预处理方法综合起来对甘蔗渣进行预处理，两种方法可将各自的优点综合起来弥补单一方法预处理甘蔗渣的不足。物理法的预处理可以在一定程度上破坏甘蔗渣纤维素的化学结构，有利于化学试剂发挥作用。目前常用的物理—化学法主要有氨爆破、蒸汽爆破预处理法、CO_2爆破法、湿氧化法等。

（一）蒸汽爆破预处理法

蒸汽爆破预处理法是将甘蔗渣先用高温水蒸气处理，再连同水蒸气从反应器中快速放出而爆破，木质素和半纤维素的结合键被破坏，并造成纤维晶体和纤维束的爆裂，使得纤维素容易被降解利用。蒸汽爆破可以改变纤维素的化学结构，提高化学试剂的可及度，改善化学反应性能（Negro，2003）。

在蒸汽爆破的过程中，高温条件下，水也有酸的作用，酸可以增强酶水解的能力，减少抑制水解的副产品的生成。Chikako 等（2005）先利用蒸汽爆破法对甘蔗渣进行预处理，然后酶水解，研究发现，蒸汽爆破预处理法能够提高甘蔗渣的自水解效率及酶解率。

（二）氨纤维爆破预处理法

氨纤维爆破预处理法也称氨冷冻爆破法，氨纤维爆破预处理法是将原料浸泡在液氨里，在温度20~80℃和1~5.2MPa压力作用条件下处理10~60min，然后迅速将压力释放，氨蒸汽的迅速爆出会造成原料的溶胀和纤维素结构的破坏。该种方法对木质素含量效果较低的草本植物和农作物剩余物作用效果较好。氨纤维爆破法可去除部分半纤维素与木质素，降低纤维素的结晶性，提高纤维素的可及度，且不产生对微生物有抑制作用的物质。氨纤维爆破预处理法所利用的氨可以回收，抑制作用较小，污染较小。但是投资成本高、能耗较大，使得该法无法推广应用。利用氨纤维爆破预处理干草，干草中约有93%的葡聚糖转化，是未处理的6倍（Alizadeh，2005）。

（三）CO_2 爆破法预处理法

CO_2爆破法的原理与氨纤维爆破预处理法的原理相同，但不同的是 CO_2 的形式是以碳酸的形式存在。通过超临界 CO_2 处理纤维素类材料（甘蔗渣、混合废纸、再生纸的再制浆废料、微晶纤维素），可以提高纤维素类材料的水解速度，并使葡萄糖的产率提高约50%，与氨纤维爆破预处理法相比，超临界 CO_2爆破可以减少费用，并且它是在低温下运行，不会因高爆破性而导致糖降解（Zhang，2010）。

四、生物预处理法

生物法预处理是利用微生物对木质纤维素原料进行降解，经过微生物的处理可以有效提高粗纤维、半纤维素以及纤维素的降解，提高蛋白质的含量，改善甘蔗渣的营养结构，使其成为优质饲料。对于甘蔗渣的生物法预处理主要包括青贮法和微生物预处理两种。

白腐菌、褐腐菌和软腐菌等微生物可以有效地降解原料中的木质素、纤维素和半纤维素，破坏细胞壁，产生糖和菌体蛋白，提高甘蔗渣的饲料化利用率。目前广大学者热衷于白腐真菌降解木质素类植物的研究。

白腐真菌对甘蔗渣有较强的分解能力，白腐真菌在自然环境中即可提取。从自然环境中挑选的白腐真菌，接种在甘蔗渣上发酵，经过一段时间的发酵之后，可以降解约20%的木质素（刘健，2012）。通过研究白腐真菌与黑曲霉对甘蔗渣的降解能力，结果发现白腐真菌的分解能力显著高于黑曲霉的分解能力（张变英，2006）。此外，其他菌种的混合使用也可以得到较为理想的效果，并且优于单一菌种的发酵效果。甘蔗渣经粉碎和高温蒸煮的预处理之后，将其接种木霉和酵母菌，处理后所得甘蔗渣粗饲料含可溶性糖9.21%，蛋白质提高81.40%，提高了消化率。用黑曲霉和产朊假丝酵母两种菌种固态发酵甘蔗渣，混合发酵的方式优于单菌株的发酵效果，可缩短发酵时间，而且能够显著降低发酵产物中粗纤维的含量，提高粗蛋白质和多酚的含量（郭婷婷，2016）。Olagunju 等（2014）利用乳酸菌发酵经氢氧化钠处理后的甘蔗渣，结果发现，乳酸菌发酵氢氧化钠处理改善了甘蔗渣的品质，可以作为动物的饲料来源。

微生物预处理所需条件简单，不需要高压高热且能耗低，但是通常处理时间长，酶解率低，且单独使用微生物预处理木质纤维很难达到理想的效果。此外，纤维素酶成本较高严重阻碍着生物酶解技术的工业化，成本问题也急需解决。

第六节　甘蔗渣青贮处理技术

对于秸秆类粗饲料，青贮处理是一种较为理想的饲料化处理技术。青贮饲料在发酵过程中，通过乳酸菌等厌氧菌的作用，产生乳酸，降低饲料 pH 值，可以抑制危害菌的产生，可以长期保存粗饲料。早在 20 世纪 80 年代就已经有报道通过青贮技术处理甘蔗渣（苏毅，1983），但我国利用青贮技术处理甘蔗渣的研究较少。

甘蔗渣通过预处理技术处理之后，可以作为优良的青贮原料。Muller 等（1992）以含 50%甘蔗渣为基础原料并添加 5%尿素，10%新鲜牛粪和 35%水在环境温度条件下密封青贮，青贮发酵 60d 之后，混合饲料的营养成分得到很好的保存并且降低了中性洗涤纤维、酸性洗涤纤维和酸性洗涤木质素的含量，提高了甘蔗渣的消化率。柳富杰（2017）的研究表明，经过氢氧化钠、尿素预处理后的甘蔗渣青贮最佳条件是含水量 60%～65%、粉碎粒径 2.36mm、添加 9%的糖蜜量，在此条件下 pH 值是 4.22，乳酸/总酸为 66.41%，有效地降低 NDF 和 ADF 的含量。代正阳（2018）用青贮甘蔗渣替代 50%的稻草饲喂金华黄牛，对瘤胃液 pH 值、NH_4^+-N、VFA 以及血清生化指标均无显著影响，并且获得较好的育肥效果。

第七节　甘蔗渣在动物生产上的使用

我国是一个农业大国，畜牧业是一个非常重要的组成部分。随着畜牧业的迅速发展，解决畜牧业的饲料需求问题迫在眉睫。我国人口众多，但是人均耕地面积较少，种植技术落后，仅凭谷物、牧草等常规饲料的生产解决饲料需求问题存在一定的难度。因此，就需要开发新的饲料原料弥补谷物、牧草饲料等常规饲料的不足。在畜牧生产中，饲料成本可占到总成本的70%以上，非常规饲料的使用能够很大程度上降低饲料的成本。未处理的甘蔗渣不适合直接作为动物的饲料来源，但是通过预处理之后，甘蔗渣可以作为反刍动物、猪、虾等动物的饲料来源。

一、甘蔗渣在反刍动物生产上的使用

由于甘蔗渣的粗纤维含量较高，因此，甘蔗渣在反刍动物上的应用较多。处理后的甘蔗渣适口性明显改变，显著提高反刍动物的日增重，显著降低反刍动物的饲料成本，对奶牛的产奶量无影响。有研究表明，新鲜甘蔗渣饲喂肉牛的效果要比储藏72h之后的甘蔗渣要好。此外，与不作任何处理直接青贮的甘蔗渣饲料饲喂肉牛相比，碱处理后的甘蔗渣饲料能够明显提高肉牛的采食量和日增重（Menezes，2011）。甘蔗渣与其他甘蔗副产物混合之后，通过氨化技术对其处理，氨化处理后的饲料可以显著提高肉牛的采食量，降低肉牛的饲喂成本，提高经济效益（唐书辉，2015）。蚁细苗等（2015）利用膨化甘蔗渣替代青贮玉米秸秆饲喂肉牛，结果表明，甘蔗渣膨化后质地蓬松且带有焦糖香味，提高了其适口性；与肉牛饲喂青贮玉米秸秆相比，平均日增重提高了36.7%，饲料成本节约了28.8%。冯定远等（1996）将甘蔗渣碱化处理后饲喂产奶牛，结果表明，碱化甘蔗渣在日粮平衡的基础上替代部分干草和玉米青贮及少量精料（约占干物质的20%）是完全可行的，既不影响日粮的采食量、营养物质的消化率和氮的代谢利用，也不影响奶牛产奶量，因此碱化处理后的甘蔗渣饲喂奶牛是可行的。吴天佑等（2016）利用甘蔗渣作为单一粗饲料来源饲喂湖羊，结果表明，湖羊的日增重和ADF、NDF的消化率都较低，由此可见，甘蔗渣并不适合作为湖羊的单一粗饲料。韩志金等（2020）等以甘蔗渣作为单一粗饲料，甘蔗渣设置了四个

梯度的日粮饲喂奶牛（甘蔗渣的添加水平分别为奶牛日粮中45%、50%、55%和60%）。结果表明，与对照组（无甘蔗渣）相比，45%和50%甘蔗渣组干物质、有机物、总可消化养分摄入量，以及干物质和有机物消化率无显著差异，日粮甘蔗渣添加水平对营养物质的摄入量和消化率呈显著线性降低。此外，甘蔗渣降低了奶牛的日产奶量，但添加水平为45%~50%时较好，产奶量可达到12kg/d。

二、甘蔗渣在其他动物生产上的使用

甘蔗渣在猪、虾、兔子等其他动物上的应用也有报道。夏中生等（2001）利用糖蜜酒精废液蔗渣吸附发酵产物（MABFP）饲喂杜长大三元杂交生长猪（添加量为日粮的0%、2.5%和5%）和肥育猪（添加量为日粮的0%、4%和8%）各3组，结果发现，MABFP对生长猪和育肥猪的日增重、饲料转化率以及胴体的屠宰比例均不存在显著性影响，但是，MABFP的添加可以降低饲料成本，提高饲料工业和经济效益。陈传村（1995）将50kg的基础日粮中混入10kg的甘蔗粉饲喂兔子，结果发现，相比50kg中掺入10kg草料组相比，其日增重和饲料转化率差异并不显著，因此甘蔗粉可作为兔子的饲料并且可以解决青粗饲料不足的问题。甘蔗渣通过多种维生素共生发酵之后，粗纤维含量降低60%左右，提高了粗蛋白质和粗脂肪的含量，用以饲喂奶牛，其日产奶量可提高30%。以废糖蜜发酵制得的赖氨酸作为添加剂，添加量为0.2%，用这种饲料喂猪，可使猪日增重增加0.2~0.3kg，用这种饲料添加剂喂蛋鸡，其产蛋量可提高15%。美国赫莱特热带水产研究所的研究人员将适量的淀粉、蛋白粉、油脂等添加到粉碎后的甘蔗渣中，将其制成微粒状用于虾的饲养，结果表明，降低了虾饵料成本的55%~70%。

第八节　结语与展望

甘蔗渣是糖厂压榨制糖产生的副产物，具有数量庞大、价格便宜、来源集中等特点，但是大部分的甘蔗渣并没有合理利用而是被烧掉或者浪费掉。甘蔗渣主要由纤维素、半纤维素和木质素组成，属于秸秆类饲料，难以直接被畜禽动物直接利用。目前，甘蔗渣在各个领域均有应用，但技术尚不成熟，仍然存在很多问题。

未经处理的甘蔗渣不适宜直接作为畜禽的饲料来源，需要经过预处理技术的处理。预处理技术较多，主要包括物理、化学、物理—化学、生物法等技术。甘蔗渣在有些预处理技术处理之后可直接作为畜禽的饲料，但预处理技术仍然存在一些问题。青贮技术是目前处理粗饲料比较好的饲料化处理手段之一，但我国目前对青贮甘蔗渣的研究并不是很多。青贮甘蔗渣之前仍然需要预处理技术的处理以达到最理想的青贮效果。

近年来，我国对农作物废弃物的处理和对甘蔗渣的合理利用十分重视。但甘蔗渣目前主要用于生物质燃料、锅炉燃料和制浆造纸等，饲料化进程仍然很慢。为加速甘蔗渣的饲料化进程，需要高校联合企业加快甘蔗渣饲料化利用技术的研发。此外，需要国家政策的倾斜，加大对甘蔗渣饲料化利用的财力支持。

参考文献

陈艳阳，常刚，魏晓奕，等，2018. 振动超微粉碎处理对甘蔗渣粉体理化特性的影响［J］. 热带作物学报，39（3）：565-569.

陈渊，黄祖强，杨家添，等，2010. 机械活化预处理甘蔗渣制备醋酸纤维素的工艺［J］. 农业工程学报，26（9）：374-380.

崔兴凯，陈可，赵雪冰，等，2017. 甘蔗渣木质素的结构及其对纤维素酶解的影响［J］. 过程工程学报，17（5）：1002-1010.

代正阳，2018. 蛋白水平及饲喂青贮甘蔗渣对金华黄牛生产性能的影响［D］. 杭州：浙江农林大学.

代正阳，邵丽霞，屠焰，等，2017. 甘蔗副产物饲料化利用研究进展［J］. 饲料研究（23）：11-15.

冯定远，颜惜玲，蒲英远，1996. 产奶牛对碱化甘蔗渣消化利用的研究［J］. 广东农业科学（2）：40-41.

高利，2009. 机械活化甘蔗渣结构与性能的研究［D］. 南宁：广西大学.

郭婷婷，彭新利，陈玉春，等，2016. 甘蔗渣固态发酵方式研究［J］. 饲料广角（6）：32-33.

韩冬辉，魏晓奕，李积华，等，2013. 预处理对蔗渣纤维素在离子液体中溶解速率的影响［J］. 中国农学通报，29（14）：113-117.

韩志金，陈玉洁，田东海，等，2020. 甘蔗渣作为粗饲料对奶牛生产性能，养分消化和采食行为的影响［J］. 中国饲料，646（2）：80-84.

胡秋龙，熊兴耀，谭琳，等，2011. 木质纤维素生物质预处理技术的研究进展［J］. 中国农学通报，27（10）：1-7.

黄祖强，高利，梁兴唐，等，2009. 机械活化甘蔗渣的结构与表征［J］. 华南理工大学学报（自然科学版），37（12）：75-80.
吉中胜，黄耘，农秋阳，等，2018. 碱化甘蔗渣制作牛羊饲料的研究［J］. 轻工科技，34（7）：34-35.
李闯，2020. 纤维素及其平台分子催化氢化研究［D］. 合肥：中国科学技术大学.
梁杰珍，沈贤永，周湾，等，2012. 超/亚临界 CO_2-水解甘蔗渣（蔗髓）制备还原糖［C］. 南宁：广西壮族自治区科学技术协会.
林荣珍，2020. 甘蔗渣综合利用发展现状探讨［J］. 企业科技与发展（6）：62-64.
刘健，邬小兵，龙传南，等，2012. 白腐菌预处理甘蔗渣促进水解的研究［J］. 化工进展，31（S1）：104-107.
柳富杰，2017. 甘蔗渣制备青贮饲料的研究［D］. 南宁：广西大学.
路贵龙，王朔，连玉珍，等，2020. 甘蔗制糖副产物的开发与利用［J］. 中国糖料，42（2）：75-80.
谭文兴，吴兆鹏，韦家周，等，2017. 蔗渣揉搓或膨化处理作肉牛粗饲料的可行性研究［J］. 广西糖业（3）：16-20.
唐书辉，陈静，汪庆松，等，2015. 利用甘蔗副产品饲养肉牛试验研究［J］. 贵州畜牧兽医，39（2）：11-13.
魏晨，刘桂芬，游伟，等，2019. 6 种反刍动物常用粗饲料在肉牛瘤胃中的降解规律比较［J］. 动物营养学报，31（4）：1666-1675.
吴天佑，赵睿，罗阳，等，2016. 不同粗饲料来源饲粮对湖羊生长性能、瘤胃发酵及血清生化指标的影响［J］. 动物营养学报，28（6）：1907-1915.
夏中生，杨胜远，潘天彪，等，2001. 糖蜜酒精废液蔗渣吸附发酵产物对猪的饲用价值研究［J］. 粮食与饲料工业（1）：25-27.
许霞，苟永刚，罗莎莎，2020. 减量施氮对甘蔗//大豆间作系统产量稳定性的影响［J］. 热带作物学报，41（7）：1354-1365.
严明奕，莫炳荣，2001. 甘蔗渣的综合利用——赴巴西考察报告［J］. 广西轻工业（1）：4-9.
蚁细苗，谭文兴，陶誉文，等，2015. 甘蔗副产物粗饲料化试验研究［J］. 广西糖业（5）：25-28.
张变英，王士长，王芳，等，2006. 白腐真菌和黑曲霉对甘蔗渣降解的影响研究［J］. 饲料工业（20）：18-20.
周波，2019. 甘蔗副产物对西门塔尔牛、努比亚山羊瘤胃发酵及养分消化的影响［D］. 南宁：广西大学.
ALIZADEH H，TEYMOURI F，GILBERT T I，et al.，2005. Pretreatment of switchgrass by ammonia fiber explosion（AFEX）［J］. Applied Biochemistry & Biotechnology，121-124（1-3）：1133.

BASILE D E, CASTRO F, MACHADO P F, 1990. Feeding value of steam treated sugar cane bagasse in ruminant rations [J]. Livestock Research for Rural Development, 2 (1): 1-6.

CHIKAKO A, YOSHITOSHI N, FUMIHISA K, 2005. Chemical characteristics and ethanol fermentation of the cellulosecomponent in autohydrolyzed bagasse [J]. Biotechnology and Bioprocess Engineering, 10 (4): 346-352.

LIU C F, SUN R C, QIN M H, et al., 2008. Succinoylation of sugarcane bagasse under ultrasound irradiation [J]. Bioresource Technology, 99 (5): 1465-1473.

NASIRPOUR N, MOUSAVI S M, SHOJAOSADATI S A, 2014. A novel surfactant-assisted ionic liquid pretreatment of sugarcane bagasse for enhanced enzymatic hydrolysis [J]. Bioresource Technology, 169: 33-37.

PHAN D T, TAN C S, 2014. Innovative pretreatment of sugarcane bagasse using supercritical CO_2 followed by alkaline hydrogen peroxide [J]. Bioresource Technology, 167: 192-197.

FILHO G R, DE ASSUNÇÃO R M N, VIEIRA J G, et al., 2006. Characterization of methylcellulose produced from sugar cane bagasse cellulose: Crystallinity and thermal properties [J]. Polymer Degradation and Stability, 92 (2): 205-210.

SHEIKH M I, KIM C H, YESMIN S, et al., 2010. Bioethanol Production Using Lignocellulosic Biomass-review Part I. Pretreatments of biomass for generating ethanol [J]. Journal of Korea Technical Association of The Pulp and Paper Industry, 42 (5): 1-14.

SAHA B C, 2003. Hemicellulose bioconversion [J]. Journal of Industrial Microbiology and Biotechnology, 30: 279-291.

MENEZES G C D C, FILHO V, D E CAMPOS S, et al., 2011. Intake and performance of confined bovine fed fresh or ensilaged sugar cane based diets and corn silage [J]. Revista Brasilra De Zootecnia, 40 (5): 1095-1103.

MORETTI M M D S, BOCCHINI-MARTINS D A, NUNES C D C C, et al., 2014. Pretreatment of sugarcane bagasse with microwaves irradiation and its effects on the structure and on enzymatic hydrolysis [J]. Applied Energy, 122: 189-195.

KIM M, AITA G, DAY D F, 2010. Compositional changes in sugarcane bagasse on low temperature, long-term diluted ammonia treatment [J]. Applied Biochemistry and Biotechnology, 161 (1-8): 34-40.

MULLER M, 1992. Nutritional evaluation of sugarcane bagasse based rations treated with urea and cattle manure [J]. Animal Feed Science and Technology, 38 (2-3): 135-141.

OLAGUNJU A, MUHAMMAD A, AIMOLA I A, et al., 2014. Effect of *Lachnocladium*

Spp fermentation on nutritive value of pretreated sugarcane bagasse [J]. International Journal of Modem Biology and Medicine, 5: 24-32.

ZHENG Y, LIN H M, Tsao G T, 2010. Pretreatment for cellulose hydrolysis by carbon dioxide explosion [J]. Biotechnology Progress, 14 (6): 890-896.

第五章　油菜秸秆饲料化处理与应用技术

第一节　油菜概述

油菜（*Brassica napus* L.），又名苦菜、油白菜等，是十字花科芸薹属，一年生或两年生草本植物，属于种子植物中的被子植物。欧洲油菜与芜菁甘蓝、西伯利亚羽衣甘蓝都属于 *Brassica napus*。由于欧洲油菜适用性强，所以欧洲油菜在世界五大洲均有种植，其中亚洲、欧洲和南美洲的种植面积最广。在经过多代的繁衍，通过杂交变异出能够适应不同环境气候下的品种。欧洲油菜是由甘蓝和白菜杂交形成的异源四倍体。根据细胞遗传学，欧洲油菜可分为基本种和复合种两大类。欧洲油菜是由欧洲芜菁（地中海地区）和苤蓝、花菜、西兰花、中国芥蓝等 4 种甘蓝的共同“祖先”杂交合成，但遗憾的是，4 种甘蓝的祖先已经消失。

甘蓝型油菜品质优良、适应性广泛，从而在我国广泛种植，种植比例高达 80%。根据我国各地气候条件和播种季节，可划分为冬油菜与春油菜两大产区。冬油菜秋播或者冬播夏收，而春油菜春播秋收。冬油菜耐低温，需要春化才能够开花；春油菜不耐低温，生育期短，不需要春化就可以开花（徐春梅，2020）。油菜的作用有 3 种：①油菜是植物油的主要来源之一，除了用于生产植物油，还可以用于生产润滑剂、肥皂、稳定剂和药品等；在所有的油料作物种植中，油菜已成为仅次于大豆的第二大油料种植作物；②在我国所种植的油菜通常在 3—4 月会开出鲜艳美丽的黄色花朵，因此，油菜还可以作为一种观赏植物，目前有的研究人员通过基因修饰等方法，培育出变种油菜，让油菜开出更大、更稳定的花朵；③油菜能够增加土壤中的有效氮和有机物含量，其原因可能在于油菜收割后产生的枯枝落叶、残留的根茎及其代谢物等增加了土壤中的有机物。

第二节　我国油菜种植情况及其秸秆产量

我国油菜种植历史悠久，品种丰富，2013 年油菜籽总产量居世界第一。如今，在全国很多地方种植油菜并不仅仅作为经济作物，而且由于油菜具有观赏价值，这极大地拉动了旅游经济的发展。进入 21 世纪，我国油菜生产经历了缓慢发展、大幅下滑和平稳恢复三个阶段。2006 年，油菜播种量大幅下降，降至 10 332 万亩；2007 年跌入历史最低点，播种面积仅为 8 463 万亩；从 2008 年起，国家开始大力扶持油菜产业，出台政策推动油菜产业的发展，油菜的播种面积开始恢复；2013 年油菜的播种面积和总产量达到历史最高，分别为 11 279 万亩和 1 446 万 t（张永霞等，2015）。

油菜适应性较强，根据生态环境，我国油菜生产区可以划分为春油菜区和冬油菜两大区。我国的油菜生产以冬油菜为主，其种植面积和产量均占全国的 90%左右。春油菜种植区主要包括青海、内蒙古和甘肃。冬油菜种植区域主要集中在长江流域各省份，具体包括长江上游［四川、贵州、云南、重庆、陕西五省（市）］，长江中游（湖北、湖南、江西、安徽等四省及河南信阳地区），长江下游（江苏、浙江两省）（吴崇友等，2017）。在 20 世纪 90 年代，我国农作物秸秆的产量超过 7 亿 t，油料作物作为一种十分重要的农作物，所产生的秸秆超过总产量的 10%。据统计，2005 年我国油菜秸秆总产量为 4 423. 34 万 t，长江中下游地区和黄淮海地区的产量分别为 1 500. 81 万 t 和 1 155. 44 万 t，分别占总量的 33. 93%和 26. 12%（王福春等，2015）。

第三节　我国油菜秸秆的资源特性

一、油菜秸秆的结构特征

油菜秸秆是一种丰富的秸秆生物质资源，贮存着丰富的营养物质，是宝贵的粗饲料来源。油菜的秸秆茎直，具有分支，从外至内分为四层，依次分别是表皮、皮层、纤维层和茎髓。油菜秸秆表皮是指秸秆最外面的一层活细胞，外表皮致密光滑，由排列紧密、无间隙、外壁角质化的细胞组成。皮层位于表皮和纤维层之间，皮层是基本组织中的主要组成成分，主要由多层薄壁细胞构成，细胞细长，成纵行排列，并且具有一定的分裂增殖能力。纤维层是种子植物内的一种厚壁组织，内含大量束状纤维，细胞细长，具有较厚的次生壁，具有支撑、连接、包裹等作用。茎髓是油菜秸秆的中间部位，由成熟组织的薄壁组织中的贮藏组织组成，由大体细胞构成，细胞之间存在大量的空隙。茎髓的作用是储存大量的营养成分，细胞中贮存淀粉、色素、单宁等物质（姜维梅等，2001）。

二、油菜秸秆的化学组成

油菜秸秆由茎和秆两部分组成，其根部（10~20cm）无法利用，其余部分均可利用。不同地方、不同时间收割的油菜秸秆，其不同部位纤维素含量不同，但是纤维素含量都是最高的。在油菜生长的过程中，光合作用的产物约有一半多存在于秸秆中。因此，油菜的秸秆部分富含有机质和氮、磷、钾、钙等多种化学养分。油菜秸秆与其他秸秆的组成成分类似，主要组成成分是木质纤维素，木质纤维素又分为纤维素、半纤维素和木质素。油菜秸秆的秆部纤维素含量达到了52.3%，比其他秸秆的纤维素（水稻秸秆和小麦秸秆）含量要高。油菜秸秆中半纤维素含量为17.13%、木质素为19.07%（赵蒙蒙等，2011）。表5-1介绍了不同品种的油菜秸秆以及不同秸秆的营养成分。从表中可以看出不同品种油菜秸秆营养成分还是存在较大的差异，其中粗蛋白质和粗脂肪差异较为明显，但普遍高于小麦秸秆、玉米秸秆和豆秸秆。

表5-1　油菜秸秆及其他秸秆的化学组成　　（%，干基）

名称	粗脂肪	粗蛋白质	粗纤维	水分	粗灰分	钙	磷	参考文献
小麦秸秆	1.28	3.60	40.20	5.25	0.20	0.10	—	姜维梅，2001
玉米秸秆	1.03	3.70	31.42	5.54	0.35	0.08	6.52	姜维梅，2001
豆秸秆	2.70	1.11	51.70	3.16	0.53	0.03	6.65	姜维梅，2001
油菜秸秆	3.49~3.69	2.72~6.62	—	2.94~6.53	5.74~9.83	—	—	黎力之，2016
油菜秸秆	2.14	5.48	46.17	5.02	0.83	0.09	9.27	乌兰，2007
油菜秸秆	1.03	4.52	48.08	5.89	4.76	1.05	0.08	潘勇，2002

三、油菜秸秆的抗营养因子

油菜秸秆中存在多种抗营养因子，例如硫苷、植酸磷、丹宁和芥子碱等，其中硫苷是最主要的抗营养因子。硫苷具有毒性，动物采食过多会使甲状腺等器官肿大，从而影响动物的生长发育。硫苷类物质分解所产生的异硫氰酸脂具有刺激性气味，这种气味会严重影响动物的采食量。在油菜秸秆的不同部位，硫苷的含量有所不同，油菜籽实中含量是180μmol/g、叶片中含量较低，仅有10~20μmol/g，然而不同品种油菜中硫苷含量也相差较大。目前，关于油菜秸秆中抗营养因子的研究多集中在油菜籽和叶片，对秸秆中抗营养因子的研究则相对较少。

第四节　油菜秸秆的营养价值及饲料开发

一、油菜秸秆的营养价值

根据油菜秸秆的化学组成可知，油菜秸秆的粗脂肪、粗蛋白质含量高于小麦秸、玉米秸和豆秸，具有较高的饲用价值。但是，油菜秸秆的蜡质、硅酸盐和木质素含量较高，内部所形成的酯键较为坚固，以及存在异味和质地较为坚硬，导致动物采食量和消化率均很低。因此，油菜秸秆不能直接作为猪等单胃动物的能量来源。即使反刍动物具有复杂的胃部结构，瘤胃内的微生物可以降解粗纤维，油菜秸秆也不建议直接作为反刍动物的粗饲料。研究表明，通过发酵、氨化、微贮等饲料化的处理手段之后，才可以改善油菜秸秆的饲料特性，用于牛、羊、猪等动物的饲养。

二、开发油菜秸秆饲料的重要性

改革开放以来，我国人民的生活水平迅速提高，科学技术迅速发展，使得畜牧业的发展得到了质的飞跃。在畜牧业的快速发展过程中，弊端也显现出来，出现了“人畜争粮”的问题。因此，我国畜牧业的发展受到饲粮的制约。

油菜秸秆作为油菜的副产物，营养物质丰富，具有广阔的用途和主要的经济价值。油菜秸秆含有非常丰富的矿物质（氮、磷、钾等）和大量的有机质，是很好的肥料资源；油菜秸秆中粗蛋白质含量较高，且明显高于小麦秸秆、豆秸秆和玉米秸秆，还含有丰富的粗纤维。油菜秸秆内C与H比例较高，有利于瘤胃发酵，并可减少氨的产量。因此，油菜秸秆能够部分替代反刍动物的常规粗饲料。

在科学技术还是很落后的时候，人们对油菜秸秆的认识并不是很充分，大部分油菜秸秆都是在田间焚烧，严重浪费了秸秆资源。但是，随着科学技术的发展，人们逐渐认识到油菜秸秆的潜在价值，开始充分开发利用秸秆。油菜秸秆的综合利用，一方面创造了经济收益，缓解了农村肥料、能源和工业原料的紧张状况，也缓解了“人畜争粮”的现象（尤以南方农区）；另一方面，禁止焚烧油菜秸秆可以保护农村生态环境、促进农业农村经济可持续协调发展，是一种可持续发展的道路。

第五节　油菜秸秆的综合利用现状

一、油菜秸秆的综合利用

根据油菜秸秆的组成结构及其营养价值，油菜秸秆的利用途径主要有以下几个方面：①直接还田。传统的做法是直接将油菜收割完之后将其秸秆放置于田里，这种做法存在一些弊端，不仅会影响农作物的种植，而且还会影响农作物的生长。现在对于秸秆的还田，一般会将秸秆类饲料进行预处理，然后再将秸秆还田。预处理的方法有发酵、切短等。②制造沼气。将油菜秸秆当作沼气发酵的原料是一种确保油菜秸秆的利用率达到最大化的方法。沼气发酵产生的沼液可以用作农田的肥料和鱼饲料。但是在制作沼气的过程中存在一些问题，比如产生的焦油容易导致管道堵塞等。③作为畜禽饲料。收割之后的秸秆饲料不宜直接作为畜禽的饲料，但是在经过一些技术的预处理之后，所制作的饲料就可以作为畜禽的饲料。④变废为宝。生活中总是不缺乏创造，智慧的人们通过奇思妙想将油菜秸秆创造出我们日常生活中一些日常用品。油菜秸秆可以制成我们生活中用的编织袋；油菜秸秆在深加工之后可以制成生火快、热量高、对环境污染低的人造碳；油菜秸秆还可以加入建筑材料中，作为保温材料（施扬，2015）。

二、油菜秸秆在综合利用过程中面临的问题

近些年来，在科学技术的推动以及国家政策支持下，油菜秸秆利用的程度已得到极大的改善。但是，油菜秸秆在综合利用的过程中仍然存在很多问题。主要的问题包括以下几个方面：①油菜秸秆的利用仍然处于初始阶段，资源化程度不高。油菜秸秆的利用技术还不够成熟，无法解决所有的油菜秸

秆资源化利用问题。②油菜秸秆的组成包含纤维素、半纤维素和木质素，其中纤维素和半纤维素特别是木质素难以被微生物分解，所以还田后的油菜秸秆在土壤中被微生物分解转化的周期较长，不能作为当季作物的肥源，一年只能还田一次。因此，油菜秸秆还田只能解决一小部分秸秆的利用。③虽然国家的政策对秸秆资源化利用已经足够的重视，但是并未设置专门的农作物秸秆资源综合开发利用机构，这就造成管理上出现漏洞，不能够全面合理地管理油菜秸秆的资源化利用。④综合利用秸秆类资源的企业规模较小，数量也较少，综合利用的发展相对较慢。

三、应对措施

一是政府加大对油菜秸秆资源化利用的优势推广，普及油菜秸秆加工利用技术，禁止秸秆焚烧，保护生态环境，让群众认识到油菜秸秆是一种宝贵的资源。

二是大力发展草食畜牧业专业养殖大户和养殖场建设，示范带动农作物秸秆加工利用，加快秸秆利用转化，实现过腹还田，走舍饲圈养、种草养畜的生态畜牧业之路。

三是因地制宜，在不同区域和当地特色种植、养殖和加工等相结合，将油菜秸秆多元化利用。例如生产食用菌、生物燃料等。

四是加强科研工作，研发工作始终是解决油菜秸秆资源化利用的重要一环，没有科学技术的支持，无法完全解决油菜秸秆的资源化利用。政府应高度重视对油菜秸秆利用的研发，加大对科研院所研究的支持力度。

第六节　油菜秸秆饲料化处理技术

油菜秸秆的结构组成和营养价值限制了油菜秸秆的开发和利用。随着人们的生活水平迅速提高，人们对一些品质较优的肉制品需求量逐渐增加，这就促使了我国畜牧业的迅速发展。在养殖业当中，牛羊的养殖又是发展较为迅速的，每年会出栏大量的牛、羊等反刍动物。牛、羊作为草食性动物，对于饲草类粗饲料的需要量较大。随着全球气候的变化，我国的草原退化，牧草资源变得紧张，油菜秸秆产生量大，可以作为粗饲料资源，越来越受到人们的关注。没有经过任何加工处理的秸秆是一种低质粗饲料，秸秆质地粗硬，适口性差，营养价值低。油菜秸秆内含有较高含量的蜡质、硅酸盐和木质素，木质素与纤维素镶嵌形成坚固的酯键，会降低油菜消化率。因此，国内外诸多畜牧学专家的研究重点在于如何提高油菜秸秆的适口性、营养价值和经济效益。对于油菜秸秆的利用，人们通常采用物理处理法、化学处理法、生物学处理法三种方法提高油菜秸秆的利用率。

一、物理处理法

物理处理法主要是通过机械、热等手段对油菜秸秆进行处理，物理方法较多，有切短、粉碎、浸泡、制粒、揉等。物理方法可以改变油菜秸秆的外部形态或内部组织结构，但是不能增加油菜秸秆的营养成分。物理法处理过的油菜秸秆可以直接作为牛羊等家畜的粗饲料来源，能一定程度提高动物采食量和消化率。但是物理方法所改善的程度有限，因此，物理处理法多作为其他处理方法的前提和基础。

在众多物理方法当中，切短与粉碎是处理秸秆类饲料最简便而又重要的方法之一。油菜秸秆经过切短和粉碎，可以增加油菜秸秆和瘤胃微生物接触的面积，有利于瘤胃微生物对其降解发酵，从而提高采食量和消化率。通过一些物理手段可以在一定程度上破坏木质素和纤维素的结晶体，能够提高油菜秸秆的消化率。简单的物理方法如切短、粉碎、制粒等处理成本较低，在生产中则可以推广实践，但其中有些物理方法（热喷、射线照射等）消耗大，成本高，无法在生产实践中应用。张勇等（2016）等对比了油菜秆颗粒料与花生藤颗粒料对公湖羊生产性能的影响，结果表明，与饲喂花生藤颗粒料相比，饲喂油菜秸秆颗粒料的湖羊干物质采食量显著降低，但是对日增重无影响；饲喂油菜秸秆颗粒料比饲喂花生藤颗粒料每千克增重饲料成本降低了 5.87 元。因此，油菜秆为主的颗粒料可以用于生长湖羊的饲喂，并且能够降低饲料成本，增加收益，能够减少油菜秸秆所带来的环境污染。

二、化学处理法

相比于物理处理法，化学处理油菜秸秆可以有效提高饲养价值和养殖效益，是一种效率较高的方法。化学处理法的原理是利用化学试剂处理油菜秸秆，这些化学试剂可以破坏秸秆的组织结构，有效溶解部分的半纤维素和木质素，增加纤维素的暴露面积，从而提高酶的降解速率。因此，化学处理法可以改变秸秆自身的结构，软化秸秆的硬度，提高油菜秸秆的适口性。但是随着时代的发展，人们越来越重视环境的保护，化学处理法存在的许多问题已经凸显出来。例如，化学处理法的成本较高，需要大量的劳动力。此外，所应用的化学试剂存在一定的毒性，不能够完全回收，会对环境造成一定的污染。因此，化学法处理油菜秸秆等秸秆类资源也逐渐不适应时代的发展。化学处理法主要包括酸处理、碱化处理或几种方法的组合等。

（一）酸处理

酸处理法一般包括稀酸和高浓度的酸处理法，在一定的温度条件下，能够有效溶解部分半纤维素和木质素，并且增加可溶木质素的沉淀，因此酸处理法能够提高油菜秸秆的酶解效率。此外，在酸处理的过程中有少量酸借助氢键的作用渗入秸秆内部，能够催化脱水反应（Carpenter et al.，2014）。秸秆类饲料的酸处理所用的酸通常有 HCl、H_2SO_4和 H_3PO_4等。虽然酸处理的优点有很多，但是成本过高，因此酸处理通常很少使用。

相比稀酸，浓度较高的酸具有一定的优势。高浓度的酸处理油菜秸秆，其转化效率较高，可降低反应所需的时间。由于酸的浓度较高，其反应所需要的条件也就越高。高浓度酸处理对反应设备的要求高，反应产物具有毒性以及腐蚀性，酸的回收也存在一定的难度（Wijaya，2014）。稀酸处理秸秆类饲料一般条件是 120℃左右，20~90min，在该条件下能够获得较高的酶解产量。在 121℃条件下，利用 0.75%的 H_2SO_4处理小麦秸秆 30min，糖化效率达到了 74%（Behera，2014）。

酸处理法是较早应用于处理木质素纤维的方法，现在国内外科研人员仍在加大对其研究的力度。单一的酸处理方法可能还不能达到预期效果，将其与其他方法联合处理效果更好，更加适合工业化。但是酸处理之后，无论是剩余的酸还是产生的有毒化合物会对环境和饲料造成污染，并且产气增加，导致营养丢失。对于油菜秸秆的开发利用，由于酸处理存在的问题较多，因此酸处理的方法极少会使用（刘剑虹，2001）。

（二）碱化处理

碱化处理的原理是在一定浓度碱的作用下，OH^-能够破坏油菜秸秆纤维物质内部的氢键和酯键，使纤维素、半纤维素与木质素三者之间的酯键变弱，软化细胞壁，溶解部分半纤维素，从而使得纤维素与木质素的结合力削弱，消化液容易渗入细胞壁，从而增强反刍动物瘤胃微生物对其利用，进而提高油菜秸秆的消化率。国内外碱化处理常用的碱化试剂有氢氧化钠和氢氧化钙等。

1. 氢氧化钠法

氢氧化钠处理是碱化处理中利用最早的一种处理方法，具有时间短、反应快、不受气候环境温度的影响、可以大规模生产的优点。氢氧化钠处理法主要有湿法与干法两种，但是现代碱化技术主要采用干法处理。湿法处理需要大量的水冲洗处理过程的碱、环境污染严重、需要大量的劳动力，因此应用受到了限制。干法处理秸秆成本低廉，简便易行，不仅可以提高秸秆消化率，也可以防止营养物质流失。因此，干法处理是碱化处理中常用的一种方法。但是氢氧化钠的生产成本造价高，对环境产生污染、对人畜有潜在的危害。

2. 氢氧化钙法

氢氧化钙碱性处理法是一种不会污染环境，处理后的饲料饲喂动物不会产生影响的一种处理方法。此外，氢氧化钙的生产原料是生石灰，其来源较广，价格低廉。但是氢氧化钙的碱性较弱，容易霉变和处理效率较低。因此，在大规模推广应用该处理前，需进一步研究以确定理想的处理条件，解决其霉变和效率问题。

3. 氨化处理

氨化处理法也是碱化处理法的一种，但由于其含有氮源，可以作为瘤胃微生物合成菌体蛋白的氮源，所以单独介绍氨化处理法。氨化处理时，氨与水生成的氨水会电离出 NH_4^+ 和 OH^-，与其他碱化处理的作用一致，OH^- 可以破坏木质素和纤维素的酯键，疏松纤维结构，提高瘤胃微生物的活力，增强酶的活力，对油菜秸秆等饲料的消化作用也增强。NH_4^+ 会附着在油菜秸秆上面，为反刍动物提供氮源，提高粗饲料内粗蛋白质的含量，油菜秸秆的适口性和动物采食量也得到了显著的改善。

氨水、液氨（无水氨）、碳酸氢铵、尿素是处理秸秆类饲料氨源的常用来源（何余湧等，2005）。氮源不同处理油菜秸秆的效果也不尽相同。液氨的处理效果高于尿素，但是液氨有腐蚀性并且具有挥发性，在运输、使用和贮存的过程中均需要专门成套的设备，其成本较高，限制了液氨在油菜秸秆氨化处理中的应用。氨水的处理效果高于尿素和碳酸氢铵，低于液氨。氨水中氮含量较低，刺激性较强，在低浓度时效果较差，提高氨水的添加量就可以明显增强氨水的处理效果。但是氨水在贮存、运输、使用过程和人员的安全防护要求都较高，限制了此方法的应用。无论从药品试剂本身的安全性能还是使用的方法来看，尿素和碳酸氢铵都是比较理想的氨化处理试剂。相比尿素，碳酸氢铵的使用量巨大，并且受到环境气候温度的影响，限制了其推广使用。尿素是最简单的有机化合物，易于保存，使用简单，并且价格低廉，是目前使用较为普遍的氨化秸秆的处理试剂。吴道义等（2015）利用尿素处理双低油菜秸秆并且饲喂威宁黄牛，结果表明，相比对照组，氨化处理后的油菜秸秆黄褐色加深，氨味散了之后会有糊香味，质感柔软；饲养实验表明，氨化油菜秸秆可以显著提高黄牛的日增重，降低料重比。孟春花等（2016）将油菜秸秆粉碎后，利用30%的水和10%、15%与20% 3种不同比例的碳酸氢铵组合对其进行氨化处理，结果表明，氨化处理能够提高CP含量，降低NDF、ADF的含量，提高油菜秸秆DM、CP、NDF和ADF的瘤胃降解率，并且在3组处理中15%的碳酸氢铵和30%的水分组合处理效果最好。

三、物理化学处理法

物理方法或者化学方法都存在自身的优点和缺点，如果将这两种方法综合利用可以弥补各自方法的一些缺点，物理方法与化学方法联合应用就可以弥补各自方法的缺点。物理化学法是指将物理方法和化学方法两种方法联合起来对油菜秸秆进行处理，物理化学法包括蒸汽爆破法、氨化爆破法、辐射协同碱法等。

（一）蒸汽爆破法

蒸汽爆破通常是指在高温（160~260℃）的条件下，原料和水或者水蒸气在几十个大气压作用几十秒至几秒后，瞬间将压力释放，使油菜秸秆饲料中的纤维素爆碎成渣，间隙增大。蒸汽爆破可以破坏纤维素内部结构的氢键，改变C/O值和C/H值，提高化学试剂渗入结构内部的效率。与未蒸汽爆破油菜秸秆相比，蒸汽爆破后的油菜秸秆具有香味，可以提高反刍动物的采食量。张春艳等（2017）采用蒸汽爆破对油菜秸秆进行预处理，结果表明，蒸汽爆破可以显著提高油菜秸秆酶解产糖量，通过扫描电镜处理后发现油菜秸秆的表面结构变得松散、比表面积增大。张琳琳等（2020）的研究表明，蒸汽压强1.90MPa、作用230s、预浸水分含量30%是秸秆处理的最佳工艺，与未蒸汽爆破油菜秸秆相比，爆破油菜秸秆体外产气提高了2.32倍，干物质消失率提高了2.06倍，能够有效地提高油菜秸秆的饲喂价值。

（二）氨化爆破法

氨化爆破法是指将碱处理和蒸汽爆破法相结合，在高温高压条件下（温度90~100℃）将油菜秸秆置于液氨中，随即瞬间释放压力，气化液氨，液氨汽化后渗入组织结构内部，有效脱除木质素，但不能分离纤维素和半纤维素。Alizadeh等（2005）研究表明，氨化爆破法处理柳枝，温度100℃、氨与底物比例 1：1，处理时间 5min，能够达到理想处理效果。该法不会产生呋喃类等抑制物，但需要洗涤纤维素表面残留的酚醛类物质和细胞碎片。目前，还没有利用氨化爆破法处理油菜秸秆。

（三）辐射协同碱法

辐射可以降低纤维素的聚合度，疏松纤维素结构以及破坏纤维素的晶体结构，从而增大纤维素的活性，提高酶的消化率。辐射协调碱法是指将油菜秸秆经过辐射处理之后，在 20～100℃条件下，以一定比例的氢氧化钠溶液对其浸泡一定时间从而达到破坏油菜秸秆组织结构的目的。张春艳等（2014）等利用^{60}Co-γ 射线辐射协同氢氧化钠对油菜秸秆进行处理，结果表明，二者结合作用能够有效破坏油菜秸秆表面的结构，形成大量的蜂窝状结构。

四、生物处理法

物理处理方法、化学处理方法以及物理化学法仅能“治标”，即并不能在根本上解决油菜秸秆的低质问题，仅可以提高油菜秸秆的消化率，增加采食量。解决这类问题关键还是试图从根本上提高油菜秸秆的营养价值，即“治本”，生物处理法就可以从根本上解决这个问题。生物处理法是指利用自然界的一些菌类或者在粗饲料上添加一些菌类，并在适宜的菌类生长条件下，利用它们的分解作用，将粗纤维进行降解并且降低半纤维素和木质素的含量，或用一些针对性的生物酶制剂处理油菜秸秆，溶解细胞壁，在一定程度上可以改善油菜秸秆的味道，提高其中营养成分的含量。生物处理法对环境无影响，生产成本较低，可以提高油菜秸秆的营养价值，因此生物法处理油菜秸秆是一种对环境友好型并且成本较低的处理方法。对于油菜秸秆的生物处理法主要包括青贮、微贮、黄贮和酶制剂处理等。

（一）青贮

青贮是指利用含水量为 60%～70%的青绿饲料、牧草等为原料，切碎后装入并压实在密封的环境中，通过乳酸菌等厌氧微生物的发酵作用，将原料的碳水化合物转化为酸，从而创造酸性的环境，能够抑制腐败菌等有害菌的生长繁殖，从而很好的保存原料内的营养成分。结实期全株油菜和油菜秸秆混合进行青贮能够使油菜的秸秆质地变软，可以提高其品质，改善适口性，若在油菜秸秆青贮的过程中添加 10%的玉米面会得到效果更好的青贮饲料（刘彦培等，2017）。

（二）黄贮

黄贮所利用的原料是收获过籽粒的作物干秸秆作为原料，添加水和微生物制剂，在密闭的环境（袋装、地窖等）条件下进行发酵处理。在厌氧条件下，秸秆中的有机物会被厌氧菌转化为有机酸，降低 pH 值，可以使 pH 值降到 4.5~5，能够抑制丁酸菌、腐败菌等有害菌的生长繁殖。与青贮饲料相比，黄贮饲料的品质稍差，这可能由于青贮所使用的原料是新鲜多汁、自然发酵的缘故。但是对于已经成熟的油菜秸秆而言，在收获籽实时油菜已经半黄，并不适合青贮，最好的方式还是黄贮。马广英等（2014）利用小麦秸秆最佳黄贮组合（EM 益生菌，黄贮时间 35d、辅料为食盐、玉米、麦麸、纤维素酶组合）对油菜秸秆进行黄贮，结果表明，相比未黄贮的油菜秸秆，黄贮组的 CP 和有机物降解率（OMD）的含量有所提高，ADF 和 NDF 有所下降。

（三）酶制剂处理

酶解法是利用酶解反应处理油菜秸秆，其做法较为简单，只是将酶制剂喷洒在秸秆的表面，这种方法对秸秆的处理效果一般，酶制剂对秸秆细胞的破坏作用较小。因此很少单独利用酶制剂处理秸秆类饲料。

（四）微贮

微贮是指作物秸秆、牧草等饲料原料在特殊的设备揉搓软化之后，加入有益活化后的微生物活干菌剂，在厌氧条件下，添加的微生物制剂能够大量生长繁殖，分解微贮原料内的纤维素、半纤维素、木质素以及蛋白质等大分子物质，产生酸类物质，从而抑制有害菌的生长繁殖，形成质地柔软，具有香味、适口性较好的饲料。牛羊对微贮过后的秸秆采食速度比未微贮过的秸秆饲料要快，并且增加了采食量；微贮细菌将秸秆类饲料内的纤维素、半纤维素和木质素分解产生糖分，供反刍动物利用产生 VFA，满足自身的营养需要（傅为民，1995）。微贮技术的应用不仅可以降低成本，而且易于操作、安全无毒、经济实惠、对环境友好、污染少。

微贮所采用的菌种可为单一菌种，也可以多种菌种混合添加，不同的微生物菌种组合微贮处理油菜秸秆会得到不同处理效果。有研究表明，在微贮过程中，pH 值达到 4.5 之后，可以得到适口性好、营养物质丰富的物质，反刍动物的消化率可提高 12%（何瑞，2018）。许兰娇等（2017）的研究表明，EM 原露和粗饲料降解剂对油菜秸秆的处理效果最好，并且提高了 GE、CP、ADF 的表观消化率。王福春等（2015）将不同水平的粪肠球菌复合菌和不同比例的皇竹草与油菜秸秆进行青贮，以寻求最佳的组合。在微贮 45d 后，进行感官评定和相关指标的测定。综合感官评价、pH 值、DM 含量、CP 含量、VBN 含量等指标发现，油菜秸秆：皇竹草（3：7）+粪肠球菌复合菌 150mg/kg、油菜秸秆：皇竹草（3：7）+粪肠球菌复合菌 300mg/kg、油菜秸秆：皇竹草（4：6）+粪肠球菌复合菌 150mg/kg 三组的发酵效果最好。陈宇等（2018）研究了微生物添加剂对油菜秸秆发酵品质的影响，结果表明，利用乳酸菌、酵母菌、解淀粉芽孢杆菌混合菌剂对油菜秸秆发酵 50d 后，中性洗涤纤维（NDF）、酸性洗涤纤维（ADF）含量分别降低了 16. 17%、7. 68%，总霉菌数量显著低于自然发酵油菜秸秆，粗蛋白质含量较自然发酵油菜秸秆提高了 4. 88%。李存春等（2006）利用生物发酵剂发酵 2~4mm 的油菜秸秆，密封发酵 12d，发酵结束后对粗蛋白质、粗纤维、粗脂肪等养分进行测定，结果表明，与未发酵秸秆粉相比，CP 含量提高了 33. 15%、EE 含量下降了 38. 31%、CF 含量降低了 14. 5%，NFE 含量减少了 1. 74%，并且改善了油菜秸秆的气味、质地以及适口性。

生物处理法不仅能够破坏油菜秸秆的组织结构，将纤维素暴露出来，提高酶的可及度，而且在适当的处理条件下能够增加油菜秸秆的营养价值，即从“根本”上进行改善。在所有的处理方法中，微贮的效果最好，因此，备受广大学者的关注。此外，在利用生物法处理秸秆饲料的过程中还会使用物理法和化学法作为前处理以达到最佳效果。

第七节　油菜秸秆在动物生产上的应用

未经处理的油菜秸秆是一种低质的粗饲料，但是经过物理法、化学法或者生物法处理之后的油菜秸秆可以成为良好的动物饲料。将油菜秸秆开发成为牛羊等动物的日粮是我国养殖业和种植业可持续发展的重要前提。秸秆类资源的饲料化利用，可以缓解我国饲料不足的问题。据乌兰等（2010）研究表明，内蒙古呼伦贝尔市每年可产生 29. 8 亿 kg 秸秆类资源，其中油菜秸秆高达 4. 5 亿 kg，若按照 70%的利用率，可以饲喂 250 万只舍饲羊 90d，从而解决冬季饲草的需要。

一、油菜秸秆在牛生产上的应用

未经过处理的油菜秸秆，即使对于牛而言，其消化率也比较低。因此，目前油菜秸秆都是经过发酵或者微贮之后才会替代部分日粮饲喂牛。王福春等（2015）添加150mg/kg的乳酸粪肠球菌对油菜秸秆与皇竹草混合进行微贮（油菜秸秆：皇竹草为3：7），微贮饲料饲喂锦江黄牛，结果表明，与对照组相比（未处理的3：7的油菜秸秆和皇竹草粗饲料），油菜秸秆与皇竹草混合微贮可显著提高锦江黄牛对总能（GE）、干物质（DM）、有机物质（OM）、粗蛋白质（CP）、中性洗涤纤维（NDF）和酸性洗涤纤维（ADF）等营养物质的表观消化率。齐永玲（2013）等用油菜菌糠等量替代40%的苜蓿干草饲喂奶牛，结果表明，与对照组（未添加油菜秸秆菌糠）相比，40%的油菜秸秆菌糠的替代量对奶牛的采食量和4%标准乳产量及乳品质无影响，对奶牛肝功能无影响。

二、油菜秸秆在羊生产上的应用

油菜秸秆在羊生产上的应用也较多，但多以微贮或者微生物制剂发酵之后的饲料替代部分日粮饲喂羊，微贮最高替代量可达到50%。杨静竹等（2020）研究了不同水平微贮油菜秸秆对肉羊生产性能、养分消化率及粪便微生物菌群结构的影响，结果表明，肉羊日粮中添加50%的微贮油菜秸秆可以提高其生长性能、养分表观消化率，改善粪便中的菌群结构，提高其益生菌含量，抑制致病菌（大肠杆菌）的生长。陈宇等（2018）利用微生物制剂（乳酸菌、酵母菌、解淀粉芽孢杆菌混合菌剂）对油菜秸秆进行发酵并且饲喂肉山羊，结果发现，与未添加微生物制剂发酵秸秆相比，当发酵油菜秸秆替代粗料比例为20%时，山羊采食量有所下降，但在干物质基础相同的情况下，对肉山羊的日增重无明显差异。董瑗榕等（2019）的研究表明，发酵油菜秸秆替代日粮中部分粗饲料对健康状态良好的断奶川中黑山羊的采食量无显著影响，但是可以提高日增重和日粮中营养物质的表观消化率，当替代量为10%时，可以获得最佳经济效益。

三、油菜秸秆在猪生产上的应用

猪是单胃动物，对油菜秸秆的消化能力较低，未经发酵处理的油菜秸秆不适宜作为猪的饲料来源，经过微贮后的油菜秸秆可以替代部分猪的全价饲料，但替代量不宜超过30%（李存春，2006；朱欣，2014）。就目前的研究而言，油菜秸秆在动物上的利用多集中在牛羊等反刍动物，单胃动物极少会使用油菜秸秆作为饲料。李存春等（2006）利用发酵油菜秸秆粉（2～4mm）饲喂生长期猪，与对照组相比，日增重提高35g，并且用30%的油菜秸秆粉代替全精料喂猪，试验期内降低饲料成本 31.35 元，增加利润 44.77 元，获得良好的经济收益。王建厂等（2009）利用油菜秸秆菌糠代替部分生长肥育猪的日粮，结果发现，油菜秸秆菌糠代 20%和 40%日粮都可以提高生长肥育猪的日增重和饲料利用率，但对屠宰率、膘厚、皮厚等指标无显著影响。朱欣等（2014）将玉米秸秆、水稻秸秆和油菜秸秆以 1：1：1 混合进行微贮，微贮后的饲料替代生长猪的部分全价饲料饲喂杜长大三元杂交猪，结果表明，秸秆微贮饲料代替 30%全价饲料时可以降低饲料成本，经济效益显著。

四、油菜秸秆在其他动物生产上的应用

油菜秸秆在马、鹅等其他动物上也有应用，但对于不同动物其添加量也不尽相同。阿依古丽·达嘎尔别克等（2016）在马的日粮中添加油菜秸秆，结果表明，随着油菜秸秆添加量（由 36%增加至 72%）的增加，马的日采食量、干物质摄取率显著降低，日增重也显著降低，但并未给出最佳合适的添加量，还需要进一步的探究。杨停等（2017）研究了油菜秸秆对 10 周龄与 14 周龄四川白鹅的生长及屠宰性能的影响，结果表明，5%或者 10%的油菜秸秆替代部分日粮中的麦麸与为替换的日粮组相比，10 周龄鹅的毛重、屠体重、半净膛重、头重等指标无明显差异，14 周龄的四川白鹅的生长与屠宰性能显著高于 10 周龄，但平均日增重较低，说明油菜秸秆代替部分麦麸可以满足四川白鹅的日粮需求。

第八节　结语与展望

我国油菜种植历史悠久，作为经济作物，油菜籽主要用于制作菜籽油，此外油菜还具有观赏性。油菜主要产生地在长江流域，是世界第三大产国，油菜收割之后会产生大量的秸秆。我国油菜秸秆资源丰富，来源广泛，根据油菜秸秆的生物特性，油菜秸秆可以被用于生产沼气、直接还田、制作畜禽饲料以及制作一些其他环保用品，但仍然无法将这些秸秆全部用完。我国作为农业大国，畜牧业的发展严重受到饲料限制。油菜秸秆的 EE、CP 含量较高，具有良好的饲料潜质。饲料化处理之后，能够作为良好的畜禽饲料。饲料化处理技术包括物理方法、化学方法、物理化学方法和生物处理法。物理方法、化学方法和物理化学方法并不能在根本上解决油菜秸秆的低质问题，而生物处理法是一种理想的处理方式，能从根本上解决这个问题。通过饲料

化处理之后的油菜秸秆仍然主要作为反刍动物的能量来源，但也可以作为其他畜禽（猪、马、鹅等动物）的饲料来源。改革开放以来，我国油菜秸秆的饲料化进程取得一定的进展，但是仍然存在一些问题。国家的重视程度不够，农民意识淡薄，设备及技术落后等问题严重阻碍了油菜秸秆的饲料化利用。对于油菜秸秆的饲料化利用，我国急需形成营养学、生物学、机械工程学等多个学科综合交叉对其饲料化的进程的研究。

参考文献

阿依古丽·达嘎尔别克，古丽米拉·拜看，古丽努尔·阿曼别克，等，2016. 日粮中添加油菜秸秆对生长马饲喂效果的影响［J］. 山东农业科学，48（4）：115-118.

陈宇，郭春华，徐旭，等，2018. 添加微生物发酵剂对油菜秸秆品质的影响及在肉山羊上的应用［J］. 中国饲料（3）：76-81.

董瑷榕，周勇，郭春华，等，2019. 发酵油菜秸秆对山羊生长性能和养分降解率的影响［J］. 中国饲料（23）：105-109.

傅为民，1995. 秸秆微贮饲料技术问答［J］. 中国奶牛（1）：56-58.

刘彦培，黄必志，刘建勇，等，2017. 结实期全株油菜及油菜秸秆青贮技术研究［J］. 草食家畜（6）：22-26.

刘剑虹，陈庆森，陈剑勇，2001. 酸处理玉米秸秆生物转化单细胞蛋白的研究［J］. 天津商学院学报（3）：1-5.

李存春，刘志林，2006. 油菜秸秆生物发酵喂猪试验初报［J］. 现代畜牧兽医（10）：19.

黎力之，付东辉，欧阳克蕙，等，2016. 不同品种油菜秸营养成分及饲用价值评价［J］. 江西畜牧兽医杂志（3）：31-33.

何瑞，2018. 微生物秸秆资源化利用技术的研究与应用［J］. 现代畜牧科技（11）：54.

何余湧，谢国强，石庆华，等，2005. 氨源、氨添加量、氨化时间和且随长度对氨化稻草重氮沉积量、粗纤维含量和干物质体外消化率影响的研究［J］. 饲料工业，26（5）：31-33.

姜维梅，张冬青，徐春霄，2001. 油菜茎的解剖结构和倒伏关系的研究［J］. 浙江大学学报（农业与生命科学版），27（4）：439-442.

马广英，张文举，徐清华，等，2014. 秸秆黄贮优化方案及其对小麦、玉米、油菜秸秆处理的影响［J］. 中国草食动物科学，34（2）：24-27.

孟春花，乔永浩，钱勇，等，2016. 氨化对油菜秸秆营养成分及山羊瘤胃降解特性的影响［J］. 动物营养学报，28（6）：1796-1803.

潘勇，吴国志，王树勇，等，2002. 优质双低油菜秸秆、饼粕的利用［J］. 内蒙古农业科技（S1）：79-80.
齐永玲，王力生，程建波，等，2013. 菌糠替代苜蓿干草对奶牛生产性能及血清生化指标的影响［J］. 中国饲料（11）：10-12.
施扬，2015. 油菜秸秆综合利用过程中存在的问题及应对［J］. 科技与创新（19）：59，64.
王福春，付凌，瞿明仁，等，2015. 油菜秸秆与皇竹草适宜混合微贮模式的研究［J］. 江西农业大学学报，37（4）：702-707.
王福春，瞿明仁，欧阳克蕙，等，2015. 油菜秸秆与皇竹草混合微贮料对锦江黄牛体内营养物质消化率的研究［J］. 饲料研究（13）：45-47.
王建厂，王力生，朱洪龙，等，2009. 日粮添加油菜秸秆菌糠对猪生长肥育性能的影响［J］. 现代农业科技，6（6）：193-193.
吴道义，金深逊，周礼杨，等，2015. 氨化油菜秸秆对威宁黄牛饲养效果的影响［J］. 黑龙江畜牧兽医（2）：26-27.
乌兰，马伟杰，义如格勒图，等，2010. 油菜秸秆饲用价值分析及其开发利用［J］. 畜牧与饲料科学，31（Z1）：421-422.
吴崇友，王积军，廖庆喜，等，2017. 油菜生产现状与问题分析［J］. 中国农机化学报，38（1）：124-131.
徐春梅，2020. 油菜春化及其基因定位研究［D］. 兰州：甘肃农业大学.
杨静竹，陈云明，2020. 饲喂不同水平微贮油菜秸秆对肉羊生产性能、养分表观消化率及粪便微生物菌群结构的影响［J］. 中国饲料（7）：128-131.
杨停，雷正达，张益书，等，2017. 油菜秸秆对四川白鹅生长及屠宰性能的影响［J］. 黑龙江畜牧兽医（14）：187-189.
张春艳，谭兴和，苏小军，等，2014. ^{60}Co-γ 射线辐照协同氢氧化钠预处理对油菜秸秆酶解产糖的影响［J］. 激光生物学报，23（2）：116-121.
张春艳，谭兴和，熊兴耀，等，2017. 蒸汽爆破对油菜秸秆降解产物的影响［J］. 激光生物学报，26（1）：78-84.
赵蒙蒙，姜曼，周祚万，2011. 几种农作物秸秆的成分分析［J］. 材料导报，25（16）：122-125.
张勇，郭海明，汤志宏，等，2016. 油菜秆颗粒料对湖羊生产性能、瘤胃发酵参数及血液生化指标的影响［J］. 草业学报，25（10）：171-179.
朱欣，郝俊，陈超，等，2014. 添加不同比例秸秆微贮料对猪生产性能影响的研究［J］. 饲料工业，35（21）：39-42.
张永霞，赵锋，张红玲，2015. 中国油菜产业发展现状、问题及对策分析［J］. 世界农业（4）：96-99，203-204.
张琳琳，夏洪泽，崔占鸿，等，2020. 响应面法优化油菜秸秆蒸汽爆破的工艺条件

[EB/OL]. 饲料研究, 10: 78 - 83 [2020 - 11 - 02]. https: //doi. org/10. 13557/j. cnki. issn1002-2813. 2020. 10. 020.

ALIZADEH H, TEYMOURI F, GILBERT T I, et al., 2005. Pretreatment of switchgrass by ammonia fiber explosion (AFEX) [J]. Applied Biochemistry and Biotechnology, 124: 1133-1141.

BEHERA S, ARORA R, NANDHAGOPAL N, et al., 2014. Importance of chemical pretreatment for bioconversion of lignocellulosic biomass [J]. Renewable & Sustainable Energy Reviews, 36: 91-106.

CARPENTER D, WESTOVER T L, CZERNIK S C, et al., 2014. Biomass feedstocks for renewable fuel production: a review of the impacts of feedstock and pretreatment on the yield and product distribution of fast pyrolysis bio - oils and vapors [J]. Green Chemistry, 16 (2): 384-406.

WIJAYA Y P, PUTRA R D, WIDYAYA V T, et al., 2014. Comparative study on two-step concentrated acid hydrolysis for the extraction of sugars from lignocellulosic biomass [J]. Bioresource Technology, 164: 221-231.

第六章　薯渣饲料化处理与应用技术

第一节　薯类作物的生物学特性

薯类作物又称根茎类作物，主要包括甘薯、马铃薯、山药、芋类等。这类作物的产品器官是块根和块茎，生长在土壤中，具有生长前期和块根（茎）膨大期两个生理期。薯类是宜粮、宜菜、宜饲和宜作工业原料的粮食作物，随着我国科技研发能力和水平迅速发展，部分研究领域已居世界领先水平，并正在逐步缩小与其他作物科研进展之间的差距（中国科学技术协会，2012）。

薯类作物需肥量较大，尤其是对钾的需求远多于禾谷类作物，是喜钾作物。一生中对氮、磷、钾三要素的需求，以钾最多、氮次之、磷最少。每生产1 000kg 块根或块茎，需吸收氮（N）4～6kg，磷（P_2O_5）2～3kg，钾（K_2O）10.5kg，氮、磷、钾三要素的比例为2.5：1：4.5（李亚洲，2013）。薯类作物在整个生长发育期内，由于生长发育阶段不同，各生长发育期所需营养物质的种类和含量都有所不同。在生长前期，由于植株生长量小，对养分的需求较少，生长前期30～40d 的养分吸收量约占全生长发育期的25%，之后随植株生长量的增加，对养分的需求量逐渐增多，至块根（茎）膨大期时，薯类作物对营养物质的吸收达到高峰，吸收量占全生育期的50%以上，而至生长后期，对养分的吸收又逐渐减少。

虽然薯类作物在生长初期对养分的需求量较少，但却十分敏感，缺肥会严重影响茎叶及根系发育，从而影响块根、块茎的形成。块根、块茎膨大期是地上、地下生长最旺盛时期，需肥最多，是营养的最大效率期，也是施肥的关键时期。

第二节　国内薯类产业现状及发展趋势

我国是薯类生产大国，薯类作物为保障我国粮食安全、食品安全和满足多层次多样化的消费需求做出了重要贡献，薯类加工技术的提升和加工业的发展在促进我国农业的持续增效、农民的持续增收、现代农业的可持续发展中具有不可替代的作用。我国甘薯、马铃薯的种植面积和产量均居世界首位，然而我国薯类加工产品种类相对较少，主要产品为薯类淀粉、粉条、薯片等，薯类加工业的整体发展水平同其他发达国家相比还有较大差距。

一、我国薯类加工产业现状

目前，我国薯类的加工产品主要分为两类，一类是作为食品及工业加工品，另一类是作为饲料。食品及工业加工品主要可分为两大类，一类是非发酵类食品，如淀粉（旋流法）、粉条、粉丝类、全粉、变性淀粉、薯条、薯片、蜜饯类、果酱类、糕点类、饮料类、蔬菜类、天然色素等；另一类是发酵类食品，如淀粉（酸浆法）、酱油、食醋、果啤饮料、乳酸发酵红薯饮料、酒精、柠檬酸及乳酸等。而饲料则主要是由块根、茎、叶及加工后的各种副产物组成，含有丰富的营养成分，是畜禽良好的饲料来源（木泰华，2013）。

以马铃薯为例，我国马铃薯的主要加工产品有淀粉、变性淀粉、全粉、速冻薯条、各类薯片及粉丝、粉条、粉皮等产品。据统计，“十一五”期间马铃薯加工业主要产品的产量均呈增长趋势。2010 年，马铃薯加工业消耗马铃薯 692 万 t，比 2005 年提高 28.4%，年均增长 5.1%。马铃薯淀粉 45 万 t，变性淀粉 16 万 t，全粉 5 万 t，冷冻薯条 11 万 t，各类薯片 30 万 t，粉丝、粉条、粉皮共 30 万 t（以干基计），说明我国马铃薯产品已逐渐呈现多元化发展的趋势。

二、我国薯类产业发展趋势

虽然我国薯类在产量上位居世界首位，但在薯类加工产业发展水平上与世界发达国家还存在一定差距。国内薯类深加工技术相对薄弱、加工技术装备落后、加工工艺技术水平及综合利用率低等问题很大程度上限制了薯类产业的发展，因此，需要积极采取有效对策促进薯类产业发展。

（一）提高加工技术设备水平，做大做强龙头企业

我国薯类淀粉大型加工设备大多是通过对欧美马铃薯淀粉加工设备进行引进、模仿和改进基础上制造的。设备在标准化、规范化生产，设备产品质量及自动控制水平还有待提高。因此，在设备研发和改进上，应重视和借鉴

有甘薯淀粉加工经验的发达国家，如日本、韩国等的技术和设备，逐步改进和提高我国甘薯淀粉加工技术和装备的整体水平。此外，为了提高薯类加工产品的质量，稳定薯类产品市场，薯类加工企业的规模应趋向于大型化，逐渐分阶段地取缔那些存在食品安全隐患、加工工艺落后的小作坊，大力扶植龙头企业的发展。

（二）加大综合利用的研发力度

薯类淀粉加工过程中会产生大量的废液和废渣，目前这类淀粉加工副产物主要是被作为废弃物处理。然而，大量研究表明薯类淀粉加工废液中的蛋白中含有丰富的氨基酸，具有很高的营养和开发应用价值。为了扭转我国目前处理薯类淀粉加工废液、废渣的被动局面，有必要加大薯类淀粉加工综合利用研究与开发的力度，加快我国薯类淀粉加工综合利用技术的发展步伐。

（三）开展新型薯类食品的研究与开发

我国薯类加工制品种类较少，深入开展新型薯类食品的研究与开发成为丰富我国薯类产品市场的重要推动力。薯类全粉、紫薯色素等新型产品及中间原料的开发为新型薯类食品的研发奠定了基础。薯类全粉是甘薯脱水制品中的一种，包含了鲜薯中除薯皮以外的全部干物质，全粉复水后具有鲜薯的营养、风味和口感。此外，以甘薯和马铃薯为原料开发的膨化食品、饮料、酒类、糕点等各种方便食品的研发对弘扬我国传统食品文化，丰富人民生活也具有十分重要的意义。

（四）建立和健全各项标准，加快与国际接轨的步伐

我国加入世界贸易组织（WTO）后，应更加重视薯类加工业的食品安全问题，健全各种标准检测体系，尽早实现标准规范、技术装备设计制造、生产过程质量控制、生产验证及质量管理等方面与国际接轨，提高薯类加工制品的质量，确保食品安全。目前国内已有马铃薯淀粉、薯片等产品的国家标准，但对于甘薯淀粉的行业或国家标准尚属于真空状态，严重影响了甘薯淀粉食品生产和销售，很不适应国内、国际市场的需求。因此，根据市场需求和消费水平，针对甘薯淀粉、甘薯干、薯片等薯类产品标准的制（修）订成为促进甘薯淀粉加工产业发展的重要保障。此外，还应加强薯类产品市场信息的网络建设，扩大产品市场和对外贸易，推动我国薯类产品生产的可持续性发展。

第三节　三大薯类副产物饲料化处理技术

一、三大薯类作物的介绍及其生物学特征

三大薯类作物分别是指甘薯、木薯、马铃薯。甘薯又称番薯、山芋、红薯、地瓜等，起源于墨西哥以及从哥伦比亚、厄瓜多尔到秘鲁一带的热带美洲。16 世纪末，甘薯从南洋引入中国，中国的甘薯种植面积和总产量均占世界首位。甘薯的根分为须根、柴根和块根，其中块根是贮藏养分的器官，是供食用的部分，有纺锤形、圆筒形、球形和块形等多种形状。块根还具有根出芽的特性，是育苗繁殖的重要器官。非洲、亚洲的部分国家以甘薯作主食。甘薯还可制作粉丝、糕点、果酱等食品。在工业上，甘薯可用来提取淀粉，广泛用于纺织、造纸、医药等方面。

马铃薯又称土豆、洋芋、山药蛋等，其块茎可供食用，是重要的粮食、蔬菜兼用作物，是各地人民都爱吃的美味。马铃薯产量高，营养丰富，对环境的适应性较强，现已遍布世界各地，主要生产国有俄罗斯、波兰、中国、美国。中国最大的马铃薯种植基地是黑龙江。马铃薯鲜薯可烧煮，作粮食或蔬菜。世界各国非常注意生产马铃薯的加工食品，如法式冻炸条、炸片、速溶全粉、淀粉以及花样繁多的糕点、蛋卷等，多达 100 余种。

木薯又名树薯、南洋薯等，属于双子叶植物纲，属热带和亚热带的块根作物，与甘薯、马铃薯并称之为世界三大薯类，且木薯有“淀粉之王”和“能源作物”之美誉。据国际热带农业研究中心预测，到 2020 年世界木薯的产量将达 2. 171 亿 t。木薯被种植后或其生产淀粉及酒精的加工过程中会产生大量的木薯副产物，如木薯渣、木薯叶、木薯皮和木薯茎秆等。

二、甘薯副产物的饲料化处理与养殖应用

甘薯又称甜薯、白薯等，为薯蓣科薯蓣属，在我国作为主要的优质农产品，其耕种区域与总产值均接近全球前列。甘薯加工提取淀粉后通常会剩余部分残渣类物质，即甘薯渣。甘薯渣作为副产物，虽有一定的营养成分但通常被忽视与丢弃。据统计，我国每年约有 4. 66 亿 t 甘薯渣作为废弃物被处理，这无疑严重污染了环境（韩俊娟，2008）。但其实甘薯渣中含有一定的养分资源，其中淀粉含量最高，其次包括一定含量的膳食纤维和果胶，另外

粗蛋白质占2%~3.35%，可见也是十分理想的优质饲料资源，经过合理有效的饲料化处理后，可作为动物饲料应用到养殖生产中。

（一）甘薯渣的产量与资源分布

1. 国内外甘薯种植量

由于甘薯耐受性较强，从北纬35°到南纬35°，海平面到海拔高度3 000m，甘薯都能正常生长。由FAO研究统计表明，迄今全球有100多个国家和地区引进并栽种甘薯，总耕种占地近900万hm^2，但其地域组成差别于普通农粮作物，全球甘薯产区主要分布于北纬40°以南，90%的栽培面积集中位于亚洲（发展中国家），5%位于非洲，剩余5%位于美洲和其他洲（马代夫，1998）。我国是全球甘薯生产大国，栽培量、栽培面积及总产量均居世界首位（宁在兰，2004），甘薯的栽培面积将近1亿亩，据FAO统计，我国2016年甘薯栽培总产值为7 079.37万t，占全球甘薯栽培总产值（10 541.33万t）的67%（马代夫，2012）。栽培面积较广的还包括越南650万亩，印尼450万亩，其次有菲律宾345万亩，印度345万亩，栽培量较少的国家有巴西165万亩，日本105万亩，美国63万亩（朱金亭，1995）。

2. 甘薯渣产生量

甘薯渣作为一种残渣类副产物，鲜重中水分占比偏高，容易霉变且运输不便，通常作为废弃物被丢弃或被直接晒干，烘干作为动物饲料。梁陈冲等（2012）研究发现，我国的甘薯通常广泛应用于淀粉提取行业，提取过程中会生成额外甘薯渣，平均占原材料总量的12%，一家甘薯淀粉年产量近3 000t的企业，每年会产生高达4 000t的湿甘薯渣。目前，我国约有甘薯淀粉生产提取企业900个，年均甘薯淀粉产量近200万t，将能形成600万t甘薯残渣（徐梦瑶，2017），这些甘薯渣如若不能被合理有效地利用，不仅是资源的浪费，更会造成严重的环境污染。

3. 国内甘薯生产区分布

我国甘薯虽然种植广泛，但是具有区域集中度高的特点。据2016年资料统计，我国最为主要的甘薯生产区是华东地区和西南地区，此两区甘薯生产量超过全国总产量的50%。其次是占全国总产量1/3的华南地区和华中地区。陆建珍等（2018）统计发现，自1996—2016年，我国甘薯栽培重心趋于向西，向南移动，位于华北地区的5个省份甘薯栽培面积均有所下降，华南广西、广东地区比重明显上升，重庆及四川也成为全国最主要的甘薯产区，其甘薯产量在全国的占比上升至25.41%。此外，由于气候的差异与耕种制度的不同，我国整个甘薯种植区被分为五个生态区：北方春薯区、南方春秋薯区、南方秋冬薯区、长江流域夏薯区和黄淮流域春夏薯区。

4. 江苏省甘薯栽培及加工薯渣资源情况

甘薯作为优质的饲料资源，可替换饲料中一定比例的苜蓿和青贮玉米，在江苏省范围内的种植生产潜力巨大。2010 年，江苏省甘薯单产位居全国第五，每亩产量3 000kg，平均产值1 300元，约可获利1 000元，可见甘薯种植收益较高（黄克玲，2011）。江苏丘陵地区南京农业科学研究所培育的苏薯 19 号的生物产量可达112 500~150 000kg/hm^2，生长季可割蔓4~5 次，总产量在150 000kg/hm^{2}以上（程润东，2014）。

通常对甘薯渣进行合理处理，控制适当用量添加入饲料中，可使其成为优质饲料资源。甘薯渣制备生物饲料等新模式正处于积极研究和探索之中，通过生物发酵法处理甘薯渣，也可提高其营养价值从而提高其在饲料中的添加比例，具有很大发展潜力。

（二）甘薯渣的养分含量与作用

1. 甘薯渣的养分含量

甘薯渣常被当作废弃的副产物，一般认为甘薯渣营养价值低，养分含量少，但已有研究测定发现，甘薯渣其实含有丰富的养分和营养物质，尤其以淀粉含量最为突出（徐梦瑶，2017）。甘薯渣主要由 97. 2%的果肉，2. 8%的果梗和果皮三部分组成。甘薯渣的主要营养成分为淀粉、膳食纤维（韩俊娟，2009）以及少量果胶，也含有少量粗蛋白质、粗脂肪等养分。相关研究发现，甘薯渣干物质中淀粉含量最高接近 50%（Mei，2010）。甘薯渣中粗蛋白质和粗脂肪含量较低，粗蛋白质仅占 2%~3. 35%，粗脂肪占比相比粗蛋白质更低，仅占 0. 3%左右（单成俊，2009）。此外，甘薯渣中还含有维生素、果酸和果糖等营养成分。徐梦瑶等（2017）研究发现，鲜甘薯渣中水分含量高达 86. 75%，保持水分能量较强。烘干去除水分后的干性甘薯渣中的主要组成成分为淀粉和膳食纤维。其中淀粉含量占 40. 12%，进一步说明虽然甘薯渣是甘薯生产淀粉的副产物，但其淀粉含量高，有较高的可利用性。其次，膳食纤维含量占干基的 50. 63%，作为人体第七类营养素，能有效维持人体健康，预防心脑血管疾病。

2. 主要营养或生理作用

甘薯渣干物质中的膳食纤维含量丰富，占 50. 63%，淀粉含量较多，占 40. 12%，果胶含量可观，占膳食纤维的 21. 38%，其余还有粗蛋白质、可溶性糖、灰分和多酚类等营养物质（Gama，2006）。徐梦瑶等（2017）研究发现，甘薯渣中果胶的占比偏高，约是大豆皮的 3 倍（曹媛媛，2007），约是玉米秸秆的2倍（赵凤芹，2010），说明其理化性质较好。纤维素含量较高，占比38.17%，但较大豆皮（52.52%）和玉米秸秆（47.41%）膳食纤维含量较低。

研究表明，新鲜甘薯渣营养含量较高，干燥粉碎后可以直接应用于饲料中，是优质的饲料资源（邓奇风，2015）。研究结果显示，对甘薯渣进行蒸煮后可有效提高膳食纤维的品质和含量，还能降低其持油力和结合脂肪能力（赖爱萍，2014）。通过动物实验研究发现，甘薯渣中肠道菌群具有特殊作用，有利于肠道中益生菌的繁殖，有效降低有害菌群的活性（高美玲，2019）。有专家组研究制定了甘薯渣中多酚类物质的稳定提取技术，且实验发现其附带优良的抗氧化性、抗菌等生理活性。

因此可发现甘薯渣具有较高利用价值，对甘薯渣进行二次处理，可以有效提高其经济价值。科学合理应用甘薯渣，也可以减轻环境负担，实现绿色可持续利用。

（三）甘薯渣的饲料化养殖应用现状

甘薯渣由于营养成分丰富，其开发利用有多种渠道。比如其中果胶含量较高，可以提取果胶开发利用。田亚红等（2013）取甘薯渣为原料，以料液比1∶20、pH值2.0、微波功率400W工艺条件下采用微波法微波3min后，果胶提取率可达13.33%。同样，研究发现，采用超声波辅助盐法从甘薯渣中提取果胶，当料液比为1∶20时，果胶提取率可提高至15.48%（刘倩倩，2015）。另外，甘薯渣中膳食纤维含量丰富，可以提取膳食纤维开发利用。邬建国等（2005）采取药用真菌液态发酵法，应用9%的甘薯渣培养发酵后，能大幅增加膳食纤维所占比例。孙健等（2014）采用超声波辅助酶法，以甘薯渣为原料，在料液比1∶50等酶解条件下，可显著优化果胶的提取工艺。

另外，甘薯渣营养物质丰富，也被用于养殖饲料的开发。甘薯渣作为淀粉加工过程中的副产物，营养成分丰富且粗蛋白质含量为3.10%~5.26%，具有一定饲用价值，经过合理处理和有效利用后，可以变废为宝转化成优质的饲料资源，一方面可减轻我国饲料资源短缺和人畜争粮的现象，另一方面也可减少对环境造成的污染。国外已经开始在牛、羊、猪和家禽等动物饲料中应用甘薯渣。目前，我国也正在大力开发甘薯渣资源并将其合理应用到畜禽饲料之中。研究发现，饲料青贮后添加30%的鲜贮甘薯渣，能有效刺激畜禽采食，增重效果显著（汪敬生，2000）。

一般甘薯渣在猪日粮中的添加比例应不超过20%，肥猪或架子猪可增加饲喂量，但应用比例不应超过50%。在对生长猪的研究中发现，当基础日粮中的玉米按2%、4%和6%等比例替换成甘薯渣饲喂后，可有效提高其平均日采食量和平均日增重，说明在生长猪饲料配方中应用2%~6%最为恰当（邹志恒，2015）。研究表明，甘薯酒精渣可等比例替代10%以内的DDGS作为肉牛的全价饲料，不影响其生长性能，且可使饲养成本降低5%，每天每头肉牛的饲养利润增加0.67元（王硕，2010）。对肉兔的研究表明，在肉兔日粮中应用10%~15%的适量酸化甘薯粉渣，可降低肉兔胃肠道中的pH值，且有效提高其生长性能和免疫器官指数（王中华，2012）。

甘薯渣作为营养成分丰富的残渣类物质，是优质的反刍动物饲料，同时在其他动物的生产性能等方面也存在巨大潜力。目前我国用作饲料的甘薯渣资源中，新鲜甘薯渣通常被奶牛场低价收购，奶牛作为草食性动物，其食物结构需要较多粗饲料，苜蓿干草是最为理想的饲料原料，可促进奶牛生长发育和泌乳。但是苜蓿主要生产于北方，南方地区用价格偏高，且运输储存不便。南方盛产甘薯，甘薯渣作为副产物营养丰富，粗蛋白质和粗纤维含量高，是苜蓿理想的替代物。甘薯渣经过简单有效的发酵后，可饲料化应用于奶牛饲养中（陈宇光，2009）。另外，也可将新鲜甘薯渣干燥后出售给养猪企业，饲料化应用于猪生产中，按比例添加入猪日粮中，与蛋白饲料搭配应用，保证恰当的能氮比，具有改良效果。在产蛋鸡等畜禽养殖过程中，为降低养殖成本和减少环境污染，也可推广应用适宜比例的甘薯渣。

甘薯渣因其粗纤维含量高，是反刍动物优质的饲料原料。对产奶量相近的荷斯坦奶牛研究发现，在奶牛日粮中可用甘薯渣低含量等比例替换其他原料，不会损害其乳脂率与产奶量（陈宇光，2009），此外还为奶牛生产中粗纤维类饲料缺乏问题提供了一项合理有效的解决方法，同时也可降低生产成本。在育肥羊生产中研究发现，经切碎加工处理后的甘薯渣也可用于饲喂，在满足其粗纤维需求情况下还能降低生产成本（包健，2014）。

干燥后的甘薯渣可应用于猪日粮中，当控制在6%以内进行应用时，生长饲喂良好。而对甘薯渣实施微生物增殖发酵处理，可提高其品质，扩大其饲料化占比。研究显示，对甘薯渣进行复合微生物菌剂接种发酵后，可作为育肥猪的优质理想日粮，将其按10%标准应用，能够改善日粮的适口性，提高屠宰率与生产性能指标（邢文会，2016）。研究表明，将甘薯渣按照鲜甘薯渣75%、麦麸19.1%、酒糟5%、尿素0.5%和混合菌液0.4%的配方进行发酵后，可用13.2%、24.3%和33.8%新鲜发酵甘薯渣替换生长猪日粮中部分能量、蛋白饲料，对采食量和日增重不产生影响，可节约饲料成本，增加养殖效率（周晓容，2016）。

甘薯渣价格低廉，具有客观的营养成分，在禽类生产中也被广泛应用。研究发现，在产蛋鸡日粮中添加4%以下的甘薯渣，一方面对提高蛋壳厚度和强度有一定作用，且对产蛋率、蛋重和蛋壳颜色均无显著影响，另一方面可节约饲料成本，减轻环境负担（王苑，2015）。

（四）甘薯渣的饲料化处理技术与发展思考

新鲜的甘薯渣可以直接饲喂，但是其水分含量高达80%，极易被霉菌等微生物污染，不易储存，容易产生有毒物质（刘惠知，2013）。目前通常烘干新鲜甘薯渣使其干燥，延长储存时间，提高饲用价值，干燥后的甘薯渣经粉碎后可以直接饲喂，也可以粉碎蒸煮，但甘薯渣经干燥后营养成分易损失，适口性会降低。

微生物发酵法是目前使用较多的可长期贮存的生物加工处理技术，另外甘薯渣中的淀粉和部分纤维素通过微生物发酵可被转化为菌体蛋白，为缓解我国饲料蛋白不足的问题提供了新思路。对甘薯饮料渣接种乳酸菌发酵处理发现，甘薯饮料渣青贮品质随乳酸菌接种剂中乳酸菌种类多样性提升而提升（郑明利，2015）。在葡萄糖浓度为22mmol/L、发酵温度为30℃和pH值5.0的发酵条件下利用酵母菌发酵甘薯渣，最后产生的菌体蛋白含量高达总生物量的40.4%~46.95%（Ouedraogo，2012）。研究表明，甘薯淀粉渣对酵母菌的增殖具有显著影响（曾正清，1999）。利用固液结合发酵，显著提升了甘薯渣的粗蛋白质占比，粗纤维含量下降至14.2%，并且具有鸡腿菇清香的特点（赵启美，2002）。可见，利用甘薯渣等副产物进行发酵生产微生物高蛋白质饲料将成为普遍趋势。

甘薯渣中除含有部分淀粉外，绝大部分是纤维素和半纤维素，木质化程度高，蛋白质含量很低，仅占3.10%~5.26%，高纤维低蛋白的特点使其直接饲喂动物时容易导致消化性和适口性较差，无法满足畜禽的营养需要，需与其他饲料配合饲用。研究发现，可将甘薯渣以2%~4%的比例替代玉米应用于饲料，猪的日采食量、日增重和生长激素含量均呈上升趋势（邹志恒，2015）。陈宇光等（2009）发现在奶牛饲养过程中，用甘薯渣适当替代高价苜蓿干草，可以降低饲料成本，提高经济效益，且对奶牛产奶量和乳成分并无显著影响。

甘薯渣饲料化应用过程中，新鲜甘薯渣中水分含量高，易霉变产生毒素，所以良好贮存条件成为首要解决的问题，其次为干燥问题。甘薯渣中淀粉含量较高，干燥过程中具有难控制、耗能大和成本高等缺陷，因此应改善干燥设备，开发节能高效的专用设备。另外，还应对不同动物的适宜添加量和饲喂效果进行研究。

甘薯渣饲料化过程中，利用甘薯渣发酵生产微生物蛋白质饲料将成为一种主流趋势。将微生物发酵过后的甘薯渣作为动物饲料有益于动物的生长，王淑军等（2001）采用混合发酵法使甘薯渣产生菌体蛋白，发酵后可大幅提高粗蛋白质含量，可按20%的比例应用于猪日粮，优化整体风味，降低料肉比，促进猪的生长发育。另外，发酵后菌体蛋白的形成也能缓解我国饲料蛋白不足的问题，在未来具有很大发展潜力。

三、木薯副产物

木薯产量丰富，作用广泛，有“地下粮仓”“特用作物”和“淀粉之王”的誉称，且为世界三大薯类（甘薯、木薯、马铃薯）之一。木薯作为一种非粮食作物已成为我国第六大热带作物。木薯高度可达2~5m，单叶互生，掌状深裂。木薯于19世纪20年代最先传入我国广东，现主要分布在广西、广东、海南和云南4个省区，广泛分布于中国华南地区，其中以广西、海南、广东栽培最多，福建、江西、湖南和贵州等地也有种植。木薯因其耐干旱、耐贫瘠、易管理、不与粮食作物争地等优点而广受欢迎。同时，随着经济快速发展，人们对木薯淀粉及能源酒精有着更大的潜在需求，使木薯拥有更广阔的经济价值和市场潜力。

（一）木薯渣的产量与种植分布

1. 国内外木薯种植量与产业状况

近年来，柬埔寨木薯种植业发展迅速，备受国际瞩目，许多泰国、越南、马来西亚和中国的投资者趋之若鹜，纷纷来柬埔寨投资种植木薯和开设加工厂，抢占柬埔寨具有巨大发展潜力的木薯市场。柬埔寨的木薯种植面积每年都在扩大。统计数据显示，2002年柬埔寨全国的木薯种植面积只有1.95万hm^2，2011年迅速增加至39.17万hm^2，10年间木薯种植面积增大20倍。2011年，柬埔寨全国木薯产量达800万t，平均每公顷的产量为21.7t，与泰国的木薯产量相近，但是远远超过了越南的木薯产量，越南只有17.2 t/hm^2。

2. 我国木薯单产量与总产量

研究表明，2004—2013年，我国木薯鲜薯平均单产提升较快，10年间提升了25.41%；广西和海南的木薯鲜薯单产变化趋势和全国相似，分别提升了32%和25%，且近几年的木薯鲜薯单产都高于全国平均水平；广东鲜薯单产缓慢提升，总计提升了10.28%，逐渐落后于全国平均水平；云南木薯鲜薯单产较快提升，10年间总体提升了72.74%，已接近全国平均水平；福建木薯鲜薯单产略有降低；江西木薯鲜薯单产提高了10.00%；湖南木薯鲜薯单产提高了1.20倍，近年来均已高于全国平均水平，显示出我国热带北缘地区木薯有较大的增产潜力（梁海波，2016）。

2004—2013年，全国鲜薯总产量波动增长，波动幅度达45.76%，10年间增长了14.49%；广西鲜薯总产量变化趋势和全国相似，波动幅度更大，达64.07%，10年间增长了20.76%；广东鲜薯总产量先缓慢下降38.58%，后又快速回升37.82%，但总产量仍低于2004—2007年；海南鲜薯总产量略有降低；云南鲜薯总产量呈现快速增长趋势，从2004年的16.01万t增长到2013年的38.05万t，总体增长了137.66%；福建鲜薯总产量缓慢降低；江西和湖南鲜薯总产量增长了15倍，但湖南鲜薯总产量仅占全国的0.41%。总体来看，广西和广东鲜薯总产量合计占全国的85%左右，10年间的波动幅度非常大，给全国的木薯加工业带来较多的不稳定因素；云南、福建和江西呈现较大的发展潜力，值得重视扶持。

3. 我国木薯贸易状况

木薯作为我国重要的工业原料，供需不平衡现象严重。我国的木薯产业正逐渐从初级阶段向快速发展阶段转变，木薯加工业原料需求量不断扩大，但目前我国的原料供给仍然存在着巨大的缺口。我国木薯原料大部分依赖进口（姬卿，2014），木薯贸易对世界依存度高达70%。自1980年以来，中国木薯类产品均是进口量大于出口量，并且进出口量的逆差不断扩大，相比于天然橡胶、棕榈油等热作产品，木薯的进口量连续几年位居第一，2014年进口量为1 056万t，占热带作物进口总量的47%（王莉，2015）。

4. 木薯渣产生量

木薯渣是木薯被加工利用后所剩的下脚料，这种物质在我国很多地方均常见，据统计在中国每年加工木薯产品后所产生的木薯渣可达150万t左右。大量的木薯渣不仅造成资源浪费，而且还会对环境造成较大污染，所含废水还会对植被、土壤造成较大破坏，腐烂过程中产生的毒气会污染大气。

（二）木薯渣的养分含量和作用

1. 木薯渣的营养价值

木薯渣是一种来源广泛、价格低廉的能量饲料，其非氮化合物含量较高，且主要成分为可溶性淀粉化合物和纤维类物质（赖翠华，2006），且含有多种矿物质，其中钙、磷、铜、锌和锰的含量分别为 8.45%、0.048%、24.02mg/kg、47.30mg/kg 和 66.20mg/kg（胡忠泽，2002），此外，木薯渣中还含有丰富的氨基酸，且种类繁多。

2. 木薯渣的营养成分分析

木薯渣中含有丰富的营养成分，主要以碳水化合物为主，其中无氮浸出物含量>60%，但是其粗脂肪和粗蛋白质含量极低（唐德富，2014）。由于木薯渣中粗灰分和粗纤维含量较高，对动物适口性和采食量具有很大的影响。同时，新鲜木薯淀粉渣含水量达 70%～80%，导致了新鲜木薯渣的不耐贮存、不易运输，并且极容易滋生霉菌，腐败变质（彭志连，2012）。

3. 木薯渣的抗营养因子分析

木薯渣中含有亚麻仁苦苷，在酶或者弱酸的作用下分解出氢氰酸，是木薯渣中最为主要的抗营养因子。氢氰酸是一种有毒物质能够严重影响动物机体健康，其主要的毒副作用来源于氰离子，氰离子能够抑制组织细胞内的多种酶活性，如琥珀酸脱氢酶、过氧化物酶、脱羧酶及细胞色素氧化酶等。在这些众多的酶中，细胞色素酶对氰化物最为敏感，在机体中氰离子与细胞色素氧化酶中的三价铁结合，阻止其还原成二价铁，传递电子的氧化过程中断，血液中的氧无法被组织细胞利用造成内窒息。

氢氰酸在一定低浓度下能够依靠机体自身的机制除去其毒性或者减弱毒性，木薯渣中的氢氰酸也可以通过煮沸、烘烤、酸解、干燥、青贮和微生物发酵等方法降低其含量（田静，2017）。采用水煮、烘干、晒干和浸水 4 种方法对木薯进行脱毒，结果表明，水煮法效果最佳，水煮 20min 木薯块茎脱毒率达 75.31%，其次是烘干 8h 脱毒率 62%，晒干 4d 脱毒率 57.83%，浸水效果最差，浸水 3d 脱毒率 43.15%（李笑春，2011）。冯爱娟等（2015）利用重组毕赤酵母菌发酵木薯进行脱氰，其木薯中氢氰酸脱除率高达 95%，是目前已知微生物法脱毒的最佳方法，在使用木薯渣作为动物日粮时，可以通过添加蛋氨酸、硫代硫酸钠以及维生素 B_{12} 等降低木薯渣中氢氰酸的毒性。木薯渣中含有大量的粗纤维，直接用于动物日粮会影响饲料的适口性，对其营养物质难以进行消化吸收（王灿宇，2014）。因此，寻找合适的方法对木薯渣中纤维素的进行降解，提高其利用率显得尤为重要。

（三）木薯渣的饲料化处理技术与养殖应用

1. 木薯渣加工处理技术

一直以来因木薯中的淀粉和脂肪等营养物质都被利用，所以缺少这些东西的木薯渣便被认为是质量低劣的物质。然而，随着经济和高新技术的发展，木薯渣在通过各种先进的生物技术手段的加工处理后也将变为一种有潜力的资源。近几年来，国内外大量的学者对木薯渣进行了深入的研究，其众多用途开始广为人知。

2. 木薯渣用作动物饲料

我国畜禽日粮主要以玉米—豆粕型为主，主要成分为玉米、豆粕和麦麸，据统计我国每年饲料业所消耗的玉米和麦麸占国内总产量的比例很大。为此，，国内外很多研究人员在新饲料开发方面的研究屡见不鲜。作为一种新型饲料原料的木薯渣在畜禽饲养上有很大的应用。有关报道显示，木薯渣可替代一定比例的玉米和麦麸作为畜禽的新型饲料原料。相关研究表明，木薯渣可代替牛、猪、肉鸭和鸡饲料中的部分麦麸（于向春，2011），也可作为新型饲料原料在羊和鹅的生产上应用。

3. 木薯渣作为植物栽培基质

研究证实，木薯渣中含有丰富的矿物质，例如氮、磷、钾、碳、钙等，木薯渣通过微生物菌株无氧发酵，即可转化为适合作为植物栽培基质的无污染且富含微生物的物质。有研究表明，木薯渣可以作为油葵芽苗菜的栽培基质，且其产量比使用传统栽培芽苗菜基质的处理要高。木薯渣还可用作散尾葵、鱼尾葵、龙血树等盆栽观叶植物的栽培基质，可节约一定的经济成本。当木薯渣与沙子的配比为 8∶2 时，或发酵后的木薯渣基质都可以满足黄瓜育苗和栽培的需要且有较好的效果。不仅如此，木薯渣还可用作辣椒穴盘育苗，且效果很好（覃晓娟，2010）。

4. 木薯渣饲料化应用比例

发酵木薯渣能提高单胃动物的生长性能，维持其肠道微生态，增强其免疫力和抗应激力，还可降低养殖成本，创造更显著的经济效益。将 10% 发酵木薯渣添加至日粮中饲喂肉鸡，其发病率较基础日粮组降低了 12%，日均增重量、日采食量分别提高了 7.02% 和 5.95%，且毛利润提高了 28.36%。发酵木薯渣还能提升养殖环境，促进动物生长。有研究以发酵木薯淀粉渣替代肉鸭的部分全价饲料（蒋建生，2014），这降低了养殖环境中 H_2S 和 NH_3 浓度，且其效果随木薯渣添加量的增加而增加。木薯渣不仅可代替鸡和鸭的部分饲料原料，也可作为新型饲料原料在鱼的养殖上加以运用。

木薯渣在反刍动物饲养上的应用也较广泛。牛、羊等反刍动物由于具有独特的瘤胃结构和特殊的消化生理功能，能够以瘤胃微生物帮助自身利用饲料中难以消化的粗纤维，从而更好地吸收木薯渣饲料中丰富的营养物质。唐春梅等（2011）发现，7%木薯酒精渣日粮组的育肥牛日均增重及经济效益均最高，比对照组分别增加 8.45%、38.82%，且对育肥牛的血液指标无不良影响。而饲喂湖羊时，以 20%发酵木薯酒精渣的育肥羊效果最佳（樊懿萱，2017）。这说明不同动物的食性及消化代谢机制有所差异，因此饲料中木薯渣的最佳用量也相应有所不同。

5. 畜禽养殖应用效果

木薯渣含有较为丰富的营养成分，作为猪饲料原料具有较好的饲用价值。大多数的研究者都是通过对木薯渣进行微生物发酵的方法消除木薯渣的抗营养因子，在猪日粮中添加一定比例的发酵木薯渣进行饲喂。廖晓光等以木薯渣为原料，采用包括高产纤维素酶的工程菌在内的多种微生物混合发酵而生产出一种新型微生物饲料，并研究了其对桂科商品猪生长性能的影响，试验结果表明，在日粮中添加 2%木薯渣生物饲料商品猪的日增重提高了 21.52%、屠宰率提高 5.8%，且每千克增重成本降低了 8.38%（廖晓光，2014）。周晓容等（2014）在育肥猪日粮中分别添加新鲜发酵木薯渣 17.9%、35.8%、53.7%，试验结果表明，添加 17.9%和 35.8%的新鲜发酵木薯渣对猪生产性能没有显著影响，在单位增重饲料成本上节约了 0.9 元和 0.7 元，但是继续增加木薯渣含量将影响猪的生产性能。

木薯渣中粗纤维含量较高，单胃动物消化吸收比较困难，然而反刍动物能够很好地吸收利用。研究表明木薯渣添加在反刍动物的日粮中起到了较好的饲养效果。卢珍兰等（2017）在黑山羊基础日粮中添加不同比例的发酵木薯渣，研究其对黑山羊生产性能、血清生化指标及经济效益的影响，结果表明添加木薯渣 20%试验组的育肥羊平均日增重和平均日采食量分别提高了 44.29%和 8.09%，添加木薯渣 20%和 30%的试验组料重比分别降低了 25.08%和 20.96%以及发病率降低了 28.86%和 24.59%，血清生化指标在试验组与对照组无显著性差异，经济效益上也分别提高了 68.28%和 51.86%，通过试验得出在育肥黑山羊日粮中添加 20%发酵木薯渣效果最佳。

四、马铃薯副产物

我国马铃薯的栽培历史悠久、资源丰富，其种植面积和产量均占全球总产量的 20%以上，是世界上第一大马铃薯生产国。2015 年我国马铃薯种植面积 536 万 hm^2以上，居世界第一位，在我国种植面积仅次于小麦、水稻和玉米，但马铃薯加工水平却远远落后于发达国家。世界平均 50%~70%的马铃薯被加工升值，而我国加工比例不足 5%。据分析，马铃薯投入产出比为

1∶4，优于大豆（1∶2.5）和小麦（1∶2）。据农业农村部统计，现种植面积和产量正逐年上升，预计到2020年马铃薯种植面积将被扩大到1亿亩，而与马铃薯密切相关的深加工行业也将迎来迅猛发展。随着我国马铃薯淀粉行业的发展，北方地区每年有大量的马铃薯被加工成淀粉，同时产生近百万吨的鲜薯渣。

（一）马铃薯渣的产生量

利用马铃薯生产制备淀粉是解决马铃薯粮食增产的主要途径之一。其中在马铃薯淀粉生产过程中伴随大量副产物的产生，即以水、细胞碎片和残余颗粒为主要成分的马铃薯废渣。我国马铃薯淀粉的年产量约为35万t，而每加工获得1t的淀粉就会生产0.8t的马铃薯废渣（柳俊，2011）。

（二）马铃薯渣的营养成分

马铃薯渣是指马铃薯在加工制取淀粉或生产粉条等产品后所剩余的残渣，含有高达90%的水分，此外其化学成分主要有淀粉、纤维素、半纤维素、果胶、游离氨基酸、寡肽、多肽及灰分。其中，纤维素、半纤维素和果胶的含量较大，可以被提取广泛应用于食品加工工业和医疗保健工业之中。研究发现，马铃薯渣的（干物质）主要成分是蛋白质4.6%~5.5%，粗脂肪0.16%，粗纤维9.46%，糖分1.05%（常永杰，2014）。

（三）马铃薯渣的饲料化处理技术与养殖应用

马铃薯渣由于具有胶体性质，其水分用传统的机械手段难以降低，若引入高端设备进行烘干，能耗成本太高，影响经济效益，对应用于实践造成了一定的困难。为了解决这一问题，国内外许多研究者对薯渣的应用进行了多方面的试验和探究。国外对薯渣的利用主要体现在用薯渣生产燃料酒精，加工成动物饲料，提取薯渣中有价值的营养物质等。而国内对于薯渣的利用刚刚起步，近些年来，利用微生物固态发酵薯渣生产蛋白饲料的报道层出不穷，可在一定程度上缓解饲料行业对于蛋白饲料的迫切需求。

（四）马铃薯渣饲料化技术

目前马铃薯渣的利用方式主要是发酵法、理化法和混合法。发酵法是利用微生物菌株对马铃薯渣进行发酵处理，制备出各种生物制剂和有机物料；理化法是用物理、化学和酶等方法处理马铃薯渣，从而提取出一些有价值的成分；混合法是将发酵法与酶法相结合的处理方法。综合国内外的研究结果，有价值营养物质的提取及通过微生物发酵获得蛋白饲料是目前薯渣最为有效的利用方式。

马铃薯渣若直接作为动物饲料，营养价值低，不易储存，利用率差。但通过微生物菌株发酵薯渣，发酵产物含有大量的菌体蛋白，使薯渣中纤维、淀粉被微生物菌群分解利用转化成蛋白质或者含氮物质，不仅可以提高发酵后薯渣的粗蛋白质含量，发酵后薯渣中的氨基酸、微生物和各种生物酶含量都会相应提高。用于发酵的常见菌株如酵母菌，可分泌多种活性水解酶，其菌体蛋白含量高、氨基酸充足，可提高发酵产品的营养价值；霉菌可分泌淀粉酶、纤维素酶、蛋白酶和果胶酶等，菌体蛋白质含量高，因此被广泛应用于蛋白饲料的生产中。

史琦云等（2004）采用白地霉对生料、熟料进行发酵及用白地霉、酿酒酵母、热带假丝酵母进行多菌协生固态发酵等技术生产马铃薯渣菌体蛋白饲料，结果表明，发酵后的蛋白质含量分别提高 13.45%、18.53% 和 22.16%。张鑫等（2012）采用酿酒酵母、白地霉、热带假丝酵母与植物乳杆菌混菌组合发酵马铃薯渣，运用了酵母菌和乳酸菌的共生作用，生产出营养价值较高的马铃薯渣，其粗蛋白质含量达到 35.6%。

马铃薯渣裹包青贮饲料技术是把马铃薯渣与玉米秸秆按一定比例混合并打包制成的饲料。经试验研究，马铃薯渣与玉米秸秆最合适的比例是 1：4，最合适的发酵时间是 30~45d。闫晓波将马铃薯渣混合玉米秸秆进行青贮（比例为 3：1），发酵后产物有酸香气味，通过动物试验得出其产物适口性好，奶牛采食量增大（闫晓波，2009）。结果表明，混合青贮可不同程度地替代青贮玉米饲喂奶牛，既提高了马铃薯渣和玉米秸秆的营养价值和适口性，又提高了奶牛的采食量，且不影响产奶量。马铃薯渣青贮技术的推广和使用实现了马铃薯渣和玉米秸秆的合理利用，既改善了饲料转化率，又提高了肉羊和肉牛的生产水平。

（五）马铃薯渣饲料化养殖应用

由于目前利用马铃薯渣发酵生产饲料的加工水平和利用率还较低，将其作为一种非常规饲料资源食用的动物种类还很局限，在实际动物生产中也仅仅在研究阶段，还未进行大量的规模化生产，现阶段对于马铃薯渣的利用，反刍动物和单胃草食动物更能体现优势。

张伟伟等（2011）用白地霉、啤酒酵母、热带假丝酵母发酵后的马铃薯渣饲喂白羽肉鸡，试验结果表明发酵后的薯渣可以提高肉鸡日增重，提高饲料转化率，同时提高了鸡肉中蛋白质的含量。梅宁安等（2015）将马铃薯渣进行发酵处理后，饲喂含 10% 的发酵马铃薯渣配合饲料的试验组比饲喂肉仔鸡配合饲料（含 5% 棉粕和 5% 菜粕）的对照组肉仔鸡日增重提高

3.29%，料重比降低5.58%，病死率为0，且鸡肉安全、可靠。

马铃薯渣中粗纤维含量较高，具有能量饲料的营养价值，因此在反刍动物上的研究应用较多。益蕊等（2014）研究表明，马铃薯渣青贮可替代75%的玉米青贮饲喂肉牛，且增加了瘤胃液氨态氮的浓度，利于微生物蛋白的合成，利于肉牛日增重的提高。张亚黎等（2015）在肉羊上的试验同样发现以75%马铃薯渣裹包青贮替代玉米青贮后对肉羊的日增重有促进作用，瘤胃pH值、挥发性脂肪酸和血液生化等指标与替代前均无显著差异。

第四节　结语与展望

甘薯渣作为甘薯淀粉产业的副产物，其处理与转化问题一直没有得到很好的解决。虽然从甘薯渣中提取膳食纤维、果胶的技术日益成熟，但是单纯依靠提取膳食纤维与果胶并不能大量转化甘薯渣。利用甘薯渣混菌发酵生产蛋白饲料具有一定的可行性，但目前仅停留在试验阶段，在中试与放大化生产中还有很多问题需要解决。

木薯渣作为工业生产中的下脚料，其价格低廉、营养价值丰富，将其饲料化具有可行性、发展前景广阔，但在畜牧生产实际应用中还存在一些有待解决的问题。为了能够更好地利用木薯渣这种非常规饲料资源，今后还需进一步完善木薯渣饲料批量生产的工艺和流程。还有待研发出高效节能专用干燥设备，来解决木薯渣的干燥问题。另外还需要研究出对木薯渣进一步加工处理的方法，如青贮处理、微生物发酵等处理方法来提高木薯渣的饲用价值。最后还需进一步研究在反刍动物生产中木薯渣适宜的添加比例、饲喂方式以及在其他动物生产中的应用，为木薯渣饲料资源在畜牧业的推广应用提供理论参考。

马铃薯渣作为一种资源，得到了有价值的开发利用。利用马铃薯渣生产动物饲料，是未来薯渣利用的最有发展潜力的方向。但是在畜牧业生产中，马铃薯渣的应用仍存在：一是季节性明显，运输和存储问题较大；二是干燥技术不够成熟；三是马铃薯渣中存在毒糖苷生物碱龙葵素，对人体有害。对以上三个问题需要进一步研究与讨论，为马铃薯渣的开发利用提供更可靠的理论支持，从而促进畜牧业的蓬勃发展。

参考文献

包健，盛永帅，蔡旋，等，2014. 上海市养羊业现状调查及发展对策探讨［J］. 畜牧与兽医，46（3）：106-109.
曹媛媛，2007. 甘薯膳食纤维的制备及其物化特性的研究［D］. 乌鲁木齐：新疆农业大学 .
常永杰，马小强，2014. 马铃薯渣裹包青贮饲料在牛羊养殖中的应用［J］. 畜牧兽医杂志，33（3）：46-47.
陈宇光，张彬，胡泽友，2009. 红薯渣对奶牛产奶量和奶品质的影响［J］. 饲料与畜牧（3）：23-24.
程润东，佘义斌，周影，等，2014. 甘薯新品种苏薯 19 号的选育及应用［J］. 江苏农业科学，42（5）：103-104.
邓奇风，高凤仙，2015. 甘薯渣的开发与应用［J］. 饲料博览（9）：47-49.
樊懿萱，王锋，王强，等，2017. 发酵木薯渣替代部分玉米对湖羊生长性能、血清生化指标、屠宰性能和肉品质的影响［J］. 草业学报，26（3）：91-99.
冯爱娟，叶茂，吴酬飞，等，2015. 重组毕赤酵母菌发酵木薯脱氰工艺的优化［J］. 粮食与饲料工业（5）：45-48.
高美玲，2019. 甘薯渣中可溶性膳食纤维对肠道菌群的影响［D］. 南昌：南昌大学 .
韩俊娟，2008. 甘薯膳食纤维及果胶的提取工艺研究［D］. 北京：中国林业大学 .
韩俊娟，木泰华，2009. 10 种甘薯渣及其筛分制备的膳食纤维主要成分分析［J］. 中国粮油学报（1）：40-43.
胡忠泽，刘雪峰，2002. 木薯渣饲用价值研究［J］. 安徽技术师范学院学报（4）：4-6.
黄克玲，2011. 特色甘薯发展潜力大［J］. 农村新技术（18）：10.
姬卿，闵义，傅国华，2014. 我国木薯产品的进口与加工问题分析［J］. 对外经贸实务（7）：50-52.
蒋建生，庞继达，蒋爱国，等，2014. 发酵木薯渣饲料替代部分全价饲料养殖肉鸭的效果研究［J］. 中国农学通报，30（11）：16-20.
赖爱萍，陆国权，2014. 蒸煮加工对甘薯渣膳食纤维特性的影响［J］. 食品工业科技，35（21）：107-110，114.
赖翠华，2006. 木薯淀粉渣制取单细胞蛋白饲料的实验研究［D］. 南宁：广西大学.
李笑春，2011. 不同脱毒方法对木薯氢氰酸含量的影响［J］. 饲料研究（5）：34-35.

李亚洲，2013. 薯类作物施肥技术［J］. 农村实用技术（6）：39.
梁陈冲，于会民，王月超，等，2012. 甘薯渣的饲用价值及应用［J］. 饲料与畜牧（12）：34-36.
梁海波，黄洁，安飞飞，等，2016. 中国木薯产业现状分析［J］. 江西农业学报，28（6）：22-26.
廖晓光，方治山，杨楷，等，2014. 木薯渣生物饲料对桂科商品猪生长性能的影响［J］. 饲料工业，35（20）：36-39.
柳俊，2011. 我国马铃薯产业技术研究现状及展望［J］. 中国农业科技导报，13（5）：13-18.
刘惠知，王升平，周映华，等，2013. 红薯渣及其利用［J］. 饲料博览（7）：41-43.
刘倩倩，2015. 甘薯渣果胶超声波辅助盐法提取工艺的优化［J］. 河南农业科学，44（9）：135-138.
陆建珍，汪翔，秦建军，等，2018. 我国甘薯种植业发展状况调查报告（2017年）——基于国家甘薯产业技术体系产业经济固定观察点数据的分析［J］. 江苏农业科学，46（23）：393-398.
卢珍兰，李致宝，兰宗宝，等，2017. 发酵木薯渣对黑山羊生产、血清生化及经济效益影响［J］. 中国畜禽种业，13（7）：84-87.
马代夫，1998. 国内外甘薯育种现状及今后工作设想［J］. 作物杂志（4）：9-11.
马代夫，李强，曹清河，等，2012. 中国甘薯产业及产业技术的发展展望［J］. 江苏农业学报，28（5）：969-973.
梅宁安，刘自新，王华，等，2015. 发酵马铃薯渣对肉仔鸡生产性能的影响及安全性评价试验［J］. 黑龙江畜牧兽医（1）：80-83.
木泰华，2013. 我国薯类加工产业现状及发展趋势［J］. 农业工程技术（农产品加工业）（11）：17-20.
宁在兰，2004. 甘薯开发前景广阔［J］. 山东食品科技，6（7）：32.
彭志连，王金丽，陆小静，等，2012. 淀粉木薯渣不同保存条件下的成分变化［J］. 广东农业科学，39（18）：103-104，107，237.
覃晓娟，吴圣进，韦仕岩，等，2010. 木薯渣复合基质在辣椒穴盘育苗上的应用效果［J］. 基因组学与应用生物学，29（6）：1200-1205.
单成俊，周建忠，黄开红，等，2009. 挤压膨化提高甘薯渣可溶性膳食纤维含量的研究［J］. 江西农业学报，21（6）：90-91.
史琦云，梁琪，2004. 马铃薯渣菌体蛋白饲料的研制与品质分析［J］. 粮食与饲料工业（9）：32-33.
孙健，钮福祥，岳瑞雪，等，2014. 超声波辅助酶法提取甘薯渣膳食纤维的研究［J］. 核农学报，28（7）：1261-1266.

唐春梅，王之盛，万江虹，等，2011. 木薯渣日粮在夏季对育肥牛生产性能和血液生化指标的影响［J］. 中国畜牧杂志，47（21）：38-40.
唐德富，Iji P，Choct M，等，2014. 木薯产品营养成分的分析与比较研究［J］. 中国畜牧兽医，41（9）：74-80.
田静，朱琳，董朝霞，等，2017. 处理方法对木薯块根氢氰酸含量和营养成分的影响［J］. 草地学报，25（4）：875-879.
田亚红，刘辉，2013. 不同方法提取甘薯渣中果胶的研究［J］. 食品工业（7）：126-128.
汪敬生，2000. 红薯渣贮藏新方法［J］. 四川农业科技（12）：28.
王灿宇，瞿明仁，2014. 木薯渣去毒、粗纤维降解及应用研究进展［J］. 饲料研究（5）：11-16，27.
王莉，邓婷鹤，2015. 2014 年我国热作产品进出口贸易情况分析［J］. 中国热带农业（2）：4-7.
王硕，杨云超，王立常，2010. 甘薯酒精渣饲喂肉牛饲养试验［J］. 畜禽业（4）：8-10.
王淑军，吕明生，王永坤，等，2001. 混菌发酵提高甘薯渣饲用价值的研究［J］. 食品与发酵工业，28（6）：40-45.
王苑，于会民，陈宝江，等，2015. 不同添加水平甘薯渣对产蛋鸡生产性能、蛋品质及血清激素含量的影响［J］. 饲料与畜牧（3）：30-33.
王中华，毕玉霞，丛付臻，2012. 酸化红薯粉渣对肉兔生长性能、免疫器官指数和胃肠 pH 的影响［J］. 中国饲料（11）：36-38.
韦锦益，蔡小艳，黄世洋，2011. 禾本科牧草与木薯渣发酵饲料配比饲喂鹅试验初报［J］. 中国草食动物，31（6）：33-36.
邬建国，周帅，张晓昱，等，2005. 采用药用真菌液态发酵甘薯渣获得膳食纤维的发酵工艺研究［J］. 食品与发酵工业，31（7）：42-44.
邢文会，付瑞敏，王丁，等，2016. 微生物发酵甘薯渣产蛋白饲料的工艺优化及对育肥猪生产性能的影响［J］. 江苏农业科学，44（4）：279-284.
徐梦瑶，2017. 甘薯渣的资源化利用［D］. 济南：山东师范大学 .
闫晓波，韩向敏，2009. 马铃薯渣和玉米秸秆混合青贮料对奶牛生产性能的影响［J］. 广东农业科学（5）：144-146.
益蕊，常永杰，2014. 马铃薯渣裹包青贮对肉牛饲养中的应用试验［J］. 畜牧兽医杂志，33（4）：28-29.
于向春，刘易均，杨志斌，等，2011. 发酵木薯渣粉在文昌鸡日粮中的应用［J］. 中国农学通报，27（1）：394-397.
曾正清，周克勇，1999. 甘薯淀粉渣酵母饲料的研究［J］. 饲料工业（11）：24-25.
张伟伟，邵淑丽，徐兴军，2011. 马铃薯渣发酵饲料饲喂肉鸡效果的研究［J］. 中国家禽，33（16）：64-65.
张鑫，高爱武，黄雅娟，等，2012. 酵母菌与乳酸菌共培养发酵马铃薯渣的研究［J］. 食品工业科技，33（1）：194-197.
张亚黎，常永杰，2015. 马铃薯渣裹包青贮对肉羊生产性能的影响［J］. 中兽医医药杂志，34（1）：67-68.
赵凤芹，申德超，2010. 挤压膨化参数对玉米秸秆纤维成分含量的影响［J］. 农业机械学报（10）：112-116.
赵启美，何佳，侯军，2002. 鸡腿蘑深层发酵培养基的研究［J］. 食用菌（1）：7-8.
郑明利，王慧丽，郝薇，等，2015. 乳酸菌接种剂对红薯饮料渣青贮品质的影响［J］. 动物营养学报，27（6）：1970-1975.
中国科学技术协会；中国作物协会，2012. 作物学学科发展报告 2011—2012［M］. 北京：中国科学技术出版社.
周晓容，杨飞云，谢跃伟，等，2014. 发酵木薯渣在育肥猪上的应用效果研究［J］. 饲料工业，35（17）：99-101.
周晓容，杨飞云，江山，等，2016. 发酵甘薯渣对生长猪生产性能的影响及效益分析［J］. 饲料工业，37（13）：21-23.
朱金亭，高建伟，1995. 国内外甘薯生产形势概述［J］. 农牧产品开发（7）：20-21.
邹志恒，王苑，于会民，等，2015. 不同添加水平甘薯渣等比例替代玉米对生长猪生长性能和血清生理生化指标的影响［J］. 饲料与畜牧，2：27-30.
GAMA H，MABON N，NOTT K，et al.，2006. Kinetic of the hydrolysis of pectin galacturonic acid chains and quantification by ionic chromatography［J］. Food Chemistry，96（3）：477-484.
MEI X，MU T，HAN J J，2010. Composition and physicochemical properties of dietary fiber extracted from residues of 10 varieties of sweet potato by a sieving method［J］. Journal of Agricultural and Food Chemistry，58（12）：7305-7310.
OUEDRAOGO N，SAVADOGO A，SOMDA M K，et al.，2012. Single cell protein production test by yeast strains using tubers from sweet potato and yam residues［J］. Biotechnology，Agronomy and Society and Environment，16（4）：463-467.

第七章　棉秆饲料化处理与应用技术

第一节　我国棉秆资源现状

我国是世界上最大的棉花生产国，棉花产量约占年度全球棉花总产量的30%（Jiang et al., 2015）。2019 年全国棉花种植面积 333. 92 万 hm^2（5 008. 8万亩），总产量 588. 9 万 t。其中 2019 年新疆棉花总产量 500. 2 万 t（中国棉花，2020）。我国棉花生产呈现向以新疆棉区为主的西北内陆棉区集中的趋势，新疆已经成为全国优质棉主产区，棉花面积、总产、单产、商品调拨量已连续 24 年稳居全国首位。

棉花秸秆（简称棉秆）是棉花收获之后的副产物，主要包括棉花的茎、枝、梢、叶、壳等部分。按照棉花产量和棉花谷草比估算，以 2019 年我国棉花总产量 588. 9 万 t，皮棉草谷比取值为 5（左旭，2015），棉秆的资源产量可达2 944. 50万 t。棉秆中粗蛋白质、粗脂肪、纤维素、半纤维素、木质素、钙和磷含量分别为 6. 10% ~ 9. 96%、1. 85% ~ 3. 65%、32. 00% ~ 48. 00%、20. 00%~28. 00%、16. 00% ~22. 00%、0. 84%~3. 83%和 0. 07%~0. 24%（张俊瑜，2018）。比玉米秸、稻草和小麦秸的粗蛋白质都高，但木质素是其他三种秸秆的 2~3 倍，半纤维素是其他秸秆的 0. 3~0. 4 倍。

针对丰富的棉秆资源，目前开发利用程度较低，或还处于原始的利用状态，大量的棉秆以焚烧或深埋的方式还田，造成环境污染；深埋还田在短短几个月时间无法完全腐烂，为来年的田间耕作带来不便；或棉花采摘后直接将牛羊赶入棉田直接挑食棉秆上的极少部分；或收割后直接将整株棉秆投喂给牛羊，造成大量的人力、物力和资源的浪费。棉秆资源在农业上的开发利用主要包括棉秆还田、棉秆资源发电生产生物乙醇等新型能源、食用菌基质、原料等。随着社会的进步，科学的发展，人们生活水平不断提高，畜牧养殖业及饲料工业得到了快速发展，粗饲料资源的短缺成为影响畜牧业快速发展的重要因素，棉秆饲料化开发利用也受到重视，魏敏等（2003）通过采用尼龙袋法和体外产气技术等方法对棉秆饲用价值进行了基本评价，指出棉花秸秆应属于粗饲料。通过棉秆的营养价值评定（魏敏，2003；张苏江，2006）、饲喂效果（王文奇，2015；李兴莲，2015）、高效降解棉秆纤维素微生物的筛选（席琳乔，2016；阿尔牧古丽，2015）、品质改善（赵洁，2016；张玉丹，2016）等方面进行了相关研究，结果表明棉秆是有一定粗蛋白质含量、瘤胃降解率较低的粗饲料，替代部分玉米秸秆、麦草、芦苇等粗饲料饲喂牛、羊无负面影响，微生物对棉秆中粗纤维的降解有明显的促进作用，通过科学处理可改善棉秆的饲料品质。

第二节　棉秆饲料化处理技术概述

棉秆产品饲料化利用的处理技术主要包括物理加工法、化学加工法和生物加工法 3 种。不同的加工方式对饲料营养价值的影响存在一定差异，但在实际生产加工过程中，往往会两种或三种方法联合使用，来提高饲料的饲喂价值和营养价值，进而提高饲料的利用效率，达到增加养殖效益的目的。

一、物理加工法

通过机械加工的方式有秸秆粉碎/切短/揉搓、膨化、蒸煮、蒸汽爆破、微波、超声波、制粒等物理处理方法，蒸汽爆破技术是一种物理化学相结合的纤维处理工艺，通过蒸汽蒸煮和爆破作用达到改变纤维化学组成和结构的目的（周涛等，2016）。张志军等（2018）发现棉花秸秆蒸汽爆破处理后，CP 含量较仅粉碎的棉花秸秆提高了 10.79%，可能是蒸汽爆破后纤维素和半纤维素不同程度的分解，释放了与纤维结合的蛋白。

二、化学加工法

化学加工法是利用化学制剂作用于秸秆，破坏秸秆细胞壁中的纤维素、半纤维素和木质素形成的共价键，利用草食动物胃肠道中微生物分泌的酶对纤维素、半纤维的降解，从而达到提高秸秆的消化率与提高其营养价值的目的。目前采用的方法主要通过酸处理、碱处理、氨化处理等方式；常用的化学制剂主要有氢氧化钠、氢氧化钙、氢氧化钾、碳酸氢钠、氨水、尿素、碳酸氢铵等。赛买提（2008）等采用（4%、6%、8%）尿素处理棉秆，不仅达到脱棉酚的目的，而且能改善其适口性和消化率，增加饲料的转化效率。

张苏江（2005）等试验表明，将棉秸粉碎过 40 目筛，利用 2.5%石灰+3.5%尿素+3%食盐复合处理，室温发酵 15d 后改善了棉秆纤维结构和适口性，质地柔软，气味芳香。陈勇（2005）等在棉花秸秆中添加多山梨醇酯 80，结果表明，体外发酵 24h，累积产气量显著提高，DM、有机物质、纤维素和半纤维素的降解率均提高，挥发性脂肪酸（VFA）的总量显著增加，pH 值下降。

三、生物加工法

生物处理法包括酶解、微生物发酵。许宗运（1999）等用生物菌发酵法对棉秆进行微贮，试验发现粗纤维平均降低了 22.50%，棉酚降低了 38mg/kg，粗蛋白质含量提高，粗纤维含量下降，营养价值得到了改善。Jian 等（2009）用白腐菌预处理棉秆后木质素含量显著降低，但通过纤维素酶进行后续降解仍存在纤维素转化率低的问题。Haykir（2009）通过碱预处理、漆酶和纤维素酶的复合处理，使棉秆溶出的葡萄糖产量达到 5.45%。邓辉等（2009）通过优化棉秆糖化碱预处理条件，使棉秆水解率达到 20.05%。张琴等（2011）以氮源为麸皮汁，发酵温度 30℃，起始 pH 值 6.5，微生物接种量 1.0%。利用微生物降解经蒸汽爆破的棉秆，其糖化率和纤维素降解率分别可达 58.60%和 74.45%，为棉秆的高效降解和糖化提供了较优的工艺参考。郭同军等（2018）研究蒸汽爆破与微生物发酵联合处理的棉秆，其饲喂品质高于棉秆而低于玉米青贮，认为在棉花种植区，利用蒸汽爆破和微生物发酵技术联合处理棉花秸秆，有助于棉花秸秆的饲料化利用。韩晓芳等（2003）发现蒸汽爆破棉秆韧皮、枝和主干，经嗜碱芽孢杆菌NT-19发酵，在初始 14d 培养中能保持与白腐真菌相近的降解率，并能优先降解棉秆主干的半纤维素组分，微生物降解去除了韧皮纤维束中的部分中胶层。芦岩等（2020）用棉秆与甜菜渣混贮，干物质混合比例为 50：50，添加尿素 0.1%、复合菌液 0.2%、食盐 0.2%，其混合发酵产物的体外产气量最高，可消化有机物和代谢能最大，乙酸和丁酸浓度较高，可作为饲喂反刍动物的粗饲料。

第三节　棉秆资源的饲料化技术应用

研究发现，日粮中添加棉秆对肉羊的生产性能没有影响，但应保证日粮的营养水平。张俊瑜等（2018）用替代法研究了日粮中不同比例棉秆对绵羊生长性能和营养物质表观消化率的影响，以及棉秆中营养物质在绵羊体内的消化代谢参数，其用含0%、10%、20%、30%和40%比例的棉秆日粮制成颗粒饲料，进行为期60d的绵羊育肥试验，结果发现组间干物质采食量无差异，平均日增重均达到200g以上，并分析认为组间日增重的差异是由不同营养水平、而不是棉秆本身所导致。在其对棉秆营养物质表观消化率的研究中发现，当日粮中棉秆添加比例为30%时，棉秆中干物质、有机物、粗蛋白质、中性洗涤纤维、酸性洗涤纤维等养分的表观消化率达到最大值，棉秆中营养物质的综合利用率可能最高。王文奇等（2015）研究发现，以10%、20%、30%棉秆替代日粮中的等量玉米秸秆不影响育肥绵羊的干物质采食量和日增重，而且可以提高瘤胃乙酸和总挥发性脂肪酸浓度，且20%棉秆组最高，但瘤胃氨氮浓度和丙酸浓度组间差异不显著，并认为中性洗涤纤维产量的增加是由棉秆中酸性洗涤纤维含量较高所导致。哈丽代·热合木江等（2016）给绵羊饲喂含25%和50%棉秆的日粮，绵羊的体增重、干物质采食量、干物质的表观消化率均未受到影响，25%组尿素氮含量和50%组高密度胆固醇含量显著增加，而50%组尿素氮含量和25%组高密度胆固醇与对照组之间差异不显著，血清中总蛋白、白蛋白、球蛋白、血糖、总胆固醇、低密度胆固醇、甘油三酯和谷草转氨酶组间无差异。郭同军等（2018）发现蒸汽爆破与微生物发酵联合处理的棉秆对育肥羊的增重效果高于棉秆而接近玉米青贮，料肉比高于玉米青贮而低于棉秆，对育肥羊的安全性要优于粉碎棉秆，能减轻对绵羊机体的伤害。

于虔和柴绍芳（2009）将棉花秸秆进行微贮发酵后进行肉牛饲喂试验，试验组用发酵棉秆替代未经发酵处理的棉秆，结果发现肉牛对发酵棉秆的采食量大于未经处理的棉秆，而精料和青干草的采食量小于未对照组，按当时市场价格计算，用发酵棉秆饲喂牛每头可节省精饲料和青干草费50.6元。按照屠宰率平均60%计，累计多增加肉5.76kg，每千克牛肉按14元计，每头牛可多收入80.64元。王峰等（2012）将棉秆、玉米秸秆、麦秆侧短后使用生物菌发酵10d后。微贮棉秆感观、气味、质地等方面均良好，添加微贮棉秆30%组和40%组比对照组平均日增重提高62.66%和54.29%。

第四节　结语与展望

我国棉秆资源较丰富，而棉秆饲用模式利用又不是很理想的现状，因此棉秆饲用模式具有很大的开发空间。棉秆的适口性差、消化率低及收储运困难，只有少数的饲料厂通过青贮、氨化等方法对棉秆进行处理，以增加其粗蛋白质，降低粗纤维含量，进而将棉秆压制成颗粒饲料，提高其营养价值，达到饲用的目的，但其适用范围较窄，生产效率普遍较低。结合国外一些畜牧业发达国家秸秆利用的先进方法，将机械加工技术同先进的生物工程技术结合起来，采取机械收割、碎断、青贮、微贮、膨化、化学和生物处理，降解棉酚、合理配方等措施，是解决棉秆作为饲料化利用的有效途径。首先开发大中型饲用处理专用设备，特别是棉秆碎断处理设备，对棉秆的开发利用是非常必要的。目前，棉秆碎断设备主要是由玉米秸秆切碎机改造而成，而在喂入、切碎、传动等方面几乎没有创新。因棉秆木质坚硬，韧皮纤维含量丰富，特别是含水率较低时，经常出现堵刀、啃刀现象，对机具损害较大。首先，需要根据棉秆的力学性质设计专门的棉秆碎断机，有效地解决传统切碎刀具耐用性差、灵活性差、易损坏的缺陷，进而降低能耗、提高切碎效率和切碎质量。其次，充分发挥化学和生物处理的作用，提高棉秆饲用效果。最后，加大力度开发基于棉秆的新型饲料，例如适当添加精料或与棉秆组合效益高的物质、压制成棉秆基膨化颗粒配合饲料。随着降解木质素的微生物和相关酶制剂等先进技术及生产工艺的不断发展，液体添加剂（如液体酶制剂、风味剂、霉菌抑制剂、颗粒黏结剂、抗氧化剂、维生素、氨基酸等）在饲料工业中开始被广泛地使用。新型的加工设备、处理工艺及新型棉秆饲料的开发和应用，必将加快棉秆饲用模式的推广利用。

参考文献

阿尔牧古丽·阿不力孜，2015. 纤维素分解菌筛选及在棉棉秆饲料上的应用［D］. 乌鲁木齐：新疆大学.

陈勇，曹荣，雒秋江，等，2005. 多山梨醇酯 80 对棉花秸秆体外发酵的影响［J］. 中国草食家畜，(2)：9-11.

邓辉，李春，李飞，等，2009. 棉花秸秆糖化碱预处理条件优化［J］. 农业工程学报，25（1）：208-212.

郭同军，张志军，赵洁，等，2018. 蒸汽爆破发酵棉秆饲喂绵羊效果分析［J］. 农业工程学报，34（7）：288-293.

哈丽代·热合木江，王永力，麦尔哈巴·阿不都耐毕，等，2016. 日粮中添加不同比例棉副产品对绵羊生产性能、营养物质消化率及血液生化指标的影响［J］. 中国畜牧兽医医，43（12）：3184-3192.

韩晓芳，郑连爽，杜予民，等，2003. 蒸汽爆破棉秆的微生物降解研究［J］. 中国造纸学报（2）：31-33.
李兴莲，许世新，李红军，等，2015. 棉花秸秆新饲料饲喂育肥牛试验初报［J］. 新疆畜牧业（S1）：21-22.
芦岩，张伶俐，罗远琴，等，2020. 不同比例棉秆和甜菜渣混合发酵产物的体外产气特性及发酵参数的研究［J］. 草业学报，29（5）：58-66
赛买提·艾买提，欧阳宏飞，赵丽，2008. 五种不同方法对棉副产品棉酚脱毒效果的比较研究［J］. 饲料工业，1（29）：27-30.
王峰，2012. 微贮以棉花等秸秆搭配饲喂育肥牛的效果试验［J］. 中国畜禽种业，8（9）：72-73.
王文奇，罗永明，刘艳丰，等，2015. 不同棉秆水平全混合日粮对绵羊生长性能和瘤胃发酵参数的影响［J］. 新疆农业科学，52（11）：2111-2116.
魏敏，雒秋江，潘榕，等，2003. 对棉花秸秤饲用价值的基本评价［J］. 新疆农业大学学报，26（1）：1-4.
席琳乔，吴书奇，史齐玲，等，2016. 复合菌对棉秤木质纤维素的降解效果研究［J］. 黑龙江畜牧兽医（4）：136-139.
许宗运，张锐，张玲，等，1999. 棉秆不同微贮方法效果研究［J］. 中国草食动物，4（1）：22-24.
佚名，2019年棉花产业大事记［J］. 中国棉花，47（1）：6+12.
于虔，柴绍芳，2009. 发酵棉花秸秆饲喂肉牛的效果观察［J］. 中国畜禽种业，5（9）：76-77.
张俊瑜，桑断疾，张志军，等，2018. 饲粮中棉秆比例对绵羊生长性能和消化性能的影响［J］. 动物营养学报，30（9）：3535-3542.
张琴，李艳宾，蒲云峰，等，2011. 汽爆棉秆的微生物降解及发酵工艺优化［J］. 农业工程学报，27（3）：248-253.
张苏江，嵇道仿，祁成年，2005. 不同处理方法对棉花秸秆营养价值影响的研究［J］. 塔里木大学学报，12（4）：1-4.
张苏江，吾买尔江，祁成年，等，2006. 不同处理棉秤饲料在羊瘤胃中降解的动态规律［J］. 粮食与饲料工业（1）：40-42.
张玉丹，杨阳，任航，等，2016. 棉秆微波预处理对生物发酵饲料的影响［J］. 饲料工业，37（7）：37-40.
张志军，郭同军，赵洁，等，2018. 汽爆与汽爆后发酵对棉花秸秆营养价值的影响［J］. 动物营养学报，30（9）：3720-3725.
赵洁，王真，李兴莲，2016. 棉秆膨化发酵饲料的研发与推广应里［J］. 新疆畜牧业（10）：36-37.
周涛，陈万宝，孟庆翔，等，2016. 秸秆蒸汽爆破技术在畜牧生产中的应用研究进展［J］. 中国畜牧兽医，43（9）：2352-2357.

左旭，毕于运，王红彦，等，2015. 中国棉秆资源量估算及其自然适宜性评价［J］. 中国人口·资源与环境，25（6）：159-166.

HAYKIR，2009. A comparative study on lignocellulose pretreatmentsfor bioethanolproduction from cotton stalk［J］. Newbiotechnology，25（1）：S253-S254.

JIAN S，RATNA R S，MARI C，et al.，2009. Effect of microbialpretreatment on enzymatic hydrolysis and fermentation ofcotton stalksforethanol production［J］. Biomassand Bioenergy，33（4）：88-96.

WEI JIANG，SENLIN CHANG，HONGQIANG LI，et al.，2015. Liquid Hot WaterPretreatment on Different Parts of Cotton Stalk to Facilitate EthanolProduction［J］. Bioresource Technology，176：175-180.

第八章　农作副产有害物及其处理技术

随着农产品加工业的快速发展，中国农产品加工副产物具有品种多、产量大、增长较快等特点。粮食、油料、蔬菜、水果等加工副产物总产量日益增多。农产品副产物主要包括粮食加工副产物，如秸秆、米糠、稻壳、米胚、麦麸、豆粕等；油料加工副产物，如饼、粕、油脚等；蔬菜加工副产物，如叶、根、茎等；水果加工副产物，如皮、籽、壳等。饲草料中有毒有害物质超标的现象越来越严重，影响家畜生产力的发挥和产生毒害作用。这些有毒有害物质进入动物体内后可能转化为具有更大活性和毒性的物质，从而起到致病作用，不仅会引起畜禽产品质量和产量下降，而且还会在体内蓄积和残留，并通过食物链传给人，对人类健康造成严重危害。在饲草料作物中所含的有毒有害物质种类很多，有生物碱、皂苷、组胺、蛋白酶抑制因子、植物凝集素、单宁、植酸、硫葡萄糖苷、芥子碱、棉酚及其衍生物、香豆素、抗维生素因子、草酸、硝酸盐及亚硝酸盐等。本章内容主要介绍硫代葡萄糖苷、棉酚、硝酸盐和亚硝酸盐、单宁、植酸、重金属等农作物中有害物的危害以及处理方式。

第一节　硫代葡萄糖苷

硫代葡萄糖苷广泛存在于十字花科、白花菜科等植物叶、茎和种子中，尤其以油菜籽、荠菜籽中含量比较高。它在内源芥子酶的作用下可水解为具有不同生理功能的活性物质，主要代谢产物包括硫氰酸盐（SCN）、异硫氰酸盐（ITC）、腈（Nitrile）和5-乙烯基-2-硫代唑烷酮（VOT）。硫代葡萄糖苷的抗营养作用是由无毒的硫代葡萄糖苷被畜禽采食后，经饲料中芥子酶或胃肠道细菌酶催化作用，水解生成ITC、VOT、腈和SCN等有害物质，其可能的降解途径有4种：①在中性条件下（pH值5~7），异硫氰酸酯是主要的糖苷产物；②R-基团上带有β-羟基的硫苷，产生的ITC不稳定，在极性溶剂中经环化作用生成相应的VOT（甲状腺肿因子）；③R-基团上带有苯基或杂环硫苷，在中性和碱性条件下生成游离硫氰根离子；④在酸性条件下（pH 值 3~4）或有还原剂（Fe^{2+}）存在时，生成腈类和硫的量增加。菜籽饼粕中硫代葡萄糖苷类型的不同也使动物组织中代谢产物含量不同。由于菜籽饼粕中硫代葡萄糖苷含量很高，不仅降低了适口性，且摄入过多易引起动物中毒，从而影响动物健康，使器官组织形态发生改变，生产性能下降。因此，油菜中硫代葡萄糖苷的含量制约了菜粕作为植物蛋白资源的使用程度。解决菜籽饼粕硫代葡萄糖苷问题以扩大蛋白质饲料资源是当前饲料业最关注的问题。

一、硫代葡萄糖苷的抗营养作用

对动物而言，硫代葡萄糖苷及其代谢产物的抗营养作用表现在多个方面。VOT 能阻碍单胃动物甲状腺素合成，引起血液中甲状腺素浓度下降，促进垂体分泌更多促甲状腺素，使甲状腺细胞增生，最终导致甲状腺肿大；SCN 能抑制碘转换，破坏碘的生物利用从而影响甲状腺功能，造成甲状腺肿大；异硫氰酸酯主要产生苦味，严重影响菜籽饼粕适口性，并导致猪下痢，对动物皮肤、黏膜和消化器官表面有破坏作用，同时可致甲状腺肿大；而腈类化合物主要影响动物健康，其毒性大约为唑烷硫酮的 8 倍，能造成动物肝脏和肾脏肿大，严重时可引起肝出血和肝坏死。日粮中硫代葡萄糖苷对动物产生抗营养作用的程度取决于硫代葡萄糖苷及其降解产物的含量和组成，不同动物种类对硫代葡萄糖苷的耐受能力不同，反刍动物、猪、兔、禽和鱼的耐受水平分别为 1.5 ~ 4.22μmol/g、0.78μmol/g、7.0μmol/g、5.4μmol/g 和 3.6μmol/g（臧海军等，2008）。

有研究发现，反刍动物的瘤胃微生物区系能够将硫代葡萄糖苷或其降解产物转化，具备一定的耐受性。但长期大量饲喂菜粕等含硫代葡萄糖甙的饲粮，也会引起血浆硫代葡萄糖甙代谢产物含量升高，甲状腺素含量下降，甚至诱发组织形态学上的变化。有研究发现，使用 11%的菜粕及 17%的棉粕替代断奶犊牛日粮中的豆粕对犊牛的生长性能和血液生化指标无不良影响（易军等，2014）。目前，关于菜粕等含有硫代葡萄糖甙的蛋白原料在反刍动物日粮中的使用情况开展了大量研究，但因为动物种间差异及饲养阶段差异的因素，一直存在较大争议。

二、硫代葡萄糖苷的处理方式

国内外对菜籽粕脱毒的研究在 20 世纪 70 年代就已经开始，随着研究的深入和科技的发展，脱毒的方法多种多样，总体可以归纳为物理脱毒、化学脱毒、生物脱毒 3 个方面。

（一）物理脱毒方法

物理脱毒方法的原理是通过物理性的高温加热、挤压膨化或者振荡洗涤等方法杀灭菜籽饼中的微生物，灭活芥子酶与其他酶系，使菜籽粕中硫苷等抗营养因子分解并随蒸汽或者水分去除掉。常用的物理脱毒方法是加热脱毒法、辐射脱毒法、挤压膨化法等。

1. 加热脱毒法

加热脱毒法是人们进行脱毒研究时最早开始使用的方法。有研究通过对菜籽粕进行加热，100℃加热时间从 5～60min，菜籽粕的硫苷去除率从 24%达到 70%，加热 2h，硫苷去除率甚至达到 95%，但随着加热时间从 5min 升到 120min，菜籽粕蛋白质的可溶性由 85%降到 40%，菜籽粕蛋白质的实际消化率也大幅度降低，由 79%降为 71%，严重影响了蛋白质的营养价值。目前国内对菜籽粕的加热脱毒研究主要采用蒸汽爆破的方法。高温处理的菜籽饼粕中硫代葡萄糖苷部分降解，但其他抗营养因子不会分解，如植酸钙是一种比较稳定的物质，不易受高温破坏。

2. 辐射脱毒法

辐射脱毒法也是较为常见的物理脱毒法，主要通过辐射灭活菜籽粕中的芥子酶，达到硫苷分解的目的。国外最早使用微波辐射进行脱毒，降低硫代葡萄糖苷含量，同时改善菜籽粕的适口性。近年来，随着新技术的发展，国内开始采用电子束辐射脱毒菜籽粕。目前该方法脱毒作用不明显，但拓展了菜籽粕脱毒的思路。

3. 挤压膨化法

挤压膨化法是一种通过蒸汽、电或者挤压摩擦加热后突然减压而使原料膨胀以去除其中不利成分的方法，脱毒效率较高。有研究采用双螺杆干法挤压膨化机对饲料级菜籽粕进行挤压膨化加工，测定菜籽粕中硫苷和植酸含量显著降低，异硫氰酸酯和恶唑烷硫酮含量低于检测限 0.15mg/g，但总氨基酸含量也随之下降 1.75%，半胱氨酸、赖氨酸和精氨酸含量显著降低。因此挤压膨化法对菜籽粕的营养价值有较大影响（倪海球等，2017）。

（二）化学脱毒法

化学脱毒法是通过添加化学试剂与菜籽粕的有毒成分发生化学反应而脱毒的方法。基本原理为根据菜籽饼粕中某些有毒成分的理化性质，进行分解、中和、溶解、结合等，以去除毒性。目前化学脱毒法主要有酸碱溶液处理法、醇类溶液处理法、盐处理法等。

1. 酸碱溶液处理法

使用酸碱溶液对菜籽粕进行浸泡或者加热蒸煮，水解硫苷，中和游离态的植酸生成植酸盐，使植酸盐不易与动物体内的矿物质结合生成难溶物质。

2. 醇类溶液处理法

利用菜籽饼粕中某些有毒成分如硫代葡萄糖苷、多酚物质等均可溶于醇类水溶液的特点进行。

3. 盐处理法

硫苷的部分水解产物可以与盐中游离的阳离子起螯合作用，形成不易被动物吸收的高度稳定的络合物，从而减小了菜籽粕的毒性。

（三）生物脱毒法

生物脱毒法是指通过添加外源酶或添加微生物菌株进行发酵，利用产生的酶系分解去除菜籽粕中抗营养因子以达到脱毒菜籽粕的目的。生物学脱毒法主要可以分为添加酶制剂法和微生物发酵法。

1. 添加酶制剂法

目前添加酶制剂法通常添加的酶有植酸酶、淀粉酶、碱性蛋白酶、中性蛋白酶等。目前添加酶制剂脱毒的方法主要集中在两个方向：一是直接添加植酸酶，降低菜籽粕中植酸的抗营养作用，其脱毒效果有局限性，无法脱除硫苷等毒素；二是添加蛋白酶，在菜籽粕蛋白提取过程中进行物理或者化学脱毒，操作复杂，不实用。

2. 微生物发酵法

微生物发酵法相对于其他方法具有成本小、操作简单、营养成分损失小等优点，受到人们的关注。目前国内外对菜籽粕发酵采用的菌种主要集中在乳酸菌、芽孢杆菌、霉菌、酵母菌等菌种，且多采用混菌固态发酵的方式。随着近年来研究的深入，乳酸菌和枯草芽孢杆菌对硫苷突出的降解能力逐渐被人们所发现。菌种发酵菜籽粕，使菜籽粕中的植酸和粗纤维素含量降低，改善了菜籽粕的品质，同时提高了粗蛋白质含量。在微生物脱毒菜籽粕的研究中，也有人采用添加酶制剂和微生物发酵相结合的方法，并取得了一定的进展。生物脱毒法相对于物理脱毒法、化学脱毒法具有成本小、易于操作等突出优点，成为脱毒菜籽粕的首选方法。随着生物脱毒法的研究深入，菜籽粕中硫苷得到大幅度降解，但其中纤维素、半纤维素、木质素等含量仍然很高且很难降解，只能在反刍动物饲养中使用，畜禽生产中只能少量应用于成年家畜或家禽。

第二节　棉　酚

棉花是世界上最重要的经济作物之一，也是我国仅次于大豆的油料作物。棉籽由棉籽壳、棉仁和少量纤维组成，是棉花的繁殖器官，也是棉花的副产品。棉籽因品种的不同棉籽仁所占比例为50%~55%，其棉籽仁含棉籽油30%~35%，含蛋白35%~38%，是一种良好的油料资源，也是优质的植物蛋白质资源（李文孝等，2016）。由于棉籽中毒棉酚的存在一直制约着棉籽副产品的应用与发展，最近研究表明，棉酚在医药、农业、工业等领域均有广阔的应用潜力，蕴藏着巨大的商业价值，所以对棉酚的开发研究具有广阔的前景。棉酚又被叫作棉籽醇或棉毒素，主要存在于棉仁色素腺体中，是一种不溶于水而溶于有机溶剂的黄褐色聚酚色素。棉酚的存在形式有两种，一种是游离棉酚，另一种是结合棉酚，两者之和称为总棉酚（Robinson et al.，2001）。

一、棉酚的毒害作用

棉酚的毒性主要是由活泼醛基和活泼羧基引起，而游离棉酚分子结构中含有较多活性的酚羟基，所以对机体产生毒害作用的主要是游离棉酚。结合型棉酚在消化系统中不被消化吸收，可很快随粪便排出体外，毒性很低；游离型棉酚毒性很大，含量超过安全界限将导致家畜生长迟缓、中毒乃至死亡。不同棉副产品棉酚含量不同，棉粕中棉酚含量为0.15%~0.18%，棉壳中棉酚含量为0.11%~0.35%。棉酚含量由微量到0.02%的棉副产品对家畜无毒害，而棉酚含量0.04%~0.05%时，动物表现轻微中毒，如棉酚含量达到0.05%~0.2%时，对家畜有明显毒害作用（刘东军，2009）。棉酚除了对单胃动物有毒害作用之外，还可以引起人类的发热症和低血钾症等。

（一）棉酚对单胃动物的毒害作用

在单胃动物的饲养中，每日饲料中棉酚的含量如果超过规定含量1 200 mg/kg，就会使单胃动物中毒。棉酚对不同的单胃动物可产生不同的中毒症状。如鸭中毒主要症状为拉稀、消瘦和关节变形。猪对棉酚很敏感，易引发急性或慢性中毒，主要症状为胸腹腔积水、部分器官和淋巴结充血、贫血、呼吸困难、繁殖力下降，甚至死亡。鸡棉酚中毒的症状为病鸡精神萎靡、体型消瘦、行走无力、鸡冠软瘫、食欲消退、最后会瘫痪无力，衰竭死亡。棉酚除了在单胃动物上产生毒害作用，在牛、羊等反刍动物也同样产生毒害作用。因此，饲喂时要严格控制饲料中棉酚含量，避免产生不必要的经济损失。

（二）棉酚对人的毒害作用

1. 棉酚导致烧热病

烧热病主要表现为不育、烧热、无汗或少汗、心慌、畏光、头晕或乏力等症状。经过20余年的调查研究，确定烧热病是较长期的大量服用粗制生棉油所致的慢性疾病（黄光照等，1985）。

2. 棉酚导致低血钾

低血钾症常常表现为食欲不振、恶心、呕吐、全身乏力、手足麻木、抽搐、心律失常等，低血钾型若治疗不及时，可致死亡。长期食用粗制生棉籽油会导致低血钾症的发生。这是由于粗制生棉籽油中含有的棉酚等化学物质通过中毒变态反应，降低肾脏保留钾的能力，使肾小管功能受损，引起肾小管失钾，从而导致低血钾症（王茂山等，2001）。病理表现为以肾脏为主的多器官受损，病理生理变化主要为体内显著缺钾。由上可知，游离棉酚能够导致单胃动物和人中毒，故在使用棉籽饼粕和棉籽油时，需要严格控制棉酚含量，避免中毒事件的发生。

我国每年棉籽产量在900万t以上，棉籽粕年产量400万~500万t，约占各类植物饼粕总产量的30%。然而，由于棉酚的存在，使得棉籽粕不能有效地被利用，绝大部分只能作肥料，极大地制约了棉籽蛋白资源在饲料和食品等方面的应用，造成了资源的极大浪费。因此，对棉籽粕进行脱毒处理，充分开发利用我国棉籽蛋白资源，对于促进养殖业和食品业的发展具有积极的推动作用。脱除棉酚毒性的方法主要有化学钝化法、物理脱毒法及生物发酵脱毒法等，还可以通过提取棉酚的方法达到脱毒的目的。

二、棉酚的处理方式

（一）化学钝化脱毒法

化学钝化法一般认为是将化学试剂加入棉籽油或者棉籽粕中，将有毒的游离棉酚转化为无毒的结合棉酚，或是游离棉酚与试剂发生化学反应，生成沉淀与棉籽油或棉籽粕分离，达到脱毒的目的。化学钝化法主要包括硫酸亚铁法、热碱法、尿素处理法等。化学钝化法对棉籽粕和棉籽油脱毒的效率比较高，操作也简单易行，但不太适合大规模工业化生产，因为有的化学试剂不易清除，造成饲料等的适口性差。

（二）物理脱毒法

物理法也叫高压热喷法、热处理法，可使游离棉酚的脱除率达 70%。其原理是棉籽色素腺体在水中可被破坏，释放出游离棉酚，在高温下与蛋白质和氨基酸结合形成结合棉酚而脱去毒性。湿热处理是一种传统的脱毒处理方法，研究结果表明，湿度为 50%、温度为 120℃时，棉籽饼粕的脱毒效果最好（曲连发等，2016）。

膨化脱毒法可以有效杀灭有害微生物和病毒，还可以引起棉籽理化性质的改变，破坏棉籽色素腺体，达到脱毒的目的。另外，还有报道微波也可以实现棉酚脱毒。众所周知，棉酚主要存在于棉籽色素腺体中，色素腺体外壳坚硬，分布在整个棉仁中，若能在加工过程中保持色素腺体的完整性，使棉酚不逸出，可利用色素腺体的形状、大小及密度与其他物料间的差异进行离心分离，达到脱毒的目的，同时可得到棉酚产品。但此技术对设备要求较高，美国将其应用在棉籽蛋白粉的生产上，得到的棉籽粉蛋白质含量可高达 65%，游离棉酚含量低于 0.045%。

（三）微生物发酵脱毒法

微生物发酵法是指在一定条件下将特定的微生物菌种接种到棉籽粕固态培养基中，利用微生物在原料培养基中的生长繁殖和新陈代谢活动产生的一些酶类（包括蛋白酶、纤维素酶、脂肪酶、果胶酶等），将棉籽粕中的游离棉酚分解利用或与棉籽粕中的蛋白质、氨基酸和脂类等物质结合形成没有生理活性的结合棉酚，从而达到脱毒的目的。目前微生物发酵脱毒法研究较为广泛，其脱毒率高，脱毒后棉籽粕的综合营养价值高是最大的优点，但其脱毒原理尚不明朗而且后续处理复杂，限制了微生物脱毒的大规模发展。

（四）棉酚提取脱毒法

棉酚的物理脱毒法、化学脱毒法和微生物发酵等都是将有毒的游离棉酚转化为结合棉酚，或者变为沉淀从棉籽油或棉籽粕中分离出去，虽然棉副产品得到了发展，但是却遏制了对棉酚的利用和发展。近几年棉酚在医药方面抗肿瘤、抗癌的作用被人们挖掘出来以后，使棉酚具有了很高的经济价值。将棉酚从棉籽中提取出来既达到了脱毒的目的，又能使棉酚发挥其应用价值，一举多得。

1. 有机溶剂浸出法

棉酚易溶于大多数有机溶剂中，如甲醇、乙醇、异丙醇、丙酮等，难溶于甘油、苯，不溶于低沸点的石油醚和水，根据相似相溶原理，采取单溶剂或多相溶剂可将棉酚从棉仁中提取出来。

2. 萃取法

祝强等分析了棉籽油与棉酚之间的差异，采用6号溶剂萃取棉籽油的同时，用甲醇萃取棉酚。运用这种方法使棉籽粕中游离棉酚含量小于0.045%。邵仕香等利用微波萃取技术辅助提取棉酚，与索氏抽提法相比用时较短，且提取率提高（祝强等，2004）。

除了以上脱除棉酚的方法，在棉花育种方面采取基因工程的技术培育低酚棉同样可以解决棉酚的问题，对棉酚合成途径基因和色素腺体合成基因的深入研究和解析为利用基因工程创制低酚棉提供了理论基础。

第三节　硝酸盐及亚硝酸盐

叶菜类饲料是指自然水分含量大于60%的一类饲料，可以为畜禽提供丰富的维生素及矿物质来源。但是叶菜类饲料不合理的储存及加工，会使亚硝酸盐含量增多。青绿饲料及树叶类饲料等有不同含量的硝酸盐，新鲜的十字花科叶菜类中的硝酸盐含量可高达2 000mg/kg以上。植物体内硝酸盐积累量的多少不仅与植物的品种、生长部位和生育阶段有关，还与施用的氮肥数量、气候环境、土壤地质特点等因素有关。青绿饲料采摘后，因愈伤呼吸致使呼吸强度增强，还原酶活性增加，经酶的催化作用，硝酸盐加速转化为亚硝酸盐。饲料在运输和贮存过程中，只要温度、湿度条件适宜，微生物便会大量繁殖，促成硝酸盐的还原。据测定，绿叶菜类硝酸盐的含量为2 059 mg/kg，根茎类630mg/kg，鲜豆类413mg/kg，瓜类264mg/kg。如将新鲜白菜切碎，置于10℃自然腐烂，第二、第三天亚硝酸盐含量为4~10mg/kg，第四天为190mg/kg，第五、第六天为2 558~2 609mg/kg。如将新鲜白菜切碎，37℃保温存放，第二天亚硝酸盐的含量达504mg/kg。研究表明，大多数青绿饲料贮存达48h后，亚硝酸盐含量就会进入快速增长期，尤其是苋科类植物贮存期间因亚硝酸盐增量较快，建议现收现用。青绿饲料调制不当（文火焖煮、焖煮过夜）也易造成亚硝酸菌的生长繁殖，而使亚硝酸盐含量增高。土壤肥沃、滥施氮肥可促进硝酸氮的产生和吸收；气候干旱、光照不足或土壤中钼、铁、镁等微量元素缺乏，会阻碍硝酸盐的光化学还原及随后的同化作用，造成植物体内硝酸盐的大量蓄积。

一、亚硝酸盐的危害

（一）引起急性中毒

亚硝酸盐在动物体内表现为强氧化性，经瘤胃上皮进入血液后，可致血红蛋白变性，携氧能力下降。尤其是高剂量摄入后，机体会因吸收的亚硝酸盐浓度过高来不及分解代谢，引起急性中毒。反刍动物和单胃动物中毒症状较轻时，往往表现为起卧不安、呼吸困难、腹泻呕吐、可视黏膜发绀，重症时呼吸衰竭、阵发性惊厥、昏迷乃至死亡。毒性反应程度与食入速度有关，不同的动物对亚硝酸盐的敏感性存在物种间差异，猪和牛都相对易感，这是因为猪体内的亚硝酸盐还原酶水平较低，不利于氨的转化；牛的高膳食摄入量使得外源硝酸盐转化成亚硝酸盐的水平较高。急性中毒发生后，应立即使用化学药物亚甲蓝或甲苯胺蓝经静脉注射给药解毒，也可通过输注维生素 C 或灌服高锰酸钾溶液缓解中毒症状。

（二）导致畸形癌变

动物长期采食亚硝酸盐含量较高的饲料后，有致畸、癌变风险，这是因为亚硝酸盐能与胺类物质发生亚硝化反应，生成具有强致癌作用的 N-亚硝基化合物（N-nitrosocompounds，NOCs）。NOCs 的内源性合成多发生在动物的口腔、食道、胃、膀胱等部位，强酸条件有利于亚硝酸盐转化为各种活性亚硝化剂，增大 NOCs 合成的风险。动物试验表明，NOCs 能致动物中枢神经系统和骨骼系统畸形，甚至能诱使子代发生基因突变。

（三）降低饲料营养价值

饲料中的亚硝酸盐是一种抗营养因子，可与饲料中的多种还原性活性组分发生氧化还原反应，降低饲料的营养价值和利用率。其酸性化后，能分解破坏维生素 A 和胡萝卜素，影响禽畜消化吸收，造成肝脏组织中维生素 A 的储量不足。维生素 C 和维生素 E 作为饲料营养添加剂，与抗应激及免疫功能有关，亚硝酸盐与它们存在强烈的拮抗作用，直接影响到饲料的内在品质。雏鸡日粮中亚硝酸盐含量高时，蛋白质、脂肪的利用率降低，酮体中亚硝酸盐含量高时，蛋白质、脂肪的利用率降低，而酮体中亚硝酸盐的残留量增大。

二、硝酸盐的处理方式

目前采取避免中毒的方法有多种，例如，叶菜类青绿饲料采取新鲜生喂或大火快煮，晾凉后即喂，不用小火焖煮，青绿饲料收获后存放于干燥、阴凉通风处，不长期堆积和放置，在种植青绿饲料时，适量施用钼肥，减少植物体内硝酸盐的积累，临近收获或放牧的时候，控制氮肥的用量，减少硝酸盐的富集。

第四节 单 宁

单宁又称鞣质，是广泛存在于植物体内的一类多元酚化合物，是植物进化过程中由碳水化合物代谢衍生出来的一种自身保护性物质，是植物与环境相互作用的产物。在自然界中，单宁主要分布在双子叶植物的细胞壁或茎秆、树皮、花和种子的胞液内。在热带、亚热带乔木及灌木中含量非常高；豆科植物、油菜籽及高粱中单宁含量较高；小麦、白苜蓿、黄苜蓿含量较低。不同植物中单宁的含量随其生长环境不同而改变。单宁是抗营养因子，能与蛋白质结合形成不溶性复合物，并能结合消化道中的消化酶与之形成无活性复合物，影响动物对饲料蛋白质、碳水化合物的消化。单宁分子中具有酚羟基、醇羟基及羧基等基团，可以发生酚类反应，也可以与醇、酸发生反应，能与蛋白质、纤维素和金属离子、多种生物碱及淀粉等结合，也可以和消化酶结合。因此单宁对单胃动物有较大的毒害作用。而反刍动物瘤胃中含有单宁酶，可以使单宁水解生成糖和有机酸，从而消除了单宁对蛋白质和碳水化合物等营养物质的沉淀作用，缓解了单宁的有害影响。但单宁在瘤胃中的代谢产物没食子酸和逆没食子酸，经胃肠道吸收后进入血液，也将直接损害肝脏和肾脏。

一、单宁对动物的不利影响

植物单宁最重要的定性特征即收敛性或涩性。植物单宁的多酚羟基化学结构及性质使其具有较强的抑菌和抗病毒作用。饲料中含少量的单宁对动物是有益的，但当浓度过高时，植物单宁能与蛋白质、多糖、金属离子、酶等结合生成沉淀，严重阻碍畜禽对营养物质的消化和吸收。植物单宁与生物碱、多糖甚至与核酸、细胞膜等生物大分子的分子复合反应也与此类似。植物单宁与蛋白质通过这一方式使蛋白质从分散体系中沉降出来，影响饲料中蛋白质的消化、吸收和利用。植物单宁能与金属离子发生络合，原理是单宁酸有多个邻位酚羟基结构，两个相邻的酚羟基能以氧负离子的形式与金属离子形成五元环螯合物，第三个酚羟基虽未参与络合，但可以促进另外两个酚羟基的离解，从而使络合物容易形成并更加稳定（Hemingway，1992）。

植物单宁在不同 pH 值条件下与金属离子形成不同的络合物，并随着饲料中蛋白质含量增加可减轻单宁对金属离子的作用。植物单宁能与消化酶结合，破坏胃肠消化吸收。大多数消化酶本质是蛋白质，植物单宁能与其结合，抑制酶的活性。Longstaff 等（1993）发现单宁对鸡体内的 α-淀粉酶、胰蛋白酶和脂肪酶有抑制作用，但随着饲料中蛋白质含量增加，植物单宁对脂肪酶的作用却表现为激活，其作用机制尚不明确。单胃动物在饲喂含高水平单宁的高粱时，十二指肠肠壁厚度和腺管长度有所下降（郭荣富，1995）。

单宁能与蛋白质结合，牧草中高含量的单宁可与唾液蛋白和糖蛋白在口腔中相互作用，使组织产生收敛性，引起口腔一系列不适反应，降低适口性，从而降低家畜的采食量。单宁与饲料以及动物体内消化酶中的蛋白质结合，发生沉淀反应，从而降低消化酶活性，降低饲料中养分的消化率。同时，单宁能与肠道表层细胞发生反应，降低肠壁的渗透性，使养分难以通过肠壁而吸收。

二、单宁的处理方式

降低单宁含量或使单宁失活常用的方法有物理法、化学法和生物学法。

（一）物理法

1. 机械加工

单宁主要存在于植物子实的种皮中，因此，经过机械加工去掉种皮，可除去大部分单宁。但脱壳也脱去了部分有效成分，有人做过统计，分别脱去籽实的 12%、24% 和 37%，可脱去单宁的 23%、74% 和 98%，但伴随着 20%、34% 和 45% 的蛋白质丢失。严重的营养损失限制了脱壳法的使用。

2. 浸泡

通过浸泡可脱去大部分单宁，水或盐溶液浸泡可有效降低单宁含量，而且浸泡温度越高，浸泡时间越长，效果越好。

3. 热处理

热处理法包括蒸汽加热、水煮、红外线加热、微波处理等，目前它们是用得最多的削弱单宁抗营养性的饲料加工方法。所有上面提及的加工方法，其改善含单宁植物营养价值的作用机理尚不完全清楚。主要可能是通过以上处理，一方面降低饲料中单宁含量，另一方面使得植物中单宁丧失与蛋白质、酶、金属离子等的结合能力，从而削弱单宁的抗营养作用。

（二）化学法

1. 碱处理

高粱等籽实经氢氧化钠、碳酸钾等碱性溶液浸泡处理，可除去大部分单宁。

2. 氨处理

将高粱籽实置于塑料袋中，加入30%的氨水，在低压下密封保存1周，或在80个大气压下处理1h，可脱去大部分的单宁，此法对反刍动物而言，还可增加饲料中的氨态氮含量。

3. 氧化剂处理

单宁含量高的农副产品经高锰酸钾、重铬酸钾和过氧化氢处理，单宁含量可降低90%。

4. 甲醛处理

高粱籽实经稀甲醛溶液处理，单宁含量降低。如果盐酸与甲醛混合使用，效果会更佳。

5. 青贮

青贮也是一种有效去除单宁的方法。含单宁高的嫩叶如橡树叶，青贮4d单宁含量降低约50%。

6. 药物转化

采用聚乙烯基吡咯烷酮（PVP）、聚乙二醇（PEG）、吐温-80和去垢剂等非离子化合物，更易同饲料中的单宁结合而形成不可逆的络合物，从而使单宁失去结合蛋白质的能力。还可采用福尔马林处理饲料，使单宁转化为无作用树脂。

7. 饲料中添加粗蛋白质抑制

单宁与饲料中蛋白质间形成不可消化的单宁—蛋白质复合物，所以可通过补充额外蛋白质减弱这种不良作用。提高粗蛋白质在饲料中的含量，可使部分粗蛋白质与单宁形成复合物，使残留蛋白满足动物对营养的需求。同时防止单宁与动物消化酶反应形成复合物，从而提高饲料利用率。但这种方法也会造成蛋白质资源的浪费。

（三）生物法

豆科籽实经发芽处理，也可使单宁的含量降低30%~50%。另外，通过作物遗传育种手段培育单宁含量低的作物品种，可从根本上解决去除单宁的问题。降低单宁含量的另一种有效的生物学方法是添加外源酶。目前研究得较多的是单宁酶。单宁酶主要来源于曲霉菌，它能水解单宁中的酯键，生成没食子酸和其他化合物。由于它的分离纯化技术复杂，成本高，尚难以工业化生产。目前，单宁酶主要在茶工业中应用，但在食品和饲料工业中也有广阔的应用前景。

第五节　植　酸

植酸，即肌醇六磷酸（Hexakisphosphoric acid，IP_6），是一种包含 6 个磷酸基团的环状化合物，于 19 世纪中期首次被发现。植酸存在于植物的籽粒、块根和块茎中。植酸盐或植酸是植物中磷酸盐的主要存在形式，广泛存在于植物界，谷物和豆类中含量居多。植酸盐对人和动物营养的主要影响在于会和蛋白质和包括必需矿物质元素（锌、铁和钙）在内的某些矿质元素（钙、锌、镁、铜、锰、钴、铁）形成难以降解的复合体，使蛋白质和矿质元素的生物利用率降低。谷物和豆类种子中含有大量的植酸，长期以全谷物食品和豆类食品为主食容易导致矿质元素缺乏，影响机体正常代谢。鉴于植酸盐的抗营养作用，目前已经做了很多尝试来降低其含量。在农业生产中，通过遗传改良可以得到低植酸含量的新种。在食品加工中，可以通过高温、微波、膜过滤等物理方法，以及添加微生物植酸酶的生物方法来降解植酸。植酸与矿质元素的分子比用于评估植物中矿质元素的生物利用率，有利于铁、锌和钙元素吸收的参考值分别为：植酸：铁<10，植酸：锌<15，植酸：钙<0.24（Schlemmer et al.，2009）。当食品中植酸与 3 种金属元素的分子比低于参考值时，一般认为植酸的含量不影响其吸收。植酸降解生成 IP_5、IP_4、IP_3、IP_2和IP_1等一系列低级磷酸肌醇，最终降解为肌醇和磷酸。大多降解产物都在细胞信号转导过程中发挥作用，有些还有抗癌和降血压等活性。

一、植酸的抗营养作用

植酸是植物籽粒中对人体营养和健康影响程度最大的一种抗营养因子。目前中国农村和城市居民的植酸日摄入量分别为 1 342mg 和 781mg，属于高水平（>1 000mg）和较高水平（500~800mg）。由于人体内缺乏植酸酶，植酸的大量摄入既降低了食物中矿质元素的生物利用率，又抑制了蛋白质、脂肪和淀粉的消化。

（一）抑制矿质元素吸收

植酸分子结构中的 6 个磷酸基团具有极强的螯合能力，与二价或三价金属离子结合形成难溶的植酸盐后，在人体消化系统中难以被降解和吸收，从而导致磷和金属元素生物的利用率降低。植酸主要抑制人体对铁、锌、钙和镁元素的吸收，长期以禾谷类食品作为主食会造成铁、锌等元素摄入不足，这已成为发展中国家未成年人罹患铁、锌元素缺乏症的主要原因（Sopmmk et al.，2012）。必需矿质元素的缺乏导致人体代谢紊乱，引发贫血症、侏儒症、生殖与发育障碍。食物中的其他成分也会影响植酸对矿质离子的螯合作用。例如：高浓度的钙可与植酸锌作用，生成植酸—钙—锌复合体，加剧植酸对锌的螯合作用；可发酵性糖类、有机酸和蛋白质在某种程度上能抵消植酸对锌元素的螯合作用；蛋白质、多肽、β-胡萝卜素、有机酸和维生素 C 可减轻植酸对铁元素吸收的抑制作用。

（二）抑制蛋白质降解

植酸与蛋白质结合形成植酸—蛋白质复合体，使蛋白质结构改变而产生凝聚沉淀作用，导致其溶解度和蛋白酶水解程度降低。另外，植酸可螯合蛋白酶活性中心的金属离子，抑制胃蛋白酶、胰蛋白酶、胰凝乳蛋白酶活性，使其降解蛋白质的效率降低。植酸与蛋白形成复合体时受 pH 值、蛋白质种类、蛋白质溶解度、钙离子浓度的影响，这些因素决定了植酸对籽粒中蛋白质降解的抑制程度（Yus et al.，2012）。

（三）抑制淀粉和脂肪降解

植酸可通过氢键直接与淀粉链结合，也可通过蛋白质间接地与淀粉作用形成植酸—蛋白—淀粉复合体。植酸淀粉复合体不能被淀粉酶充分水解。同时，植酸可螯合淀粉酶活性中心的钙离子，使淀粉酶失活，影响淀粉的降解，导致人体血糖指数下降。此外，植酸盐与脂类及其衍生物结合形成菲汀，其中植酸钙与脂的作用在内脏中形成金属小泡，使脂肪不能被脂肪酶水解，降低了脂类的生物利用率（Vohraa et al.，2003）。

二、植酸的处理方式

饮食中植酸的大量存在影响人体的营养平衡甚至健康，去磷酸化是提高植物籽粒营养价值的先决条件。植酸的降解方法按原理的不同主要分为物理方法和生物方法。

（一）物理方法

1. 机械处理

植酸一般存在于籽粒的特定部位，存在于谷类糊粉层和胚芽中的植酸可通过脱壳和辗皮处理，将其含量降低 90%。但与此同时，麸糠和胚芽中的矿质元素、维生素和膳食纤维也会被一同除去，导致谷类食物的综合营养品质降低。豆类中植酸主要存在于子叶和胚乳的蛋白体中，脱壳和碾皮处理不但不能降低植酸含量，反而会使植酸的相对浓度增加。

2．热处理

热处理简单易行，成本低，无残留，主要分为两类，包括烘炒、焙炒、爆裂、微波辐射、红外辐射等干热法，蒸煮、膨化等湿热法。植酸具有较高的热稳定性，常规家庭烹饪处理温度较低，时间较短，只能将约 1/4 的植酸降解为 IP_5-IP_3的混合物。在 100℃ 条件下将大豆蒸煮 1h 仅能引起 9% 的植酸降解；将浸泡 12h 的绿豆再进行常压蒸煮、高压蒸煮和微波加热处理均未引起植酸含量的显著降低。而在食品工业中，140℃ 高温处理即可将豆类中 IP_6和 IP_5总量降低近 60%；但过度加热会破坏籽粒中的氨基酸和维生素，降低营养价值。

3. 膜处理

大豆浓缩蛋白采用传统工艺生产时，所需的洗脱液体积较大，且终产品中含有大量的矿质离子和植酸。将蛋白提取液先经两性电极膜电解，调节 pH 值至 6，再经透析膜过滤，可显著降低浓缩蛋白中植酸含量，终产品中蛋白质的溶解度也大为提高（Alif et al., 2010）。

4. 其他方法处理

瞬间可控压力降解是植物籽粒加工处理新技术，该方法可以快速降解植酸，但不同作物籽粒中植酸降解程度差异较大。60MPa 压力下处理 3min 后，羽扇豆、大豆、兵豆、鹰嘴豆和花生中植酸盐含量分别降低 90%、16%、47%、35%和 10%（Pedrosa et al., 2012）。此外，超高压处理在降解植酸的同时，不会对总蛋白和总脂肪含量以及相关活性成分产生影响。

（二）生物方法

植酸在植酸酶的作用下，其分子中的磷酸依次从肌醇环上水解下来，直至完全降解。酶促降解是目前降低谷物籽粒中植酸含量的最有效方法，采用孵育、发芽、发酵等方法时，可激活植物籽粒或微生物中的植酸酶，从而降解植酸。

1. 孵育法

将植物籽粒在内源酶适宜的条件下进行一定时间的孵育，即培养。在孵育过程中，植物籽粒中一部分水溶性植酸盐，如植酸钾、植酸钠会释放到水中，弃去培养液可将这部分植酸盐除去；同时，植物籽粒孵育时，内源植酸酶活性增强。植酸降解效率主要受孵育温度、pH 值和时间的影响。植物籽粒在内源植酸酶最适条件下孵育可大幅度提高植酸的降解率。植物植酸酶的最适温度范围为 45～65℃，最适 pH 值范围为 5.0～6.0，而且孵育时间越长，植酸的降解率越高。此外，不同种类的植物孵育时植酸降解率存在差异，例如豌豆和扁豆经内源植酸酶孵育处理 1h 后，植酸降解率分别为 85% 和 78%（Frias et al., 2003）。

2. 发芽法

植物籽粒在发芽过程中，激活的内源植酸酶可有效地降解植酸，为幼苗的新陈代谢提供矿质元素和无机磷元素。与此同时，蛋白质、淀粉和脂类等在相关酶作用下降解，生成多肽、低聚糖和不饱和脂肪酸、维生素、γ-氨基丁酸等对人体有益的活性物质；胰蛋白酶抑制剂等抗营养因子也会被降解，使籽粒营养价值和风味大幅提高。除了小麦、黑麦和大麦等麦类作物的籽粒外，未经发芽处理的籽粒中几乎检测不到植酸酶活性。随着发芽时间的延长，植酸酶活性会逐渐升高，并达到最大值，之后缓慢降低。伴随植酸酶活性的增加，籽粒中植酸含量大幅度降低，无机磷在总磷中占比增加，矿质元素含量随发芽时间的延长而增加。可见，籽粒发芽过程中，内源植酸酶活性的提高可显著降低植酸含量。

3. 发酵法

发酵可改善食品风味，提高食品营养品质和延长货架期。植物籽粒含丰富的蛋白质和淀粉等营养成分，可作为发酵食品的原料。在发酵过程中，微生物释放到体外的植酸酶可用于降解植酸。其中，乳酸发酵是谷物和豆类发酵的首选方法，因为乳酸发酵会产生乳酸和乙酸，使发酵液 pH 值下降，而酸性 pH 值有利于提高植酸酶活性。此外，将孵育、发芽和发酵 3 种方法有机结合并应用于谷物籽粒，可显著提高植酸降解效率。

4. 外源植酸酶法

植物籽粒中内源植酸酶活性一般较低，植酸降解所需时间长，在生产中有时需要添加外源植酸酶。目前，外源植酸酶主要以微生物植酸酶为主，其热稳定性好，pH 值适用范围广。例如，在面包制作过程中添加真菌产植酸酶，一方面可将植酸在胃内完全降解，提高人体对铁元素的吸收；另一方面可以激活 α-淀粉酶，改善面包品质。在糙米粉中添加微生物植酸酶进行孵育培养可最大程度降解植酸，同时使干物质和矿质元素的损失降到最低。除微生物植酸酶外，麦类籽粒中植酸酶活性一般较高，可将其作为酶源降解豆类中的植酸。

第六节　重金属

近年来，我国蔬菜重金属污染问题日益严重，铅（Pb）、镉（Cd）、汞（Hg）、砷（As）等重金属成为我国蔬菜的主要重金属污染物，在蔬菜中，叶菜类比根茎类和果实类更容易受污染，其污染来源集中于土壤中的重金属污染，含重金属离子的农药残留，环境空气的重金属等。尾菜青贮的主要来源是叶菜类蔬菜，重金属在尾菜青贮中的含量对动物的健康状况至关重要。在李书幻（2016）的调查中，珠海市叶菜类蔬菜中 Pb、Cd、Hg、As 平均含量分别为 0.064mg/kg、0.045mg/kg、0.0025mg/kg、0.020mg/kg，贵州省叶菜类蔬菜中 Pb、Cd、Hg、As 的平均含量为 0.058mg/kg、0.090mg/kg、0.053mg/kg、0.042mg/kg。我国饲料标准中对于不同种类畜禽，其饲料的重金属限制标准不同（常云芝等，2018）。结果显示菜叶类蔬菜中部分重金属元素超标，但重金属含量或其超标情况因地区而异。另外，蔬菜尾菜作为粗饲料在全混合饲料中的占比不同，重金属在混合饲料中的含量占比会相应下降，其作为粗饲料在饲喂动物过程中是否会产生重金属中毒等情况需根据蔬菜地区差异、动物品种的耐受程度及不同生理阶段进行具体试验研究。

有效地控制重金属含量超标，应从源头抓起，通过改良、治理农作物种植土壤及环境、科学合理使用农药和化肥，以及改善加工方法等途径，以确保农作物中重金属含量符合标准。目前，去除中药提取物中重金属的方法主要有絮凝沉淀法、大孔螯合树脂法、超临界 CO_2 配合萃取法、γ-巯丙基键合硅胶法以及其他方法等。

第七节　氰　苷

氰苷是一种生氰的糖苷，在酶的作用下很容易产生氰化氢（Hydro-genCyanide，HCN）。饲料中，亚麻种子及其饼粕、木薯、高粱成熟前的籽实和茎叶均含有氰苷。蜀黍氰苷含有 β-羟基-苯甲醛合氰化氢葡萄糖。亚麻苦苷和苦杏仁苷是另外两种生氰糖苷，分别存在于木薯、亚麻和杏仁中。亚麻苦苷含有丙酮合氰化氢，而苦杏仁苷则含有苯甲醛合氰化氢葡萄糖。生氰糖苷被摄入后水解释放出游离的氰化氢，容易引起氰化物中毒。

目前我国主要采用水解脱毒法，由于氰苷可溶于水，经水解酶或稀酸的作用可水解为氢氰酸，氢氰酸沸点低（26℃），加热易挥发，故一般采用水浸泡、加热蒸煮等方法即可脱毒。木薯去皮切成小段，煮熟，放入清水浸泡1~2d，即可饲用。如将鲜薯加热30min，氢氰酸可全部消失。亚麻籽饼用水浸泡后煮熟，煮时将锅盖打开，可使氢氰酸挥发而脱毒。另外，发酵对去除氢氰酸也有作用。

参考文献

常云芝，周利英，骆海清，等，2018. 我国饲料标准中重金属的限制和检测方法［J］. 理化检验（化学分册），54（5）：554-558.

郭荣富，陈克嶙，1995. 单胃动物饲粮中的单宁［J］. 中国饲料（9）：18-20.

黄光照，王迪浔，万纯臣，等，1985. 烧热病的病因研究［J］. 武汉医学院学报，29（2）：81-83.

李书幻，温祝桂，陈亚茹，等，2016. 我国蔬菜重金属污染现状与对策［J］. 江苏农业科学，44（8）：231-235.

李文孝，李忠玲，贾光锋，等，2016. 棉籽功能成分的发掘及其综合利用［J］. 农业科技通讯，45（12）：156-158.

刘东军，2009. 奶牛棉酚中毒的预防措施［J］. 中国牛业科学，35（1）：81-83.

倪海球，杨玉娟，于纪宾，等，2017. 挤压膨化加工对菜籽粕中抗营养因子含量及膨化菜籽粕对生长育肥猪生长性能的影响［J］. 动物营养学报（7）：2295-2306.

曲连发，王定杰，王生民 . 2016. 湿热处理对棉籽饼粕脱毒作用试验［J］. 中国畜禽种业，12（10）：31-32.

邵仕香，董庆洁，崔子强，等，2005. 利用微波提取新型灭鼠剂-棉酚的研究［J］. 农药，44（1）：11-12.

王茂山，桑国卫，2001. 棉酚诱发低血钾机制［J］. 中国计划生育学杂志，9（5）：310-311.

易军，王淮，王巍，等，2014. 菜粕日粮对育肥牛生产性能及血液生化指标的影响［J］. 黑龙江畜牧兽医（7）：21-25.

臧海军，张克英，2008. 菜籽饼粕中硫代葡萄糖苷对动物的抗营养作用［J］. 兽药与饲料添加剂（1）：25-28.

祝强，刘进才，唐金泉，2004. 一种新的棉籽脱酚生产工艺［J］. 中国油脂，29（1）：68-70.

ALI F，IPPERSIEL D，LAMARCHE F，et al.，2010. Characterization of low-phytate soy protein isolates produced by membrane technologies［J］. Innovative Food Science & Emerging Technologies, 11 (1): 162-168.

FRIAS J, DOBLADO R, ANTEZANA J R, et al., 2003. Inositol phosphate degradation by the action of phytase enzyme in legume seeds [J]. Food Chemistry, 81 (2): 233-239.

HEMINGWAY R, LAKES P, 1992. Plant Polyphenols [M]. New York: Plenum Press, 421-436.

LONGSTAFF M A, FEUERSTEIN D, MCNAB J M, et al., 1993. The influence of proanthocyanidin-rich bean hubs and level of dietary protein on energy metabolize ability and nutrient digestibility by adult cockerels [J]. British Journal of Nutrition, 70: 355-367.

PEDROSA M M, CUADRADO C, BURBANO C, et al., 2012. Effect of instant controlled pressure drop on the oligosaccharides, inositol phosphates, trypsin inhibitors and lectins contents of different legumes [J]. Food Chemistry, 131 (3): 862-868.

ROBINSON P H, GETACHEW G, DE PETERS E J, et al., 2001. Influence of variety and storage for up to 22 days on nutrient composition and gossypol level of Pima cottonseed (Gossypium spp.) [J]. Animal Feed Science and Technology, 91 (3-4): 149-156.

SCHLEMMER U, FROLICH W, PRIETO R, et al., 2009. Phytate in foods and significance for humans: food sources, intake, processing, bioavailability, protective role and analysis [J]. Molecule Nutrition Food Research, 539 (2): 330-375.

SOP M M K, GOUADO I, MANANGA M J, et al., 2012. Trace elements in foods of children from Cameroon: a focus on zinc and phytate content [J]. Journal of Trace Elements in Medicine and Biology, 26 (2/3): 201-204.

VOHRA A, SATYANARAYANA T, 2003. Phytases: microbial sources, production, purification, and potential biotechnological applications [J]. Critical Reviews in Biotechnology, 23 (1): 29-60.

YU S, COWIESON A, GILBERT C, et al., 2012. Interactions of phytate and myo-inositol phosphate esters (IP1-5) including IP5 isomers with dietary protein and iron and inhibition of pepsin [J]. Journal of Animal Science, 90 (6): 1824-1832.

第九章　农作副产物饲料化处理菌种及其技术

第一节　农作副产物的概况

我国农业废弃物量大且无处不在，包括粮食作物副产品（稻草、麦秸、玉米秸、薯藤、豆类荚壳等）、经济作物副产品（棉花秆等）、油料作物副产品（花生蔓藤、油菜秆荚壳、芝麻秆等）、糖料作物副产品（甘蔗秆、甜菜渣等）等，约占作物生物量的50%以上，这部分废弃物往往得不到较好的回收处理，进而造成环境污染。在畜牧业生产中，畜禽可以采食一定量的青饲料、青贮饲料、粗饲料，以此补充畜禽维持生长需要的养分。传统认为农副产品作为饲料，适口性差，动物采食量低，粗蛋白质、矿物元素及维生素含量低，消化率不理想，其饲用价值还未得到重视。粗饲料的合理加工处理对农副产品资源的开发利用具有重要的意义，通过物理、化学和生物学处理能够明显提高其营养价值，粗饲料经过一般粉碎处理可以提高采食量7%；加工制粒可以提高采食量37%；经过化学处理可以提高采食量18%~45%，提高有机物的消化率30%~50%（林伟，2010）。通过生物学处理，可使粗饲料降解率提高11%（吴文韬等，2013）。

南方地区主要农作物副产品

（一）稻草

稻草是我国南方地区的主要粗饲料。水稻作为我国第一粮食作物，由于稻草产区分散，占地面积大，大多数为人工收集，耗时耗力，利用成本过高，目前南方地区大部分稻草被田间焚烧，或者作为堆肥施于稻田，导致稻草秸秆资源浪费严重。稻草也是我国产量最高的农作物秸秆种类，其开发利用更应该得到重视。据测定，稻草的粗蛋白质含量为3%~5%，粗脂肪含量为1.2%，粗纤维含量为35.5%，无氮浸出物含量为39.8%，稻草粗灰分含量较高，约为17%，但硅酸盐所占比例大，这是造成其消化率低的原因（林伟，2010）。非结构性碳水化合物（NSC）是稻草的主要营养成分，与稻草青贮品质密切相关（董臣飞等，2013）。稻草由于蛋白含量较低，适口性差，其饲用价值还未得到充分挖掘。董臣飞等（2013）认为不同的稻草品种，饲用品质存在显著差异，通过分析碳水化合物（NSC）、粗蛋白质（CP）、酸性洗涤纤维（ADF）和干物质体外消化率（IVDMD）等饲用品质相关性状，能快速有效地筛选出优质稻草品质，为今后进一步研究稻草的饲用价值提供支撑。目前，国内对提高稻草的饲用价值研究主要集中在通过机械处理或化学方法以及利用生物酶制剂、活菌等改善稻草的适口性、降解率和消化率，或者是通过补饲其他优质牧草或精料来提高稻草的利用率，降低饲养成本。林嘉等（2004）研究表明通过石灰+氢氧化钠复合处理稻草，调制秸秆颗粒料饲喂湖羊，使饲料转化率提高61.7%，可以有效改善稻草的适口性和营养价值，显著提高其饲喂湖羊的增重效果。李文学等（2013）通过成年牛育肥试验发现饲喂稻草氨化料比饲喂普通稻草平均日增重提高64.2%。一些研究表明，饲料消化率与瘤胃发酵产气量之间存在显著的正相关关系（Zhao，2007）。赵广永等（2013）研究表明氨化处理极显著提高了稻草的粗蛋白质含量，极显著降低了中性洗涤纤维含量，氨化处理极显著提高了总产气量、总挥发性脂肪酸（TVFA）、CH_4、CO_2和乙酸的产量，提高了稻草对反刍动物的饲用价值。

（二）玉米秸秆

南方地区由于气候潮湿，玉米秸秆容易发霉变质，不易大量存储，利用率低。其中，浙江、湖北、广西、江苏、云南、重庆、河南、四川贵州等地玉米秸秆资源用于饲料用途的仅占27%（王如芳等，2011）。秸秆由外皮、穰和叶等基本部分组成，每一部分的化学成分相差较大，其中穰和叶含有较丰富的糖和粗蛋白质等养分，可用作饲料。据测定，玉米秸秆干物质中粗蛋白质含量为4.9%，粗脂肪含量为0.9%，粗纤维含量为37.81%，无氮浸出物含量为48.0%（林伟，2010）。与小麦秸、稻草等作物秸秆相比，玉米秸秆的粗蛋白质与无氮浸出物的含量更高，粗纤维含量更低，因此用作牛饲料的营养价值高于其他秸秆（刁其玉，2013）。玉米品种对玉米秸秆营养成分含量的影响较大。闫贵龙等（2006）研究表明高油玉米，秸秆的营养价值要高于普通玉米秸秆，并且也优于饲料专用玉米秸秆。与华北、东北等省份相比，南方地区玉米育种研究力量不足，对玉米的营养成分和调制加工技术缺乏研究，而对作为优质饲料的高油玉米、优质蛋白玉米、青贮玉米的研究涉及较少(袁建华等，2003)。加工方式对玉米秸秆营养成分含量也有很大的影响。权金鹏等（2014）通过肉牛育肥试验筛选玉米秸秆的最佳处理方式，发现全株玉米带穗青贮的效果要优于鲜玉米秸秆青贮、微贮、黄贮饲料。经过处理的玉米秸秆粗纤维消化率提高 20.7%，有机物质消化率提高 20%左右(王如芳等，2011)。穆秀明等（2011）发现玉米秸秆经青贮后干物质中的粗蛋白质和粗灰分含量均极显著提高，中性洗涤纤维和酸性洗涤纤维含量极显著降低。在青贮过程中添加试用添加剂，也能显著提高玉米秸秆的饲用价值。李春佑等（2011）在青贮玉米秸秆中添加活菌及酶制剂（青贮王 1 号）饲喂 3~6 月龄杂种肉羊，结果发现试验组日增重较对照组提高 12.61%，试验组羊平均盈利较对照组提高 46.22%。

（三）油菜秸秆

油菜是南方地区主要的经济作物，播种面积仅次于水稻、玉米。翟明仁(2013）报道 2010 年南方地区油菜秸秆综合利用量为 56.1 万 t，利用率仅为 25%，油菜秸秆饲料化水平更低，仅占 2%。油菜秸秆的粗蛋白质含量为 5.48%，粗脂肪含量为 2.14%，粗纤维含量为 46.17%，其中粗蛋白质含量显著高于玉米秸与小麦秸，粗纤维含量显著高于稻草与玉米秸，是反刍动物良好的粗饲料（黄瑞鹏，2013）。但是，目前南方地区的主要油菜秸秆资源还是来自于传统油菜，由于其适口性较差、消化率仅有 35%~50%、有效能低、不易于存储和运输等原因，导致饲用价值还未得到充分利用。

通过物理方式预处理油菜秸秆，然后进行氨化或者微贮，油菜的适口性显著改善，营养价值大大提高。宋献曾等（2007）报道油菜秸秆经过氨化处理后营养价值成倍提升，饲养成本大幅度降低。吴道义（2015）利用油菜秸秆通过氨化处理替代 30% 的粗饲料饲喂肉牛，肉牛的日增重提高了 22.9%，料重比降低了 16%。目前，国内对油菜秸秆饲料的调制加工技术研究报道还较少，对油菜秸秆的饲用价值重视程度还不够，其营养价值提升还有很大的空间，特别是饲用油菜的培育与推广，因为其全面的营养成分和优良的抗寒特性完全可以作为南方地区越冬饲料，这将很大程度改善冬季南方肉牛的养殖运输成本。

（四）小麦秸

小麦按照播种季节分为春小麦和冬小麦，我国主要是以冬小麦为主，播种面积占 90%。小麦秸秆干物质粗蛋白质含量为 3.4%，粗脂肪含量为 0.6%，粗纤维含量为 38.3%，无氮浸出物含量为 49.8%（林伟，2010）。

小麦秸秆的叶片消化率约为70%，茎秆仅为40%左右，但茎秆占全植株的比例在50%以上，叶片不到1/4，所以小麦秸秆的营养价值更多的是取决于茎秆。提高小麦秸秆的饲用价值，必须经过加工处理。复合化学处理法能够弥补氨化、盐化、碱化3种方法单一处理的弊端。徐清华等（2014）研究发现通过复合化学处理法处理过后的小麦秸秆粗蛋白质含量提高了4%，有机物降解率提高了32%。小麦秸秆收获时茎秆已经干黄，不适宜进行青贮，但可以黄贮。马广英等（2014）研究表明以EM菌为黄贮菌种发酵小麦秸秆后，干物质和中性洗涤纤维极显著降低，秸秆软化，适口性改善，另外粗蛋白质含量也有所升高，但差异不显著。黄贮后影响黄贮品质最主要的因素是菌种的选择。时秋月等（2013）认为黑曲霉的发酵效果要优于EM菌。目前，利用白腐真菌加工小麦秸秆也比较普遍，该菌具有很强的木质素降解功能，姬菇206对木质素的分解率高达51.5%（孙江慧，2012）。白腐真菌可以分解秸秆中的复杂有机物，提高粗蛋白质含量。

第二节　农作副产物饲料化处理高效菌种的分类

一、乳杆菌属

乳杆菌属（*Lactobacillus*）是青贮饲料微生物区系中的有益菌群，菌种众多，优势菌种主要有植物乳杆菌、布氏乳杆菌、短小乳杆菌（*Lactobacillus brevis*）、类谷糠乳杆菌（*Lactobacillus parafarraginis*）等。Aksu等（2004）将植物乳杆菌接种于青贮饲料中，pH值有下降趋势，且乳酸含量明显增加。关皓（2016）研究发现，添加植物乳杆菌的多花黑麦草（*Lolium multiflorum* Lam.）青贮饲料，乳酸含量显著提高，pH值显著降低，有效改善了多花黑麦草的青贮品质。司华哲等（2019）在低水分粳稻青贮中添加植物乳杆菌S2406，结果表明，挥发性脂肪酸的含量降低，青贮过程中微生物组成的多样性减少，饲料中营养物质的损失减少，大幅提高发酵品质。王丽学等（2019）研究发现，添加植物乳杆菌ACCC11016可以提高苜蓿青贮营养物质含量和乳酸含量，显著降低氨氮以及挥发性脂肪酸的含量，pH值显著降低。Liu等（2016）也发现植物乳杆菌和纤维素酶的组合能提高青贮全混合日粮（羊草、甜玉米苞叶、苜蓿和啤酒糟等组成）的青贮发酵品质、营养特性和体外消化率。徐振上（2018）研究发现，将短小乳杆菌SDMCC050297以及类谷糠乳杆菌SDMCC050300分别添加到玉米秸秆青贮，可以增加乙酸的生成量，调节其他微生物菌群的组成。Hu 等（2009）研究显示，加入布氏乳杆菌处理的玉米青贮饲料相对于之前好氧稳定性均有所提高。徐振上（2018）从青贮饲料中筛选出了噬淀粉乳杆菌 CGMCC11056、嗜酸乳杆菌 CCTCC AB2010208、香肠乳杆菌 CCTCC AB2016237 和发酵乳杆菌 CCTCC AB2010204 这 4 株可以产生大量阿魏酸酯酶、降解酚酸酯、代谢酚酸的乳酸菌，预示它们对秸秆中的酯键有降解能力，为青贮微生物制剂优良菌株的研发提供了参考。不同种类乳杆菌属微生物制剂及其复合微生物制剂在不同品种的牧草和饲料作物中接种的剂量和效果有所差异，其提高青贮品质的作用机制还需要进一步研究，优势菌株和复合微生物制剂的研发也是现阶段的研究关键。

二、明串珠菌属

明串珠菌属（*Leuconostoc*）是具有发酵潜力的异型发酵乳酸菌，是从青贮饲料的微生物群体中筛选出的优势菌群（陈鑫珠等，2017），优势菌种主要有柠檬明串珠菌（*Leuconostoc citreum*）、肠膜明串珠菌（*Leuconostoc mesenteroides*）等。明串珠菌属细菌目前在食品发酵工程中是一类重要的新型微生态制剂，也是乳品生产中重要的商业化菌株（杨再良，2018）。高莉莉（2009）研究发现，有受体的肠膜明串珠菌通过发酵产生不同聚合度的低聚糖，从而改善动物机体肠道内有益微生物的生长和繁殖情况，促进动物对营养物质的消化和吸收。魏小雁（2008）研究发现，从传统乳制品中分离出的明串珠菌 DM1-2-2 具有较强的合成葡聚糖的能力，可作为具有研发潜力的优良菌株。孙喆等（2014）研究发现，由于肠膜明串珠菌菌株可以产生大量的蛋氨酸以及赖氨酸，在奶牛发酵饲料中应用可提高饲料中总蛋白含量、蛋氨酸含量以及赖氨酸含量，明显改善奶牛发酵饲料的适口性。骆超超等（2010）在奶牛发酵饲料中添加肠膜明串珠菌，不仅显著提高奶牛平均日产奶量，乳品质也有一定程度的提高，该菌具有营养保健和提高机体免疫力等作用，也是该菌属的优势菌种。张淼（2018）在筛选适合低温青贮发酵的优良乳酸菌时发现，青藏高原冰草中的乳酸菌 39.13% 为肠膜明串珠菌，筛选出肠膜明串珠菌 QZ1137 添加到燕麦青贮中可提高乳酸含量，pH 值降低到理想水平，有效减少有害微生物的存活率。

三、肠球菌属

肠球菌属（*Enterococcus*）以其能产生抑制致病菌和有害菌的细菌素而

广泛应用于食品工业中，具有作为饲料添加剂和天然食品保藏剂的潜力（王涛，2013），优势菌种主要有粪肠球菌、耐久肠球菌（*Enterococcus durans*）、屎肠球菌（*Enterococcus faecium*）、蒙氏肠球菌（*Enterococcus mundtii*）等。张淼（2018）研究发现，将分离自青藏高原的乳酸菌代表株蒙氏肠球菌 QZ251 作为青贮接种剂添加到早期燕麦中，pH 值快速降低并有效降低了青贮病原菌的存活率，有效提高了燕麦青贮的发酵品质。侯美玲（2017）研究发现，将耐久肠球菌 IMAUH2 和纤维素酶联合接种于草甸草原天然牧草中，其青贮发酵品质和有氧稳定性均显著改善，降低了营养成分的流失。郭刚等（2016）研究发现，将蒙氏肠球菌和粪肠球菌分别作为青贮接种剂均可使青贮玉米秸秆中乙酸以及氨态氮的含量显著降低，乳酸与乙酸的比例显著提高。屎肠球菌在畜禽生产中应用广泛，可以有效提高畜禽生产性能和机体免疫能力，在青贮中的应用还有待研究（马丰英等，2019）。黄丽卿等（2017）研究表明，屎肠球菌（日粮中含量为 5.1×10^{10} CFU/g）在大肠杆菌 078 攻毒肉鸡生产性能的应用中，可以减弱大肠杆菌感染对肉鸡的影响，提高肉鸡的免疫能力。IgM 是免疫反应最初阶段产生的抗体，王永等（2013）研究证实，高浓度的屎肠球菌能够使仔猪血清中 IgM 水平提高。肠球菌属不同菌株的应用效果有较大差异，经研究发现，粪肠球菌、蒙氏肠球菌、耐久肠球菌可以作为青贮微生物发酵菌株，屎肠球菌的应用潜力有待发掘，肠球菌属作为青贮微生物制剂的抑菌特性及其作用机理还有待进一步研究。

四、片球菌属

片球菌属（*Pediococcus*）是具有产酸能力的兼性异型厌氧菌，广泛存在于植物和动物体中，优势菌种有戊糖片球菌、乳酸片球菌（*Pediococcus acidilactici*）、酒窖片球菌（*Pediococcus cellicola*）等。张红梅（2016）和秦丽萍等（2014）研究表明，添加戊糖片球菌作为青贮微生物制剂可提高乳酸菌在垂穗披碱草青贮饲料中的数量。何轶群（2013）的研究表明，玉米青贮饲料中添加戊糖片球菌可以提高其发酵质量和好氧稳定性。王洋等（2018）研究表明，戊糖片球菌可以显著提高苜蓿青贮中的乳酸含量。江迪等（2018）在发酵以鲜苜蓿和豆腐渣为主要原料的全混合日粮中添加戊糖片球菌，能够提高其好氧稳定性。隋鸿园（2013）研究表明，在青贮料中分别添加乳酸片球菌以及戊糖片球菌均可以显著提高乳酸菌数量，且 pH 值显著降低。王丽学等（2019）将乳酸片球菌添加到苜蓿青贮中，结果发现，青贮饲料的挥发性脂肪酸含量、pH 值、氨态氮含量以及丁酸含量均呈下降趋势。Cai 等（1999）和徐婷等（2015）研究发现，从玉米、甜高粱、黑麦草、紫花苜蓿等鲜草中可分离出戊糖片球菌、乳酸片球菌等优良菌种，紫花苜蓿和意大利黑麦草中分别接种戊糖片球菌和乳酸片球菌，可显著提高青贮质量。张淼（2018）研究表明，在燕麦青贮中添加酒窖片球菌 QZ311 可有效提高乳酸的含量，使 pH 值降至理想水平，有效降低有害微生物的存活率，提高青贮品质。戊糖片球菌、乳酸片球菌等均可以作为青贮微生物制剂以提高青贮产品的品质，目前的研究方向在于青贮效果更佳的复合微生物制剂的研发和筛选。

五、枯草芽孢杆菌

由于枯草芽孢杆菌能够在动物肠道内定殖，并且可以分泌多种蛋白酶、脂肪酶、淀粉酶以及抑制腐败菌的抗菌肽，因此，目前被越来越多地应用到饲料添加剂中（任付平，2007）。研究表明，枯草芽孢杆菌对青贮干物质和中性洗涤纤维含量并无显著影响，但可以提高乙酸含量并降低丁酸含量（Buxton，2003）。

六、酵母菌

饲料用酵母按菌种不同可分为啤酒酵母、产朊假丝酵母、热带假丝酵母、红酵母、拟内孢霉菌等。饲料酵母因其含有较高含量的粗蛋白质、氨基酸、多种维生素，以及多种淀粉酶和蛋白酶等动物所需的消化酶，所以对营养物质的消化利用有着重要作用（高玉云等，2008；陈平洁等，1999）。在饲料中添加酵母菌可以增加动物肠道中益生菌数量，而且酵母细胞还可以直接和肠道中的病原体结合，中和胃肠中的毒素，从而改善动物肠道的微环境（马传兴，2014）。酵母菌作为单细胞蛋白质饲料，不仅营养丰富、生产过程简单，同时，酵母菌具有浓烈的酵母香味，对增加家畜食欲、促进消化均有帮助。通常认为酵母菌是导致青贮腐败的主要因素之一，所以过去其并不应用于青贮发酵中。但近期研究表明，部分酵母菌有利于青贮的快速发酵，并且可以作为单细胞蛋白被动物直接吸收利用。研究表明，酵母菌蛋白质含量约为 60%，富含氨基酸、B 族维生素、激素、胆碱等，能促进动物生长（刘国丽，2014）。由于酵母菌无法直接利用纤维素、半纤维素、纤维二糖，所以需要与其他可降解纤维素的微生物共同使用来达到提高纤维素利用率以及富集蛋白质的目的。产朊假丝酵母的蛋白质含量和 B 族维生素含量均高于啤酒酵母，且能以五碳糖和六碳糖作为碳源，以硝酸盐和尿素作为氮源利用。其优势在于生长不需任何生长因子，还能利用木材水解液、造纸工业产生的亚硫酸以及糖蜜等工业废料生产人畜食用的蛋白质（王子强，2010）。朱将伟等（2011）利用枯草芽孢杆菌与产朊假丝酵母发酵稻草秸秆，所得到的发酵终产物蛋白质含量可达 24.5%。另有报道表明，酵母添加剂可以在一定程度上提高饲料粗蛋白质含量（38%~41%），但可能会使青贮有氧稳定性有所降低（Cai，1999）。

七、真菌

在自然界中，木质纤维素的完全降解是真菌、细菌以及相应微生物群落共同作用的结果，其中，真菌起着主要作用，目前研究效果较好的有白腐真菌和霉菌。霉菌具有齐全的纤维素降解酶系，且产酶量大。目前对里氏木霉（*Trichoderma reesei*）、绿色木酶（*Trichoderma viride*）和黑曲霉（*Aspergillus niger*）的研究较多（陈志姣，2015）。根据刘融等（2017）的研究可知，在农作物秸秆进行发酵时，共同使用绿色霉菌和酵母菌不仅可使纤维素转化率达到 50%以上，而且能使饲料中的单细胞蛋白质含量达到 30%以上，从而大大提高了秸秆的营养价值。白腐真菌是目前研究最充分的、对木质素降解能力最强的一类真菌，其包括多数担子菌和少数子囊菌。在秸秆发酵饲料中多选用白腐菌，经其发酵后秸秆木质素含量会有不同程度的降低（Cone et al.，2012；张爱武等，2012；Shrivastava et al.，2011；魏志文等，2009）。

Basu 等（2002）认为，经白腐真菌发酵后的秸秆用作反刍动物饲料，能够降低木质素含量，使秸秆中纤维素更易被反刍动物瘤胃中的纤维素降解微生物所利用，从而提高其利用率。王洪媛等（2010）筛选获得 3 株高效秸秆纤维素降解真菌菌株，其中一株菌发酵 10d 后对秸秆中纤维素、半纤维素和木质素的降解率分别为 59.06%、78.75%和 33.79%。然而，霉菌在饲料中的工业化应用仍存在一系列问题有待解决，例如生长缓慢、产生毒素和工业生产技术缺乏等。

第三节　农作副产物饲料化处理菌种的作用机理

青贮微生物制剂中的乳酸菌是影响青贮发酵的关键，乳酸菌对动物机体的益生作用主要表现在调节消化道的微生态环境、提高消化道免疫能力以及促进动物生长发育，其作用机理是乳酸菌在动物肠道中会形成能降低病原微生物存活率的一系列优势菌种，这些优势菌种会形成大量不同的抑菌物质，使病原微生物停止生长甚至死亡，从而提高机体免疫力，提高机体对病原体的抵抗能力，最终改善机体内环境，提高动物的生产性能（刘艳新等，2017）。乳酸菌可以对青贮饲料中的碳水化合物进行发酵，代谢产生包括蛋白质、细菌素、有机酸及其他具有抑菌活性的物质，其代谢物质主要有生物小分子代谢产物和生物大分子代谢产物（崔磊等，2018）。乳酸菌的发酵主要是糖发酵，在糖发酵中产生以乳酸和乙酸为主的有机酸，均具有一定的抑菌作用，在水溶液中二者都能够部分电离释放 H^+，但在相同浓度下乳酸具有更强的抑菌能力（Callon，2016；Özcelik et al.，2016；李洁等，2014；Trzaska et al.，2015）。研究表明，有机酸只能部分解离，且环境 pH 值越小，解离程度越小（Cizeikiene et al.，2013）。未解离的乳酸和乙酸等有机酸能够与菌体细胞膜上的磷脂分子和脂多糖等成分结合，破坏菌膜的稳定性，未解离的有机酸具有更强的杀菌能力（Gong et al.，2016）。乳酸菌的代谢物中发挥生物学作用达到抑菌效果的主要是细菌素，主要表现在引起病原菌的菌膜发生改变，使致病菌崩解（崔磊等，2018）。乳酸菌利用五碳糖、六碳糖产生的乳酸、草酸、柠檬酸等，通过氨基酸代谢系统产生醋酸、丙酸、丁酸等有机酸，这些有机酸除本身具有的味道外，还可与醇类反应生成酯类，构成青贮饲料中的芳香成分，从而提高青贮饲料的适口性（邓艳芳等，2009）。

青贮微生物制剂的作用机制是在密闭的厌氧环境中，添加适宜且适量的微生物制剂与附着在牧草上的乳酸菌结合，促进糖分分解和乳酸菌的生长与繁殖，通过大量的乳酸菌无氧呼吸产生乳酸，快速将 pH 值降至 3.8 或更低；乳酸菌发酵时，植物本身的蛋白分解酶将植物蛋白分解成氨，会造成部分蛋白质的损失（玉柱等，2009；覃方锉等，2014）；而在乳酸菌大量繁殖的同时，降低了有害微生物的存活率，从而缩小饲料中营养物质的损失，使蛋白质以及干物质的利用率提高（Muck et al.，2013）；随着乳酸菌对植物中的纤维素、半纤维素等的分解，有机酸含量逐渐增加，其中乙酸对微生物分解蛋白和有害微生物的生长和繁殖具有一定的抑制作用，可减少饲料中毒素的含量，为瘤胃创造良好的环境（Gong et al.，2016）。因此，在青贮饲料中添加青贮微生物制剂，不仅可以高质量地保存饲料，减少营养物质的损失，也能提高动物机体对营养物质的利用率，给种植业和畜牧业带来更高的收益。

根据青贮微生物制剂的作用机理，由同型和异型乳酸菌组成的复合青贮微生物制剂在青贮中不仅可以促进可溶性糖的酵解，产生大量的有机酸，同时适宜含量的乙酸可以抑制有害微生物的生长和繁殖，减少养分的损失，达到高质量地保存和制作青贮饲料的效果（陆文清等，2008；张金玉等，2009；Kung et al.，2001）。将微生物制剂和酶制剂混合添加到青贮饲料中的有效性已经被证实，如植物乳杆菌和纤维素酶的联合添加，纤维素酶能够水解植物的结构性碳水化合物，这提供了青贮发酵必需的底物，植物乳杆菌可以加速乳酸菌的发酵和繁殖，合成大量的有机酸，pH 值迅速下降，也为青贮微生物制剂的发展指明了方向（Liu et al.，2016）。

据报道，美国、欧洲等国的学者研究发现，青贮微生物制剂的效果取决于青贮原料中糖分和干物质的含量及有机物的转化、细菌的种类及活性、细菌发酵剂的使用剂量和使用方法、青贮添加剂之间的配伍禁忌等因素，但对这些影响因素的研究都还不够深入，需要进一步对青贮原料中的糖分和干物质的动态转化机制、青贮微生物的种类和活性等因素进行深入探究，以响应国家的号召，推动种植业和畜牧业的发展（哈尔阿力等，2012）。Muck 等（2017）在青贮过程中发现，布氏乳杆菌可以缓慢地将糖酵解产生的乳酸逐渐转化变成乙酸和 1，2-丙二醇，在确保动物生产力的前提下提高了好氧稳定性，成为实验室专用青贮饲料添加剂的优势菌种。Muck 等（2017）的研究集中在青贮微生物制剂和酶的各种组合，通过酶破坏青贮植物的细胞壁和乳酸菌发酵菌种降低霉菌及其他有害微生物的存活率，改善青贮发酵，从而提高青贮饲料的好氧稳定性和营养价值。Sifeeldein 等（2019）发现，将象草青贮饲料中的嗜酸枝球菌（*Mycococcus acidophilus*）接种到甜高粱草中，可以显著改善甜高粱青贮饲料的品质，明显降低其 pH 值、氨态氮含量、微生物数量、乳酸与乙酸的比例，提高饲料中乳酸的含量。Wang 等（2019）发现将嗜酸片球菌（*Streptococcus acidophilus*）接种于意大利黑麦草以及燕麦青贮饲料中进行厌氧发酵，可以使乳酸（LA）含量、体外干物质消化率（IVDMD）均显著提高，pH 值、有害微生物数量、丁酸和氨氮含量均大幅降低，在一定程度上提高了青贮品质。目前，国外对青贮微生物制剂的研究主要集中在两个方面：一方面是对同型乳酸菌和异型乳酸菌复合微生物制剂的研究，这类微生物制剂有效地规避了两类乳酸菌发酵剂的缺点，在使 pH 值降至理想状态的同时，使青贮饲料有氧稳定性逐渐提高（陆文清等，2008；张金玉等，2009；Kung et al.，2001）；另一方面是由微生物制剂以及酶制剂按照一定的比例复合而成的青贮微生物制剂的研究，酶制剂可以促进植物细胞壁中纤维素的分解，将结构性碳水化合物变为可溶性碳水化合物，为乳酸菌的发酵提供了充足的底物，从而降低其 pH 值，提高青贮饲料的营养价值（钟书等，2017）。

近年来，随着我国农业和畜牧业迅速发展，国家“种植业结构调整”“粮改饲”等政策文件的出台，全国大力推进和贯彻落实“种植-养殖-种植”模式、“粮改饲”项目，以解决粮食资源短缺问题，促进草食畜牧业的健康发展。鉴于人们对肉、蛋、奶制品的需求不断提高，而青贮饲料作为动物的营养保障，其营养价值和青贮品质也需要不断提升，添加微生物制剂来改善青贮饲料的饲用价值和品质是最重要的举措之一（Muck et al.，2013）。在美国和欧洲地区，最常用的青贮添加剂就是微生物制剂，其主要作用是促进发酵、抑制好氧降解、促进养分消化和吸收等（Parvin et al.，2010）。研究发现，添加乳酸菌可以提高青贮饲料的品质，目前，已经开发和利用的菌种主要有以下两类：一是同型发酵乳酸菌，其特点是发酵效率较高，可溶性糖酵解后生成二分子乳酸，降低了乙酸的产量，代表菌种有植物乳杆菌、戊糖片球菌（Mc Donald et al.，1991；温雅俐等，2011）；二是异型发酵乳酸菌，其特点是可溶性糖发酵后生成一分子乳酸和一分子乙酸，还可进一步将乳酸分解为乙酸，大量的乙酸可降低青贮中的有害微生物菌群的存活率，代表菌种有布氏乳杆菌（Mc Donald et al.，1991）。在粮改饲推进青贮饲料的进程中，还需要进一步研发优良菌种，提升青贮技术。

第四节　高效菌种处理饲料技术与方法

一、青贮技术

牧草生产加工技术对我国草食畜牧业发展具有重要推动作用，其中青贮技术推广对我国牧草平衡供应方面具有非常重要的意义。牧草青贮加工技术指的是将青牧草放入密闭环境中进行发酵处理，使得青牧草可以长时间保存。青贮的过程是一个复杂的过程，它的本质就是乳酸菌生长繁殖的过程，在这个过程中，既掺杂着微生物活动，也包含化学变化的过程。在进行青贮的过程中，青贮原料上的乳酸菌会大量的繁殖，使得青贮原料中的可溶性糖变成了乳酸，当乳酸积累到一定程度之后，有害微生物的生长就会被抑制，这样饲料的存储时间就可以被大大延长。在这个过程中，各种霉菌、酵母菌、细菌等微生物会大量的繁殖，其中乳酸菌所包含的种类最多，对青贮过程有益的主要有德式乳酸杆菌、乳酸链球菌等，它们在发酵之后会产生大量的乳酸、乙醇和二氧化碳等，它可以帮助保证青贮的效果；酵母菌的作用则是帮助改善青贮饲料的口感，让其具有一种特殊的气味；醋酸菌可以有效抑制各种有害微生物的生长，但是由于醋酸具有一种刺鼻的气味，所以如果青贮过程中醋酸产生过多也会影响青贮饲料的适口性；霉菌是导致青贮饲料发霉的罪魁祸首，如果霉菌产生过多的话就会破坏青贮饲料中的有机物质，降低青贮饲料的品质，甚至使青贮饲料失去饲用价值。

现阶段我们常用的牧草青贮方式主要有两个，一种是高水分的青贮方式，通常含水量可以达到70%以上，另一种是低水分的青贮方式，含水量通常在40%~50%。目前我们广泛应用的青贮方法主要有拉伸膜青贮法、灌装青贮法及塔式青贮法3种，下面将对这3种牧草青贮加工技术进行介绍，以期为牧草青贮加工产业的进步带来帮助。

1. 拉伸膜牧草青贮技术

拉伸膜牧草青贮技术使用高压力的牧草捆扎机将牧草制作成一个圆柱形草捆，然后通过使用专门的裹包机和专门用于青贮使用的高强度塑料拉伸膜对草捆进行裹包，可有效清除草捆中的空气含量，形成一个厌氧的酸性发酵环境，通常在20~30d即可完成乳酸菌发酵过程。拉伸膜牧草青贮技术的优点是可以有效减少牧草运输成本，牧草通过挤压后占用的空间较小。同时不需建设青贮窖及青贮塔等，牧草的青贮质量较高，适合于各种大规模牧草场的青贮工作及机械化作业（那亚等，2017）。

拉伸膜牧草青贮技术的技术要点主要有三个方面，首先，青贮的原料要求，需要将青贮原料水分控制在40%~60%为宜，若青贮原料水分高于60%，会影响捆扎过程的密闭程度，需要将原料进行适当晾晒，降低原料中的水分。同时拉伸膜圆捆青贮技术也适用于玉米秸秆、甘蔗尾叶及芦苇等青绿作物。其次，需要注意的是加工设备方面的问题，拉伸膜牧草青贮技术要使用成套的设备进行处理加工，主要包括牧草打捆机和裹包机，小型圆捆青贮不仅需要常用的割草机和搂草机，还需要小型圆捆打捆机及小型青贮裹包机。若是青贮加工秸秆类的作物，还需要配备揉碎机和切割机。最后，还需要注意把握牧草是否过度干燥，过度干燥可能使拉伸膜刺穿破裂，同时我们也需要使用高密度的青贮专用拉伸膜，最大限度地避免出现拉伸膜破裂问题。

2. 灌装袋式牧草青贮技术

灌装袋式牧草青贮技术的操作过程是通过将切碎的青贮原料使用专门的袋装式灌装机灌装入大型青贮袋中。这种牧草青贮技术的核心装备是灌装机。通常我们使用中小型的袋装青贮装填机，其中配备切碎机，切碎长度通常在 2cm 左右，牧草切碎后将原料自动压入金属桶中，随后在金属桶上配塑料袋，通过金属桶压实后进入塑料袋中，一般每袋大概在 50kg 左右。灌装袋式牧草青贮技术通常适用于小型牧草场或小型草食动物饲养场（格根图，2016）。

3. 塔式牧草青贮技术

塔式牧草青贮技术通常根据气密程度分为两种类型，即普通型和限氧型两种。通常青贮塔的建设使用混凝土浇筑或镀锌钢板制作而成，需要具有良好的防酸、耐腐蚀能力。青贮塔通常为圆柱形，青贮塔的高度一般在 8~10m，直径在 3~6m。青贮的牧草通常从青贮塔塔顶部装入，而取出青贮材料既可以从青贮塔的塔顶取出，也可以从塔底取出。塔式青贮最需要注意的就是需要做好防雷防雨工作，落实避雷针工作，防止青贮塔遭受雷击。塔式牧草青贮技术比较适合于奶畜，如奶牛、奶羊等养殖数量较多的地区（侯美玲等，2015）。

牧草青贮技术的应用有效提高了牧草保存时间，特别是对于降水量比较大的地区，牧草没有及时收割贮存会导致牧草大量减产，浪费大量牧草资源，而青贮技术的合理运用可以有效避免这种情况，促进草食畜牧业的健康发展。

二、青贮饲料加工过程中的注意事项

（一）控制水分

在青贮饲料的加工过程中，一些常规的操作要根据加工场地的实际情况，例如，决定青贮过程是否成功的主要因素就是水分，如果饲料中缺乏水分就会出现难压实的情况，这样一来就会导致空气难以排出，在这样的环境下腐败细菌也会大量的繁殖，这样青贮出来的饲料往往品质会比较低下，甚至还会出现饲料养分丢失的情况，因此青贮操作人员一定要对青贮原料的水分进行严格的控制，最好是控制在 65%~75%。

（二）控制青贮饲料内碳水化合物的含量

青贮原料的糖分含量也会影响乳酸的繁殖，如果在青贮之前对青贮原料添加适量的碳水化合物也会很好地保住青贮饲料内的营养成分，这样一来青贮饲料就可以真正地实现绿色无公害，同时在畜牧业中也可以帮助很好地提升养殖场的经济效益。

三、青贮饲料的使用方法分析

要保证青贮饲料密封贮藏>30d，才能开启贮藏窖。一般情况下，选择在自然生长的绿色草料植物缺少的时期开启贮藏窖，这样能够使畜禽动物食用优质的绿色饲料。在开启贮藏窖时应当先处理掉密封窖所用到的沙土和草垫等，避免掉落到青贮饲料中，影响饲料的品质。要对青贮饲料进行质量和品质检查，可以通过颜色检查，也可以通过闻气味进行辨别，优质的青贮饲料会有酸味和香味。如果品质不过关或者发生了霉变，则会有浓重的臭气味，则需要清理干净青贮窖中的饲料，避免影响下一批青贮饲料的品质；另外，为了保证青贮饲料的品质，应当采取“一日一取”的方式，避免出现“取一次，食用多日”或者“一日多取”的情况发生，这两种错误的方式都容易对青贮饲料的品质产生负面影响。

四、牧草青贮过程中的微生物活动

牧草的表面带有多种微生物，大致可分为两类：好氧菌（好氧细菌、霉菌、酵母菌）和厌氧菌（乳酸菌、梭状芽孢杆菌、酪酸菌）。在青贮初期，各种微生物大量繁殖，但具体哪一种微生物能占有优势，则取决于原料的含糖量、水分以及氧气的含量。当可溶性碳水化合物的含量大于3%，水分含量为70%左右的厌氧环境下，乳酸菌能得到很好的繁殖，使原料迅速酸化，抑制了霉菌、酵母菌和梭状芽孢杆菌的生长，可以得到优质的青贮。而且糖分越高，青贮越易成功，糖分高于6%的原料很容易制成青贮。由于原料水分含量低或其他原因造成挤压不实，如果青贮容器内氧气含量较高，形不成良好的厌氧环境，乳酸菌生长差，产酸就少，此阶段会比较漫长，这时霉菌和酵母菌的生长就占据了优势，易造成碳水化合物的损耗，还会使青贮料温度升高，造成蛋白质、糖类变质损耗，最终使青贮饲料品质下降（李海，2008）。严重时发生霉变，即使能够青贮成功，由于含有大量的霉菌和酵母菌，容易发生二次发酵。在造成厌氧环境的条件下，如果原料的含糖量低而水分高，乳酸菌生长不良，pH 值偏高，这时丁酸菌就大量繁殖，分解可溶性碳水化合物产生具有臭味的丁酸，同时分解蛋白质产生胺类和氨，影响饲料的适口性，而且使动物产生下痢、酮血症和乳腺炎，影响健康（曲琪环，1999）。因此，在进行青贮时，需要对牧草进行适当的切短、压实并缩短青贮过程，使青贮环境内氧气含量达到最低。

五、牧草青贮的调控方法

大体上可以分为物理调控法、化学调控法和生物调控法。

（一）物理调控法

1. 原料的选择

牧草的各种营养物质的比例直接影响青贮的难易程度，各种牧草由于所含的蛋白质成分不同，青贮时所需的最低含糖量也不同，豆科牧草含蛋白质比例较高，糖分较少，所以青贮较难，而禾本科牧草含碳水化合物较多，则易于青贮。

2. 刈割时间

牧草在不同的生长时期以及同一天的不同时间内，含糖量也不同。一般来说秋季的茎叶中含糖量少，对于非禾本科牧草而言，在籽粒成熟后就难以青贮。在同一天中，下午的含糖量要高于上午，所以对于一些含糖量少的牧草往往选择下午刈割进行青贮。

3. 水分调节

牧草在刈割后一般水分较高，不宜立即青贮，需要进行晾晒使水分降低到 65%~75%才能青贮，但是对于豆科牧草即使水分降低到这一水平在正常情况下也难以青贮。于是人们又发明了一种新的方法，即把水分降低到 45%~55%，这种方法也称为半干青贮。半干青贮的使用使豆科牧草也容易青贮，现在该法已经成为许多农户牧草青贮的主要方法。凋萎后原料的糖分变浓，除了有利于乳酸菌的发酵外，还减少了因水分过高而造成的营养损失。在青贮过程中，原料水分越高，渗出液也越多，营养损失就越大。

4. 空气含量的调节

青贮时如果空气含量增多，乳酸菌生长不良，导致其他的有害菌生长，使青贮失败。在比较常见的窖式青贮过程中，将原料切短，一方面可以减少原料之间的空隙，有利于排尽空气，另一方面牧草经过切碎后，草的断面渗出液增多，使可溶性的碳水化合物分布均匀，为乳酸菌的生长提供良好的条件。在窖式青贮时另一个关键步骤是辗轧，通过辗轧排出空气，使青贮原料的细胞及早停止呼吸，转入厌氧发酵，产生乳酸。而对于现在国内外应用袋式青贮，除了原料切得较短外，要用抽气机抽去多余的空气，形成厌氧环境。近年来捆裹青贮法得到了广泛应用，其方法是将水分适宜的牧草通过机械压力打成草捆，增加其紧密度，排出空气。一般情况下，经这种方法处理的草捆重量为120~180kg/m³，然后在外面包上2~6层拉伸膜隔绝外界空气进行厌氧发酵（徐成体等，1999）。

（二）化学调控法

1. 甲酸

甲酸作为一种青贮保存剂，自20世纪60年代在挪威、瑞典等国使用并取得良好效果以来，一直被广泛地使用。添加甲酸后植物细胞的呼吸作用和不良细菌的活动受到抑制，减少了营养物质的分解，提高最终可溶性糖分的含量和蛋白质的含量，降低氨氮含量。据报道，无论是刚刈割的青草或半干的青草，按青草重量加入0.5%的甲酸都可获得良好的青贮效果。

2. 糖蜜

糖蜜是制糖工业的副产品，含干物质700~750g/kg，其中可溶性碳水化合物650g/kg，以蔗糖为主。丁武蓉等（2008）以二色胡枝子为青贮原料，研究了添加不同浓度的糖蜜对其青贮品质的影响。结果表明，添加糖蜜使胡枝子青贮料的pH值显著降低，添加糖蜜能较多的保存青贮料中的可溶性糖和干物质，添加6%和9%的糖蜜使青贮品质下降。Huisden等（2009）、Kwak等（2009）分别使用3%和5%的糖蜜对玉米和种过蘑菇的棉花屑进行青贮也发现，其发酵品质良好。据分析报道，只有青贮原料中可溶性碳水化合物的含量很低时（如豆科牧草），添加糖蜜效果明显，可提高乳酸含量，使pH值下降，氨氮水平下降，但对于禾本科牧草效果不明显。

3. 非蛋白氮（NPN）

在青贮中最为常用的是尿素，添加的目的是增加粗蛋白质的含量，主要用于禾本科牧草等蛋白质含量较低的牧草的青贮，当牧草中干物质的含量不超过40%时才可用尿素。在每吨青贮料中加4.5kg尿素，相当于增加12.7kg的粗蛋白质。

4. 丙酸

添加丙酸主要是防止二次发酵。添加量为0.1%~0.2%时，可减少酵母菌的生长；添加0.4%可抑制细菌的生长；添加0.5%~0.6%可作为不易保存牧草的保存剂。Thomas用丙酸处理含干物质50%~60%的苜蓿，青贮中霉菌减少。另外，有资料表明，用丙酸处理后的原料在青贮的过程中温度下降，暴露于空气中的青贮料好气性发酵的时间延迟。黑麦草中添加丙酸4.4L/1 000kg，可明显提高蛋白质和干物质的消化率。青贮苜蓿中添加丙酸，蛋白质的消化率从55%提高到60.3%，且发酵少，糖分的保存量大（康玉凡等，1999）。郭艳萍等（2010）对高粱进行青贮研究表明，添加乙酸、丙酸和尿素可以改善高粱青贮饲料发酵品质。

（三）生物调控法

青贮饲料利用生物调控的主要作用是调节青贮料的微生物群系，调控青贮发酵过程，更有效地保存青贮饲料的营养。

1. 使用细菌接种剂

牧草表面所带的乳酸菌数量不足，且多为异质型乳酸菌。即使是带乳酸菌较多的紫花苜蓿，每克也不足 10^4 个，在禾本科牧草中乳酸菌的含量更少。要使乳酸菌发酵占支配地位，每克必须含 10^5 个以上的乳酸菌。这时可以在青贮饲料调制过程中加入适当的细菌添加剂，不仅可补充青贮原料中营养成分的不足，并可迅速降低青贮饲料的 pH 值，形成乳酸菌增殖的适宜环境，达到加快乳酸发酵速度，抑制微生物对蛋白质的水解作用，减少青贮料中氨态氮的生成，提高饲料质量和适口性，使干物质损失降低，改善青贮饲料品质，达到提高青贮饲料利用率和动物生产性能的目的（郭芳彬，1996；葛政华，1994）。所以添加含有乳酸菌的细菌制剂对于青贮有非常重要的意义。

2. 酶制剂的使用

乳酸菌只能利用葡萄糖和果糖，不能利用淀粉和粗纤维。而酶制剂由于含有一些能分解细胞壁的酶类，包括具有较高活力的纤维素酶，一定量的半纤维素酶、淀粉酶和果胶酶，可以将植物组织中不易被家畜利用的纤维素分解为单糖和双糖。目前青贮料中添加的酶主要有纤维素酶、半纤维素酶、淀粉酶和果胶酶，添加后一方面降低纤维素的含量，另一方面为乳酸菌的发酵提供底物。Harrison（1989）用酶制剂处理禾本科、豆科牧草，使生长青牧草的 NDF、ADF 各降低 6%和 1%，处理后可溶性碳水化合物水平提高，乳酸水平提高，pH 值下降，同时发现添加酶制剂后奶牛的产奶量和采食量都有提高。Hoover（1989）发现经过处理的苜蓿可以提高干物质的消化率，增加瘤胃内乙酸、丙酸的比例，明显提高瘤胃内 NDF 的消化率。Henderson（1983）在青贮苜蓿中加入鸡尾酒酶（纤维素和半纤维素酶），pH 值由 5.38 降低到 4.10，干物质中乳酸从 57g/kg 增加到 151g/kg。也有人在苜蓿、红三叶中以 2.5g/kg 的量添加鸡尾酒酶，使得纤维素、半纤维素和果胶各降低 10%～14.4%、22.8%～44.0%、29.1%～36.4%（王建兵等，1999）。

六、影响青贮品质的因素

（一）氧气

根据发酵过程中氧气的消耗情况青贮发酵分为 4 个时期：一期，原料间存在氧气，各类微生物均保持较高活性；二期，氧气耗尽，厌氧菌成为优势菌群；三期，青贮已制作成功，保持密封条件不变即可长期保存；四期，卸料过程，青贮重新暴露在空气中，需氧微生物被再次激活，可能产生霉菌等有害物质（Jitendra et al.，2019）。

（二）乳酸菌

乳酸菌是青贮发酵过程中最重要的菌种，能快速降低 pH 值。大量试验证实，乳酸菌制剂可以提高青贮发酵的成功率，延长青贮饲料的保质期（张适等，2019；Soundharrajan et al.，2017）。乳酸菌不仅可以产生乳酸，还能抑制其他有害细菌生长。Romero 等（2017）研究表明，在青贮原料中接种乳酸菌不仅增加青贮饲料中乳酸菌的丰度，而且能降低片球菌、淋球菌和乳球菌的丰度。Yang 等（2019）研究表明，经乳酸菌处理的青贮饲料中片球菌、白串珠菌和肠球菌的相对丰度降低。

（三）pH 值

pH 值是评价青贮饲料品质的重要指标，pH 值越低青贮饲料越容易保存（Wang et al.，2019）。根据 pH 值可对青贮饲料分为 4 个等级：pH 值>5.0 为劣等品；pH 值 4.4～5.0 为一般品；pH 值 4.1～4.3 为良好品；pH 值<4.0 为优等品。青贮品质的评价不仅通过 pH 值判定，还需综合颜色、气味等因素。水分、水溶性碳水化合物含量以及处理方式等会影响青贮过程中 pH 值的变化（韩战强等，2020；黄文明，2019）。Santos 等（2016）报道，小麦青贮 pH 值与 DM 含量相近的紫花苜蓿青贮的 pH 值相近。

（四）有害微生物

青贮发酵中的有害微生物包括霉菌、腐败菌、梭菌等。有害微生物进行异常发酵产生难闻的气味、降解氨基酸，导致青贮饲料营养价值和适口性降低；同时可能产生毒素影响动物机体多方面机能。梭菌在密封良好的青贮原料中仍可以大量存活。梭菌生长的最适 pH 值为 7.0～7.4，所以快速酸化能有效抑制梭菌生长（Pahlow et al.，2003）。梭菌产生的丁酸、氨等具有难闻气味的物质会降低青贮饲料的适口性。腐败菌对酸的耐受性相对较高，需要 pH 值下降到4.5~4.7才能抑制其生长繁殖。腐败菌的主要危害是降解青贮原料中的粗蛋白质和氨基酸，使原料发生好气性变质，从而变苦、变臭。酵母菌利用原料中的糖类进行发酵。菌体蛋白可在一定程度上增加青贮的粗蛋白质含量，同时乙醇使青贮饲料有酒香味，增加适口性。孙贵宾等（2018）研究结果表明，添加酵母菌对提高青贮饲料营养价值有一定的效果。但是，随着研究的深入，发现酵母菌和青贮饲料的好气性变质存在一定关联。另外，原料中有限的糖分被酵母菌利用产生乙醇，影响乳酸菌发酵产酸。霉菌是青贮饲料发生好氧变质的主要微生物。霉菌产生的霉菌毒素影响动物多方面机能，影响物质消化吸收、造成肠道组织形态变化、影响肠道屏障完整性、影响黏液素的产生、影响微生物菌群组成和局部免疫系统（Robert et al.，2017）。

（五）酶制剂

青贮发酵中使用的酶制剂多是复合酶，主要为纤维素酶和半纤维素酶。添加纤维素酶可以使部分纤维素分解为单糖，同时纤维素酶对植物细胞壁的水解作用可以降低青贮饲料的纤维含量，提高消化率。在自然界中纤维素酶并不罕见，细菌、真菌、放线菌以及动物等都能产生（刘晶晶，2015）。Lima等（2010）报道，在高粱和大豆青贮中添加纤维素酶可降低干物质损失，这可能是因为添加纤维素酶加速了青贮发酵，抑制腐败微生物活性和植物组织的细胞呼吸。He等（2019）报道，纤维素酶可以改善青贮品质。Zhao等（2018）研究发现，在青贮原料中添加半纤维素酶，增菌初期pH值下降更快，最终干物质损失显著降低。

七、农作副产物饲料化处理菌种的发展前景

目前，国内对农作副产物饲料化处理菌种的研究与应用日益成熟，草牧业的大力发展也推动了优良青贮菌种的发展。但总体看来，我国青贮菌种还存在商品化不足、加工工艺不成熟、质量不稳定、没有完善的添加使用标准等有待完善的问题，这也在一定程度上制约了青贮饲料产业的发展。因此，在青贮产业中微生物制剂的研发还要进一步地进行，①优良微生物发酵菌种的筛选、分离和鉴定，深入探究单一微生物制剂和复合微生物制剂的作用机制和对动物消化道的影响；②加强对优良菌株的驯化培育、加工工艺、商品菌株开发；③建立健全和完善青贮微生物制剂的添加标准，明确其配伍禁忌，以此来规范青贮微生物制剂的合理使用等方面的工作。总之，农作副产物饲料化处理微生物制剂因其安全、高效、低成本的优势，在未来将会有更

加广阔的发展前景。

参考文献

陈鑫珠，张建国，2017. 刈割到青贮填装前乳酸菌的动态变化［J］. 草地学报，25（3）：646-650.

陈平洁，陈庄，林勇，等，1999. 饲料酵母在畜禽饲养上的运用及作用机理的探讨［J］. 广东畜牧善医科技（2）：35-38.

陈志姣，2015. 产纤维素酶微生物在农业秸秆资源化中的应用［D］. 成都：西南交通大学.

崔磊，郭伟国，2018. 乳酸菌产生的抑菌物质及其作用机制［J］. 食品安全质量检测学报，9（11）：2578-2584.

邓艳芳，李长慧，2009. 生物制剂对苜蓿青贮过程 pH 值和碳水化合物的影响［J］. 黑龙江畜牧兽医（9）：62-65.

刁其玉，2013. 农作物秸秆养牛手册［M］. 北京：化学工业出版社.

丁武蓉，干友民，郭旭生，2008. 添加糖蜜对胡枝子青贮品质的影响［J］. 中国畜牧杂志，40（1）：61-64.

董臣飞，丁成龙，许能祥，等，2013. 稻草饲用品质及茎秆形态特征的研究［J］. 草业学报，22（4）：83-88.

高莉莉，2009. 肠膜明串珠菌发酵生成低聚糖的研究［D］. 北京：北京林业大学.

高玉云，王燕，袁智勇，2008. 饲料酵母在畜牧业中的研究与利用［J］. 广东饲料（12）：35-37.

格根图，尤思涵，贾玉山，等，2016. 天然草地牧草青贮技术研究进展［J］. 草地学报，24（5）：953-959.

葛政华，殷潮洲，邵游，1994. 青贮黑麦草添加双乙酸钠防霉试验［J］. 饲料工业（2）：45-46.

关皓，郭旭生，干友民，等，2016. 添加剂对不同含水量多花黑麦草青贮发酵品质及有氧稳定性的影响［J］. 草地学报，24（3）：669-675.

郭芳彬，1996. 饲料青贮添加剂的研究和应用［J］. 饲料博览（5）：20-21.

郭刚，霍文婕，张拴林，等，2016. 添加肠球菌对收获籽实后玉米秸秆青贮品质及体外发酵特性的影响［J］. 山西农业大学学报（自然科学版），36（7）：461-466.

郭艳萍，玉柱，顾雪莹，2010. 不同添加剂对高粱青贮质量的影响［J］. 草地学报，18（6）：875-879.

哈尔阿力，刘艳丰，2012. 微生物青贮添加剂的研究进展［J］. 中国畜牧业（18）：64-65.

韩战强，宋艳画，王志方，2020. 影响青贮玉米品质因素的研究进展［J］. 饲料研究（1）：106-109.
何铁群，2013. 青贮用优良乳酸菌的分离筛选及其初步应运效果［D］. 兰州：甘肃农业大学.
侯美玲，格根图，孙林，等，2015. 甲酸、纤维素酶、乳酸菌剂对典型草原天然牧草青贮品质的影响［J］. 动物营养学报，27（9）：2977-2986.
侯美玲，2017. 草甸草原天然牧草青贮乳酸菌筛选及品质调控研究［D］. 呼和浩特：内蒙古农业大学.
黄丽卿，罗丽萍，张亚茹，等，2017. 屎肠球菌 NCIMB11-181 对大肠杆菌 078 感染肉鸡生产性能、肠道微生物和血液抗氧化功能的影响［J］. 中国家禽，39（11）：17-22.
黄文明，陈红跃，殷丽，等，2019. 样品前处理方法对全株玉米青贮 pH 和氨态氮测定值的影响［J］. 中国畜牧杂志（2）：90-93.
黄瑞鹏，2013. 粉碎及氨化油菜秸秆饲喂威宁黄牛效果的研究［D］. 南昌：江西农业大学.
江迪，田朋姣，李荣荣，等，2018. 添加戊糖片球菌对苜蓿 TMR 发酵品质及有氧稳定性的影响［J］. 草学（S1）：69-71.
康玉凡，陈树兴，徐延生，1999. 苜蓿草青贮方法与效果的试验研究［J］. 黑龙江畜牧兽医（9）：15-16.
李春佑，袁涛，刘严华，2014. 生物青贮剂制作玉米秸秆饲喂陶寒 F_1 羊增重效果［J］. 中国草食动物科学，34（1）：77-78.
李海，2008. 典型草原天然牧草青贮技术研究［D］. 呼和浩特：内蒙古农业大学.
李洁，李晓然，宫路路，等，2014. 乳酸片球菌发酵液中主要有机酸及其抑菌性研究［J］. 食品与发酵工业（5）：124-129.
李文学，鲁朝芬，蒋开琴，2013. 稻草、秸秆氨化饲料在养牛中的应用［J］. 中国畜牧兽医文摘，29（8）：180-181.
林嘉，吴跃明，阮群英，2004. 饲喂稻草复合颗粒料对湖羊生长性能的影响［J］. 中国畜牧杂志，40（7）：50-52.
林伟，2010. 肉牛高效健康养殖关键技术［M］. 北京：化学工业出版社.
刘国丽，杨镇，王娜，等，2014. 微生物转化秸秆饲料研究进展［J］. 广东农业科学，41（1）：110-114.
刘晶晶，2015. 生物添加剂对柳枝稷青贮的作用及机理研究［D］. 北京：中国农业大学.
刘融，王宵，2017. 秸秆饲料化技术的方法、发展前景及应用阻力［J］. 畜牧兽医科技信息（6）：134.
刘艳新，刘占英，倪慧娟，等，2017. 微生物发酵饲料的研究进展与前景展望［J］. 饲料博览（2）：15-22.

骆超超，高学军，卢志勇，等，2010. 肠膜明串珠菌对奶牛产奶量和乳品质的影响［J］. 乳业科学与技术，33（2）：60-62.
陆文清，胡起源，2008. 微生物发酵饲料的生产与应用［J］. 饲料与畜牧（7）：5-9.
马传兴，王宝维，2014. 微生物发酵饲料发展现状及展望［J］. 饲料博览（5）：29-32.
马丰英，景宇超，崔栩，等，2019. 屎肠球菌及其微生态制剂的研究进展［J］. 中国畜牧杂志，55（7）：54-58.
马广英，张文举，徐清华，等，2014. 秸秆黄贮优化方案及其对小麦、玉米、油菜秸秆处理的影响［J］. 中国草食动物科学（2）：24-27.
穆秀明，田树飞，陈哲凯，等，2011. 青贮玉米秸秆的饲用价值分析［J］. 畜牧与饲料科学，32（6）：89-90.
那亚，孙启忠，王红梅，2017. 呼伦贝尔草甸草原牧草青贮饲料脂肪酸成分研究［J］. 草业学报，26（2）：215-223.
覃方锉，赵桂琴，焦婷，等，2014. 含水量及添加剂对燕麦捆裹青贮品质的影响［J］. 草业学报，23（6）：119-125.
秦丽萍，2014. 青藏高原垂穗披碱草青贮饲料中耐低温乳酸菌的筛选及其发酵性能的研究［D］. 兰州：兰州大学.
曲琪环，高学军，1993. 青贮饲料发酵过程的生化变化［J］. 饲料博览（3）：30.
权金鹏，马垭杰，宋福超，等，2014. 不同类型玉米秸秆最佳处理方式及饲喂肉牛效果［J］. 中国草食动物科学，34（3）：40-42.
任付平，2007. 复合微生物菌剂在全株玉米青贮中的应用与研究［D］. 西安：西北大学.
时秋月，张仲欣，任广跃，等，2013. 小麦秸秆发酵菌种的筛选及工艺优化［J］. 粮食与饲料工业（11）：39-42.
司华哲，李志鹏，南韦肖，等，2019. 添加植物乳杆菌对低水分稻秸青贮微生物组成影响研究［J］. 草业学报，28（3）：184-192.
宋献曾，林虎山，2007. 氨化秸秆育肥肉牛［J］. 湖北畜牧兽医，45（4）：15.
隋鸿园，2013. 片球菌的分离鉴定及青贮接种剂的研制［D］. 呼和浩特：内蒙古农业大学.
孙贵宾，常娟，尹清强，等，2018. 纤维素酶和复合益生菌对全株玉米青贮品质的影响［J］. 动物营养学报（11）：4738-4745.
孙喆，刘营，于微，等，2014. 肠膜明串珠菌发酵饲料的制备工艺及其在泌乳奶牛中的应用［J］. 中国乳品工业（12）：14-18.
孙江慧，张楠，沈其荣，等，2012. 几种食用真菌降解稻草的潜力研究［J］. 南京农业大学学报，35（6）：49-54.

王洪媛，范丙全，2010. 三株高效秸秆纤维素降解真菌的筛选及其降解效果［J］. 微生物学报，50（7）：870-875.
王涛，2013. 肠球菌属细菌素的筛选及其结构基因的表达［D］. 武汉：华中农业大学.
王建兵，范石军，刘静波，等，1999. 细菌接种剂和酶制剂在秸秆类饲料青贮中的应用［J］. 饲料博览（4）：17-19.
王如芳，张吉旺，董树亭，等，2011. 我国玉米主产区秸秆资源利用现状及其效果［J］. 应用生态学报，22（6）：1504-1510.
王洋，姚权，孙娟娟，等，2018. 乳酸菌添加剂对苜蓿青贮品质和黄酮含量的影响［J］. 中国草地学报，40（2）：48-53.
王永，杨维仁，张桂国，2013. 饲粮中添加屎肠球菌对断奶仔猪生长性能、肠道菌群和免疫功能的影响［J］. 动物营养学报，25（5）：1069-1076.
王子强，2010. 微生物发酵饲料研究进展［J］. 畜牧与饲料科学，31（4）：34-36.
王丽学，韩静，陈龙宾，等，2019. 5 种乳酸菌对苜蓿青贮营养和发酵品质的影响［J］. 饲料研究，42（1）：104-108.
魏志文，张梅梅，赵艳霞，等，2009. 两株白腐真菌发酵秸秆饲料的研究［J］. 畜牧与饲料科学，30（10）：18-19.
魏小雁，2008. 产葡聚糖明串珠菌的特性及葡聚糖合成条件研究［D］. 呼和浩特：内蒙古农业大学.
温雅俐，高民，2011. 青贮饲料中乳酸菌代谢及其青贮品质影响研究进展［J］. 畜牧与饲料科学，32（9-10）：152-154.
吴文韬，鞠美庭，刘金鹏，等，2013. 一株纤维素降解菌的分离、鉴定及对玉米秸秆的降解特性［J］. 微生物学通报，40（4）：712-719.
吴道义，金深逊，周礼杨，等，2015. 氨化油菜秸秆对威宁黄牛饲养效果的影响［J］. 黑龙江畜牧兽医（2）：26-27.
徐振上，2018. 优良青贮剂菌株选育及对青贮饲料品质影响［D］. 济南：山东大学.
徐成体，德科加，1999. 牧草捆裹青贮技术的试验研究［J］. 草业科学（4）：11-13.
徐清华，张文举，赵新伟，等，2014. 复合化学处理麦秸的效果研究［J］. 黑龙江畜牧兽医（17）：17-20.
徐婷，崔占鸿，钟谨，等，2015. 青海省部分地区人工种植燕麦青贮乳酸菌的筛选［J］. 江苏农业科学，43（2）：204-212.
闫贵龙，孟庆翔，陈绍江，2006. 高油 298 玉米秸秆的适宜收获期及其营养价值与其他品种玉米秸秆的比较优势［J］. 畜牧兽医学报（3）：250-256.
杨再良，2018. 食品行业中发酵工程的应用［J］. 食品安全导刊，33（122）：152-154.

玉柱，陶莲，陈燕，等，2009. 添加玉米秸秆对两种三叶草青贮品质的影响［J］. 中国奶牛（4）：15-18.

袁建华，颜伟，陈艳萍，等，2003. 南方丘陵生态区玉米生产现状及发展对策［J］. 玉米科学（Z2）：29-31.

翟明仁，2013. 南方经济作物副产物生产、饲料化利用之现状与问题［J］. 饲料工业（23）：1-6.

张爱武，李长田，鞠贵春，等，2012. 白腐菌发酵玉米秸秆最佳条件研究［J］. 西北农林科技大学学报（自然科学版），40（2）：151-156.

张红梅，2016. 青藏高原不同海拔区垂穗披肩草发酵特性及耐低温乳酸菌筛选研究［D］. 兰州：兰州大学.

张金玉，霍光明，张李阳，2009. 微生物发酵饲料发展现状及展望［J］. 南京晓庄学院学报，5（3）：68-70.

张适，吴琼，尤欢，等，2019. 添加不同乳酸菌对全株玉米青贮发酵品质的影响［J］. 饲料研究（9）：55-58.

张淼，2018. 高寒地区低温青贮优良乳酸菌的筛选及低温青贮体系的优化［D］. 郑州：郑州大学.

赵广永，李兵，2013. 氨化处理对稻草体外瘤胃发酵甲烷、二氧化碳和挥发性脂肪酸产量的影响［J］. 动物营养学报，25（8）：1769-1774.

钟书，张晓娜，杨云贵，等，2017. 乳酸菌和纤维素酶对不同含水量紫花苜蓿青贮品质的影响［J］. 动物营养学报，29（5）：1821-1830.

朱将伟，邱江平，2011. 秸秆发酵生产单细胞蛋白及发酵剂的研制［J］. 饲料工业，32（22）：33-38.

AKSU T，BAYTOK E D，2004. Effects of a bacterial silage inoculant on corn silage fermentation and nutrient digestibility［J］. Small Ruminant Research，55（3）：249-252.

BASU S，GAUR R，GOMES J，et al.，2002. Effect of seed culture on solid state bioconversion of wheat straw by Phanerochaete chrysosporium for animal feed production［J］. Joumal of Bioscience and Bioengineering，93（1）：25-30.

BUXTON D R，MUCK R E，HARRISON J H，2003. Silage Science and Technology［M］. Madison，Wisconsin，USA：American Society of Agronomy，Inc，Crop Science Society of America，Inc.，Soil Science Society of America，Inc.

CAI Y，KUMAI S，ZHANG J，et al.，1999. Comparative studies of lactobacilli and enterococci associated with forage crops as silage inoculants［J］. Animal Science Journal，70（4）：188-194.

CAI Y M，KUMAL S，OGAWA M，et al.，1999. Characterization and identification of Pediococcus species is olated from forage crops and their application for silage preparation

[J]. Applied and Environmental Microbiology, 65 (7): 2901-2906.

CALLON C, ARLIGUIE C, MONTEL M C, 2016. Control of shigatoxin-producing Escherichia coli in cheese by dairy bacterial strains [J]. Food Microbiology, 53: 63-70.

CIZEIKIENE D, JUODEIKIENE G, PASKEVICIUS A, et al., 2013. Antimicrobial activity of lactic acid bacteria against pathogenic and spoilage microorganism isolated from food and their control in wheat bread [J]. Food Control, 31 (2): 539-545.

CONE J W, BAARS J, SONNENBERG A, et al., 2012. Fungal strain and incubation period affect chemical compositionand nutrient availability of wheat straw for rumen fermentation [J]. Bioresource Technology, 11: 336-342.

GANG Y H, LI T Y, LI S Y, et al., 2016. Achieving high yield of lactic acid for antimicrobial characterization in cephalosporin-resistant lactobacillus by the co-expression of the phosphofructokinase and glucokinase [J]. Journal of Microbiology and Biotechnology, 26 (6): 1148-1161.

HE L W, ZHOU W, WANG C, et al., 2019. Effect of cellulase and *Lactobacillus* casei on ensiling characteristics, chemical composition, antioxidant activity, and digestibility of mulberry leaf silage [J]. Journal of Dairy Science, 102 (11): 64-68.

HU W, SCHMIDT R J, MC DONELL E E, et al., 2009. The effect of Lactobacillus buchneri 40788 or Lactobacillus plantarum MTD-1 on the fermentation and aerobic stability of corn silages ensiled at two dry matter contents [J]. Journal of Dairy Science, 92 (8): 3907-3914.

HUISDEN C M, ADESOGAN A T, KIM S C, et al., 2009. Effect of applying molasses or inoculants containing homofermentative or heterofermentative bacteria at two rates on the fermentation and aerobic stability of corn silage [J]. Journal of Dairy Science, 92 (2): 690-697.

JITENDRA K, YAIRA C, RIKY P, et al., 2019. Bacterial dynamics of wheat silage [J]. Frontiers in Microbiology, 6 (9): 1-16.

KUNG L J, RANGJIT N K, 2001. The effect of Lactobacillus buchneri and other additives on the fermentation and aerobic stability of barely silage [J]. Journal of Dairy Science, 84: 1149-1155.

Kwak W S, Kim Y, Seok J S, et al., 2009. Molasses and microbial inoculants improve fermentability and silage quality of cotton waste-based spent mushroom substrate [J]. Bioresource Technology, 100: 1471-1473.

LIMA R, LOURENçO M, DÍAZ R F, et al., 2010. Effect of combined ensiling of sorghum and soybean with or without molasses and lactobacilli on silage quality and *in vitro* rumen fermentation [J]. Animal Feed Science and Technology, 155 (6): 122-131.

LIU Q H, LI X Y, DESTA S T, et al., 2016. Effects of Lactobacillus plantarum and fibrolytic enzyme on the fermentation quality and *in vitro* digestibility of total mixed rations silage including rape straw [J]. Journal of Integrative Agriculture, 15 (9): 2087-2096.

MCDONALD P, HENDERSON A R, HERON S J, 1991. The Biochemistry of Silage [M]. Aberystwyth: Cambrian Printers Ltd.

MUCK R E, NADEAU E M G, MCALLISTER T A, et al., 2017. Silage review: Recent advances and future uses of silage additives [J]. Journal of Dairy Science, 101 (5): 3980-4000.

MUCK R E, 2013. Recent advances in silage microbiology [J]. Agricultural and Food Science, 22 (1): 3-15.

ÖZCELIK S, KULEY E, ÖZOGUL F, 2016. Formation of lactic, acetic, succinic, propionic, formic and butyric acid by lactic acid bacteria [J]. LWT-Food Science and Technology, 73: 536-542.

PAHLOW G, MUCK R E, DRIEHUIS F, et al., 2003. Microbiology of ensiling. In Silage Science and Technology [M]. Madison, USA: American Society of Agronomy.

PARVIN S, NISHINO N, 2010. Succession of lactic acid bacteria in wilted rhodesgrass silage assessed by plate culture and denaturing gradient gel electrophoresis [J]. Grassland Science, 56 (1): 51-55.

ROBERT H, PAYROS D, PINTON P, et al., 2017. Impact of mycotoxins on the intestine: Are mucus and microbiota new targets [J]. Journal of Toxicology and Environmental Health-Part B-Critical Reviews, 20: 249-275.

ROMERO J J, ZHAO Y, BALSECA-PAREDES M A, et al., 2017. Laboratory silo type and inoculation effects on nutritional composition, fermentation, and bacterial and fungal communities of oat silage [J]. Journal of Dairy Science, 100 (3): 1812-1828.

SANTOS M C, KUNG L, 2016. Effects of dry matter and length of storage on the composition and nutritive value of alfalfa silage [J]. Journal of Dairy Science, 99 (7): 5466-5469.

SHRIVASTAVA B, THAKUR S, KHASA Y P, et al., 2011. White-rot fungal conversion of wheat straw to energyrich cattle feed [J]. Biodegradation, 22 (4): 823-831.

SIFEELDEIN A, WANG S, LI J, et al., 2019. Phylogenetic identification of lactic acid bacteria isolates and their effects on the fermentation quality of sweet sorghum (Sorghum bicolor) silage [J]. Journal of Applied Microbiology, 12 (3): 718-729.

SOUNDHARRAJAN I, DA H K, SRISESHARAM S, et al., 2017. Application of customised bacterial inoculants for grass haylage production and its effectiveness on nutrient composition and fermentation quality of haylage [J]. 3 Biotech, 7 (5): 321.

TRZASKA W J, CORREIA J N, VILLEGAS M T, et al., 2015. pH manipulation as a novel strategy for treating Mucormycosis [J]. Antimicrob Agents Chemother, 59 (11): 6968-6974.

WANG Y, HE L W, XING Y Q, et al., 2019. Dynamics of bacterial community and fermentation quality during ensiling of wilted and unwilted moringa oleifera leaf silage with or without lactic acid bacterial inoculants [J]. Applied and Environmental Science, 4 (4): 1-19.

WANG S, DONG Z, LI J, et al., 2019. Pediococcus acidilactici strains as silage inoculants for improving the fermentation quality, nutritive value and in vitro ruminal digestibility in different forages [J]. Journal of Applied Microbiology, 126 (2): 424-434.

YANG L L, YUAN X J, LI J F, et al., 2019. Dynamics of microbial community and fermentation quality during ensiling of sterile and nonsterile alfalfa with or without Lactobacillus plantarum inoculants [J]. Bioresource Technology, 275 (9): 280-287.

ZHAO G Y, XUE Y, ZHANG W, 2007. Relationship between in vitro gas production and dry matter and organic matter digestibility of rations for sheep [J]. Journal of Animal and Feed Sciences, 16 (S2): 229-234.

ZHAO J, DONG Z H, LI J F, et al., 2018. Ensiling as pretreatment of rice straw: effect of hemicellulase and *Lactobacillus plantarum* on hemicellulose degradation and cellulose conversion [J]. Bioresource Technology, 266 (18): 158-165.

第十章　农作副产物饲料化处理机械及其应用

大力发展我国农作副产物饲料化生产机械设备，实现其生产机械化，使其品种多样化、功能专业化、规模大型化、定量精准化、控制自动化、管理技术数字信息化，对我国的畜牧业走可持续发展道路起着举足轻重的作用。农作副产物饲料加工是指以农作副产物为原料，依据产品形式，采用特定工艺和设备生产出符合一定质量标准，适合流通的饲料产品的过程。该加工过程解决了农作副产物的结构松散、体积大、密度小、贮存、运输和饲喂不便等问题。常用的饲料加工方法有切碎、粉碎、揉碎、制粒、压块、膨化、热喷生产等。

第一节　饲料加工工艺

一、碎草加工工艺

（一）草段加工工艺

稻草秸秆等经干燥处理达到适宜加工含水量后，首先进行初洗，将其中的泥块、石块、带状杂质、金属杂质等清除，再采用特定的加工设备切断成8~15cm的草段，直接饲喂家畜或进一步加工利用。

（二）干草粉加工工艺

农作物副产物经干燥处理达到适宜加工的含水量后，首先进行初洗，将其中的泥块、石块、带状杂质、金属杂质等清除，再经粉碎技术碎成一定粒度的草粉，根据反刍动物对粗蛋白质、能量、粗纤维、矿物质和维生素等营养物质的需要，将其与精料及各种添加剂按照一定比例配比，采用混合机充分混合后，制成混合饲料。

二、揉碎加工工艺

秸秆揉碎加工工艺是近年来兴起的一种秸秆加工方法，经揉碎后的秸秆为柔软、蓬松的丝状段，并具有适宜的长度和粗细度（85%以上长度为4~12mm，粗细度为2~6mm），因此在喂饲牲畜时，具有很好的适口性，同时易于消化，为许多牲畜所好食。揉碎加工不仅适于新鲜秸秆处理，而且对干燥后含水率较低的秸秆仍具有较好的加工效果。对揉碎秸秆做微生物处理试验的结果表明，其营养成分向好的方面转化程度明显高于切碎，表现为粗纤维下降25%以上，粗脂肪和无氮浸出物分别上升110%和18%以上。其氨化和碱化效果也明显提高，同时处理周期明显缩短，这样极大地提高了秸秆的营养价值和利用率。

三、制粒工艺

将含水量在15%~17%的干草原料经初洗后送入粉碎机粉碎成一定粒度的粉料后，按照配方要求，加入一定比例的精料和添加剂并充分混合，经调质处理，送入颗粒机制成颗粒饲料，经干燥、冷却处理后制成成品贮存。

四、膨化工艺

制粒主要指经过调质的粉状饲料在颗粒机的机械挤压作用下制成颗粒饲料的过程。家禽饲料制粒效果的主要评价指标是饲料含粉率、粉化率及颗粒硬度，其中含粉率是指颗粒饲料中未成颗粒的粉料占总饲料量的百分比，粉化率是指颗粒饲料在特定条件下产生的粉料占总饲料量的百分比，硬度是指颗粒在径向所能承受的垂直压力。

五、压块工艺

机械化饲料压块技术是指以饲草为主要原料，利用专用设备，经过干燥、切碎、配料混合、挤压加工等制成块状饲料的生产技术。

六、热喷工艺

热喷是将物料（秸秆、饼粕和鸡粪等）装入饲料热喷机内，向机内通入热饱和蒸汽，经过一定时间后使物料受高压热力的处理，然后对物料突然降压，迫使物料从机内喷爆入大气中，从而改变其结构和某些化学成分，并经消毒、除臭，使物料变为更有价值的饲料。

第二节　切碎加工机械与设备

一、揉碎机

（一）主要构造和特点及工作原理

1. 主要构造和特点

本机是由切碎滚筒（由滚筒体、切刀座、动刀、调整螺栓等组成）、定刀、机体、上壳体、抛送筒（可在360°范围内调整方向）、喂入系统（由2个上喂入辊、2个下喂入辊、输送链、喂入槽、过桥等组成）、传动部件、机座、击搓板、左右斜齿板、斜光板、弧光板等构成，如图10-1所示。该机特点为采用摆臂浮动式喂入辊喂入，其结构简单，喂入均匀，起到压缩、破节作用，结构独特；铡切部件为滚刀式滑切机构，选择合理的滑切角可使铡切功耗达到最小；配套刚性击搓板与弯形齿板配合完成揉搓功能。由于刚性击搓板上配置有击搓槽，其揉碎效果得到加强。刚性击搓板安装在铡切部件上，在保证加工质量的同时其结构得到了简化，且起到风扇的作用，使该机结构紧凑、合理，达到最佳效果。

该机与国内外技术相比有以下优点：①采用切击联合型转子，铡切揉搓相分离，物料加工质量好；②采用刚性击搓板代替锤片揉搓，揉搓效果好；③刚性击搓板代替风扇，抛送效果好，结构简单，动力消耗低；④喂入装置采用摆臂浮动式双排喂入辊，破节率高，喂入均匀，故障率低。

2. 工作原理

人工将物料放在喂入槽中，物料按一定的喂入速度喂入切碎滚筒处，进行先切断再揉搓；已切碎的物料通过下壳体上的斜齿板（或斜齿板和光板）向机具后部运动，在风扇的作用下抛送到机体外。

（二）主要工作部件技术参数

1. 切碎滚筒

为了结构简单、制造方便、降低成本，本机采用直抛式切碎滚筒，除完成切碎物料外，还要完成抛送切碎物料的工作。

（1）切碎滚筒直径及长度。由于本机为直抛式切碎滚筒，其直径（D）

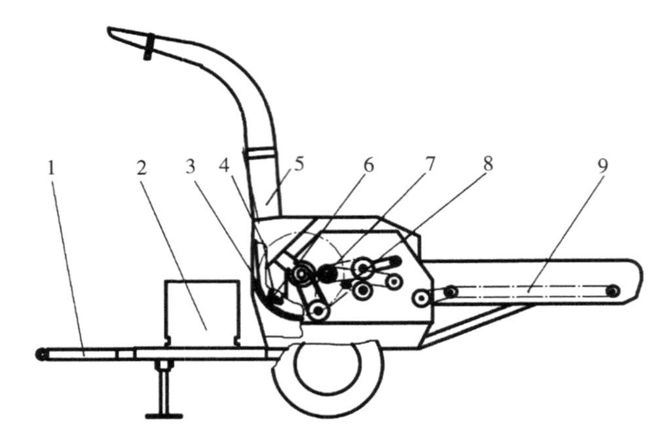

1. 机座；2. 动力系统；3. 斜齿板；4. 切碎滚筒；5. 抛送筒；
6. 击搓板；7. 传动机构；8. 定刀；9. 喂入系统。

图 10-1　秸秆饲料青切揉碎机结构

应为 620mm，长度（L）为 375mm。

（2）动刀片的形式、数量及主要参数。①动刀片的形式：本机切碎滚筒直径较大，考虑到平板刀制造容易、成本低以及结构简单、使用方便等优点，因此采用平板形刀（直刀曲刃动刀），数量（K）为 8 片。②平板刀的安装前倾角。安装前倾角是切刀上的任一切点到滚筒轴心的连线与动刀片内平面的夹角，即刀板平面与滚筒径向夹角。平板刀的安装前倾角是个变值，本机从滚筒的左端到右端，角逐渐变小。前倾角越大其切碎功能越好，但抛送性能差，对于含水率为 74%的玉米和 72%的青草，保证抛送应满足前倾角≤60°。本机下壳体上安装有齿板，因此比起无齿板的机器，其抛送阻力大。为保证切碎物的可靠抛送，本机采用较小的前倾角，其左端前倾角 = 50°。③斜角 α。斜角是平板刀刀面所在平面与切碎滚筒中心线的夹角。斜角 α 的大小影响滑切角的变化，α 角越大，滑切角也越大。由于平板刀切碎滚筒的结构限制，一般取 α 为 4°~7°，本机取 α 为 6°。

2. 切碎滚筒的圆周速度

为保证切碎物可靠抛送，直抛式切碎滚筒的圆周速度一般取 30~38. 5m/s。本机取 37m/s。

因此，切碎滚筒转数为 $n_Q = V \times 60/\pi \times D = 1\ 140$r/min。

式中：V 为滚筒圆周速度，$V = 37$m/s；D 为滚筒直径，$D = 0.62$m。

3. 喂入系统

目前，国内普遍使用的固定式切碎机的喂入系统，大都采用由一对上下喂入辊和链板输送器构成的链板式喂入系统。这种喂入系统使用寿命较低，而且经常出故障。本机采用的两个上喂入辊可上下浮动，用弹簧压紧在下喂入辊上，工作时，作物层被压紧，以保证均匀喂入。

4. 击碎、揉碎部件的设计

为了增强对切碎物料的搓擦能力及对蜡熟期青贮玉米中的籽粒破碎能力，本机特设置了可安装在动刀片下方的击搓板和安装在揉碎室下壳板上的左右斜齿板等击碎、揉碎部件。本机还设有揉碎室下壳体上可拆卸更换的光板。在加工蜡熟期青贮玉米、干作物秸秆和牧草或加工一般青贮玉米，要求物料细碎时，将击搓板安装在动刀片下方，并在拆下揉碎室下壳板上的光板后全部安装左右斜齿板，增强对物料的击碎、揉碎能力，以提高蜡熟期青贮玉米中的籽粒破碎率及获得较细碎的物料。在加工一般青贮玉米及其他物料要求不必太细碎时，卸掉动力下方的击搓板和下壳板上的部分左右斜齿板后更换光板。

（1）击搓板。击搓板是带有斜槽的齿板状部件。本机配有 8 块击搓板，可安装在 8 把动刀片下方。槽斜角为 30°（与切刀旋转平面的夹角），安装角为 100°（该板与动刀片底平面的夹角），长度同动刀片长度。

（2）左右斜齿板。该机配有 4 块右斜齿板和 3 块左斜齿板，左右斜齿板交替安装在揉碎室下壳板上。这种左右斜齿板的齿型高度在切刀旋转方向上从小到大变化，沟槽是从宽到窄的变化，且所有斜齿与切刀旋转平面成左斜或右斜一个角度，其正切值小于物料对齿板的摩擦因数，即斜角 α 确定为 30°，故这种齿板又称变高度斜齿板。

这种左右变高度斜齿板的作用在于工作时，已切碎的物料在切刀和击搓板的驱赶和打击下，在揉碎室内做圆周运动过程中，不断被翻动和打击，有利于物料充分搓擦和硬节及籽粒的破碎。左右变高度斜齿板的另一个主要特点在于它具有工作过程中自动清理进入沟槽中的细碎物料的作用，使得加工青贮玉米等含水率高的物料时，齿板沟槽不致被切碎物堵死，提高了对物料的搓擦能力。

5. 使用优势分析

揉碎机所采用的先切后揉碎和链辊结合喂入系统的方式，生产率较高，适应性强，大大提高了对秸秆饲料的加工效率（表 10-1）。

表 10-1　揉碎机相关性能分析

试验物料		玉米秸秆	稻草秸秆	青贮玉米
茎秆平均直径（mm）		27.0	23.5	23.5
茎秆平均高度（m）		2.83	2.78	2.75
含水率（%）		42.8	76.2	74.2
电源电压（V）		380	380	380
动刀片数量（片）		8	8	8
左右斜齿板数量（个）		左 3 右 4	左 2 右 2	左 3 右 4
光板数量（个）		斜光板 2	弧光板 2	
电机空载功率（kW）		2.72	2.72	2.72
电机空载转速（r/min）		1 500	1 500	1 500
电机负载功率（kW）		15.7	16.7	20.4
生产率（t/h）		6.202	8.95	8
度电产量［t/（kW·h）］		0.346	0.486	0.358
抛送距离（m）	近	4.5	4	3.3
	中	5.8	6	4.5
	远	8.2	8.5	7
加工质量	切断长度合格率（%）	99	99	99
	揉碎度（%）	97	98	99

表 10-1 介绍了揉碎机对不同农作物秸秆饲料化利用过程中的一些性能分析，其主要特点为：①加工物料质量好，揉碎率高；②结构新颖，故障率低；③操作简便，易于掌握，结构简单，造价低；④生产效率高，使用效果好，功耗低；⑤动力配套合理，经济性较好；⑥移动方便。

第三节　粉碎加工机械与设备

一、粉碎机概述

饲料原料的粉碎是饲料加工中非常重要的一个环节，通过粉碎可增大单位质量原料颗粒的总表面积，增加饲料养分在动物消化液中的溶解度，提高动物的消化率；同时，粉碎原料粒度的大小对后续工序（如制粒等）的难易程度和成品质量都有着非常重要的影响；而且，粉碎粒度的大小直接影响着生产成本，在生产粉状配合饲料时，粉碎工序的电耗为总电耗的50%~70%。粉碎粒度越小，越有利于动物消化吸收，也越有利于制粒，但同时电耗会相应增加，反之亦然。我国每年粉碎加工总量达2亿多吨。饲料粉碎机作为饲料工业的主要装备，对饲料质量、饲料报酬、饲料加工成本的形成是一个重要因素。所以，恰当地掌握粉碎技术、选用适当的粉碎机型是饲料生产不可忽视的问题。

粉碎机按进料方式可分为3种类型。①切向——饲料从粉碎室切向方向喂入，其通用性较好，既粉碎谷物，也粉碎小块豆饼和切碎后的茎秆及牧草。②轴向——饲料从主轴方向进入粉碎室，其适于粉碎谷物，但在喂入口安装切片后，又可粉碎牧草，茎秆等。③经向——饲料从转子顶部进入粉碎室，转子可正反转使用，可少更换两次锤片，其主要适用于加工精饲料。

粉碎机按筛片可分为两种，包括半筛式和全筛式。以上两种又称为环形室粉碎机，该类机器存在粉碎效率低、功耗大的问题，因为粉碎机转速较高，使得粉碎物绕粉碎室旋转，气流与物料属所在为环境层，环流层的形成由离心力造成，使质量大的颗粒远离回转中心紧贴筛面，质量小的在其上，最小者离回转中，这样造成质量大的饲料堵住筛孔，阻碍粉碎好的饲料及时排出，使粉料重复粉碎，结果是排粉效率低于粉碎效率，做无用功。为解决这一问题采用以下几种类型：水滴形筛式；偏心式；无筛或侧筛式。以上三种可破坏环境层，有利于打击及排粉。

二、锤片粉碎机的结构

底座是粉碎机安装基础，一般采用钢板焊接结构，用于支撑和连接粉碎机转子以及其他部件。底座要求刚性好、牢固，从而达到振动降低而可靠性增加以及使用寿命延长的目的，底座下部是物料粉碎后的排出口。

转子是整个粉碎机的主要运动部件，主要由主轴、轴承、轴承座、锤架板、销轴、锤片等零件组成，由于其运动时的转速非常高，因此使用前要求必须进行动平衡校验。转子是粉碎机的核心部件，也是旋转传动部件之一，其与筛片组成粉碎室来击碎物料并进行筛分，转子各部分零件在工作过程中能够产生振动，发出噪声等。转子组件与电机是通过联轴器连接并进行高速旋转，在旋转过程中与物料之间进行碰撞而将物料击碎。其中，锤片在工作时由于进行高速旋转而受到磨损，因此是磨损工件之一，为此要求其具有一定的硬度、强度及耐磨性。另外，锤片的材料、结构以及布置方式对物料粉碎效率有影响，因此使用前一般要对其进行热处理，从而使其强度及耐磨性增强。此外，锤片的排列方式也对粉碎机的效率有影响，一般采用的有 4 种排列方式，即对称排列、螺旋线排列、对称交错排列和交错排列。

筛片也是粉碎机中容易磨损的零件之一，其能够控制粉碎产品的粒度。筛片通过操作门压紧窗固定在机体上，构成封闭的粉碎室，物料粉碎后会从筛孔中筛出，以达到粉碎要求。物料粉碎后的粒度大小由筛片的筛孔大小控制，即筛片的孔径要根据粉碎粒度确定。操作门下部装有滚轮，将其打开后能够移到另一侧，筛片通过专用的压紧机构来压紧，其一般在更换锤片或筛片时才会开启。上机壳上部有进料口，下部与底座相连，两侧分别装有筛板，与底座组成粉碎室用于粉碎物料，进料导向机构。根据转子的旋转方向，引导物料从右边或左边进入粉碎室。

三、主要工作部件

（一）锤片

锤片是打击、粉碎饲料的主要部件，其中常用的有长方形和阶梯形两种。锤片共分四组，每组四片装在销轴上。锤片的排列方式有螺旋线排列、对称排列、交错排列和对称交错排列四种。螺旋纹排列的特点是相邻锤片的水平距离相等，对饲料重复打击次数少；但饲料会被推向一边，锤片磨损不均匀，平衡性较差。对称排列的特点是平衡性能好，对应两组锤片对称安装，因而转子上对称两销轴所受的离心力可以相互平衡，转子运转平衡，粉碎室内物料分布均匀，所有锤片磨损同步。交错排列的特点是交错排列的锤片轨迹均匀不重复，对称销轴上所受的离心力相互平衡，但工作时物料略有偏移，且锤片定位所需要的隔套品种较多，合得锤片的安装不甚方便。对称交错排列的特点是不仅锤片轨迹均匀不重复，物料不发生推移，而且四根销轴受力中心在同一平面上，对称轴相互平衡，因而转子的平衡性能好。

（二）筛片

筛片用于控制饲料粗细程度。常用的有圆孔筛和圆锥孔筛。回孔筛结构简单，使用方便，故应用广泛。圆锥孔筛内表面孔径小，外表面孔径大，粉碎饲料易通过（图 10-2）。

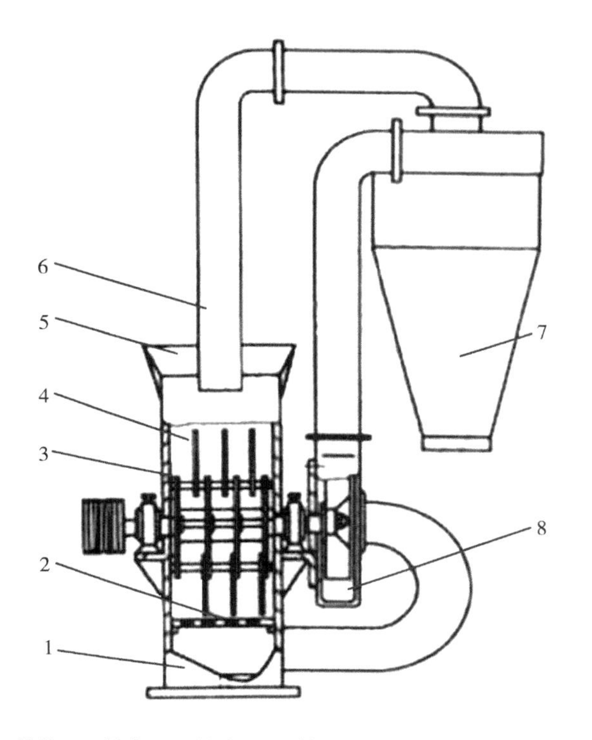

1. 机体；2. 筛片；3. 转盘；4. 锤片；5. 喂料斗；6. 回风管；7. 集料筒；8. 风机。

图 10-2　锤片式饲料粉碎机结构示意

四、粉碎机的工作原理

从粉碎机进料口将需要被粉碎的饲料物料投入，在粉碎室接触到处于高速转动状态的锤片，并与之发生撞击，物料通过锤片高速旋转地被带入到加速区，使得物料颗粒运转速度在瞬间被加快，且其速度大小基本与锤片末端线速度相同。同时，物料颗粒在粉碎室内受到锤片旋转的离心力的作用使其与筛面相接触，并在上面进行圆周运动，形成“物料—空气环流层”。但在物料自身重力作用的影响下，大部分物料分布在粉碎室底端，即粉粹机的出料口处，少部分物料会随着锤片的旋转而分布在筛面周围，当物料达到尺寸要求后则通过筛网排出。物料被粉碎是经由外力的作用，并破坏固体物料分子之间的内聚力，导致固体物料发生破裂，即外观尺寸由大变小，而单位质量的表面积即比表面积由小变大的一个过程。

五、锤片粉碎机的使用须知

（一）筛网的修理和更换

筛网是由薄钢板或铁皮冲孔制成，当筛网出现磨损或被异物击穿时，若损坏面积不大，可用铆补或锡焊的方法修复；若大面积损坏，应更换新筛。安装筛网时，应使筛孔带毛刺的一面朝里，光面朝外，筛片和筛架要贴合严密，环筛筛片在安装时，其搭接里层茬口应顺着旋转方向，以防物料在搭接处卡住。

（二）轴承的润滑与更换

粉碎机每工作300h后，应清洗轴承，若轴承为机油润滑，加新机油时以充满轴承座空隙1/3为宜，最多不超过1/2，作业前只需将常盖式油杯盖旋紧少许即可，当粉碎机轴承严重磨损或损坏，应及时更换，并注意加强润滑，使用圆锥滚子轴承时应注意检查轴承轴向间隔，使其保持0.2~0.4mm。

（三）齿爪与锤片的更换

粉碎部件中，粉碎齿爪及锤片是饲料粉碎机中的易损件，也是影响粉碎质量及生产率的主要部件，粉碎齿爪及锤片磨损后都应及时更换。齿爪式粉碎机更换齿爪时，应先将圆盘拉出。拉出前，先要开圆盘背面的圆螺母锁片，用钩形扳手拧下圆螺母，再用专用拉子将圆盘拉出。为保证转子运转平衡，换齿时应注意成套更换，换后应做静平衡试验，以使粉碎机工作稳定，齿爪装配时一定要将螺母拧紧，并注意不要漏装弹簧垫圈，换齿时应选用合格件，单个齿爪的重量差应不大于1.0~1.5g。

第四节　制粒加工机械与设备

一、制粒机的原理

在饲料的制粒工艺中，制粒机是最主要的设备，根据压粒机构的工作原理，一般可分为成型机和挤压机2种类型。成型机是在一个密闭的机体内压制成饲料原料；挤压机则是利用对压粒器模壁压挤的摩擦力而产生的一种抗力来压制成饲料颗粒。按压粒部件结构特点，可将压粒机分为柱塞式、螺杆式、环模式和平模式制粒机。

二、制粒机的组成结构

一般制粒机主要由无级调速喂料系统、搅拌调质系统、制粒系统、传动系统和保安系统等组成。

（一）无级调速喂料系统

无级调速喂料系统是由变速器和喂料绞龙两大部分组成。变速器通常是由 JZTY 型电磁调速电动机与减速器组成。调速电动机是由三相异步交流电机、涡流离合器与测速发电机组成，与 JZTY 控制器配合使用。通过 JZTY 型电磁调速电动机控制器，可改变其输出转速，并经减速比 1：10 的减速器减速后，带动螺旋喂料绞龙轴旋转，达到无级变速喂料和控制不同喂料量的目的。喂料绞龙，由绞龙筒体、绞龙轴和带座轴承等组成，其作用是通过绞龙轴的旋转将存料斗中的粉状物料输送到搅拌器中。绞龙筒体、绞龙轴及其叶片均由不锈钢制成，绞龙轴叶片为满面式。绞龙轴可连同轴承座一起从绞龙筒体中抽出，以便于内部及绞龙轴的清理。

（二）搅拌调质系统

搅拌调质系统主要由筒体、搅拌轴、带座轴承、减速器、电机、加蒸汽口、糖蜜添加口、保安磁铁和起吊器等组成。其功能是通入 0.1~0.4MPa 的蒸汽和饲料强烈搅拌，使物料软化；同时也可通过添加口加入适量的糖蜜，温度升至 80~100℃，由油泵加压成雾状的油脂和糖蜜。搅拌调质器的筒体与搅拌轴及浆叶片等均用不锈钢制成，其搅拌轴和轴承座可抽出机外，以便维护清理。搅拌轴由电机带动，由减速比 1：4 的减速器驱动旋转，以达到搅拌输送物料的目的。

（三）制粒系统

制粒系统主要由下料斜槽、压制室及切刀等组成，是制粒机的核心，也是制粒工艺和制粒效果的决定因素（图 10-3）。

1. 下料斜槽

下料斜槽由斜槽、手柄、观察窗门和完体组成，其目的是将搅拌调质器内经调质后的物料送进压制室内进行压制，起承上启下的作用。打开观察窗门可随时观察和掌握物料的调质质量，同时也可作为人工供料口。当拉动斜槽机外手柄时，进行机外排料，以便试车和排除故障。

2. 压制室

压制室是制粒机的心脏，由压模罩、喂料刮板、分配器、环形压模、柱

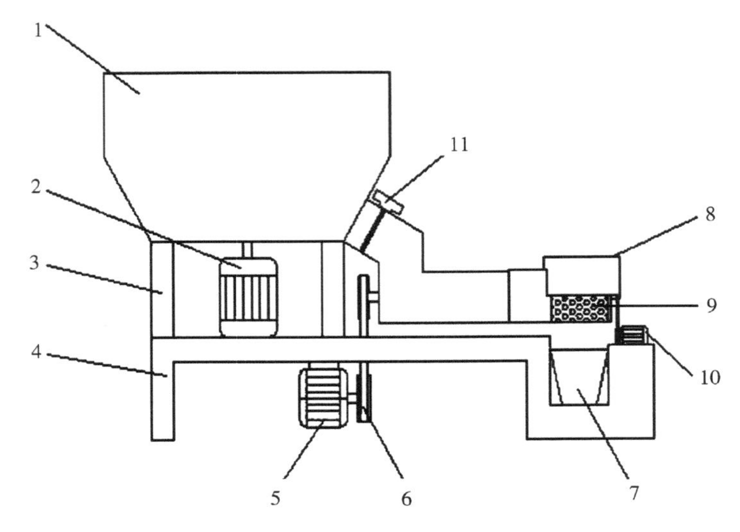

1. 进料槽；2. 第一电机；3. 支架；4. 底座；5. 第二电机；6. 传动皮带；
7. 收集装置；8. 防护罩；9. 出料装置；10. 第三电机；11. 蝶阀。

图 10-3　饲料加工中制粒机结构示意

状压辊、切刀和门盖等组成。其功能是将由下料斜槽所送入的待制粒物料，经分配器分配到转动的环型压模和柱状压辊间的工作面上，由旋转的压模把物料填入压缩区，再通过与物料的摩擦带动压辊旋转，使物料进入挤压区，并入模孔成型。物料在强烈的挤压下，克服孔壁阻力，不断从模孔中成条地挤出，挤出时被装置在环模外，由位置可调节的切刀切成长度适宜的颗粒饲料。喂料刮板是将料流均匀分配到每个压辊和压模的挤压区，以减缓振动和受力不匀。环形压模是具有数以千计个均匀分布小孔的环型模具。在压制颗粒过程中，物料是在压模与压辊的强烈挤压作用下强制通过这些小孔而压实成型，因此压模应具有较高的强度和耐磨性；一般采用优质合金钢、铬钢（含铬 12%~14%）和渗碳不锈钢，其结构特性参数通常由模孔直径、压模厚度、有效工作长度、减压料孔深度、进料孔口直径、进料孔口角度、压模开孔率、压缩比和长径比表示。压辊一般是惰性或传动的，其传动力是压模与压辊间的摩擦力。因此，要确保压辊具有足够的牵引力，防止压辊“打滑”。压辊的主要零件包括辊轴、轴承、密封件和辊壳。鉴于压辊与压模的直径比约为 0.4∶1，而二者线速度基本相同，因此压辊的磨损率约比压模高 2.5 倍。压辊内套要加工成具有可调节的偏心装配面，以便装拆和整修。辊轴上需润滑注油孔，以便在制粒机运转的同时能及时地润滑轴承。

3. 切刀

切刀是用来将模孔挤压后的物料切割成要求长度及形状均匀的颗粒料的工具，每个压辊配备一把切刀，切刀架一般固定在门盖上，与压模外表面的间距可根据颗粒长度的要求调节，其材质一般选用含镍的硬质合金钢。

（四）传动系统

传动系统的动力由主电机输出，经内齿形弹性联轴器，使齿轴随电机同轴运转，再经一对（2个）齿轮到减速（或直接通过皮带轮减速）后，使空轴连同传动轴及压模一起旋转。压模与传动轮间用螺旋和键连接（或用抱箍固定）。带有偏心的压辊轴安装在主轴的压辊衬套内，由压板压紧固定。压辊轴上装有压轴，当压模旋转时，由于物料的摩擦作用带动内切压辊旋转，被离心力带进去的物料通过其间的挤压，从压模模孔中挤出整齐的颗粒。压模和压辊间距可通过调整调隙轮改变，其最大调节距离一般约为10mm，由偏心的压辊轴绕主轴与压板上的同轴孔旋转来获得。

（五）保安系统

保安系统包括过载保护、保安磁铁、压制室门盖保护开关和机外排料4部分。

1. 过载保护

当有异物突然进入模和辊间时，挤压力会突增，超过常压，而使压辊停止转动或随压模绕主轴轴线并带动原静止的主轴一起旋转，从而折断安全销（或内摩擦盘转动）。此时行程开关工作，切断电源，使电机停止转动，以保证机器的其他零件不受损坏，起到过载保护的作用。

2. 保安磁铁

当有金属磁性杂质混入物料中时，可通过安装在搅拌器筒体（或下料斜槽）上的保安磁铁清除。保安磁铁为不锈钢全封闭型，有较长的寿命和可靠性，并通过手柄达到快速拆卸的作用。

3. 压制室门盖保护开关

压制室门盖保护开关在正常工作时，为避免打开压制机门盖，在门盖一侧时，则行程开关断开制粒机的全部控制线路，使制粒机停止转动或不能启动，以保证人身安全。

4. 机外排料

机外排料时只要拉开机外排料手柄，就可使斜槽转动，此时调质器的物料全部流入机外，而不进入压制室内。主要用于制粒机在正常工作前的试机及在发生故障时紧急排料。待正常工作或故障排除后再推动排料手柄，使斜槽复位，正常下料。

三、制粒过程

制粒过程是将粉状配合饲料通过磁选装置除去铁质，经无级变速的螺旋喂料器送至搅拌调质系统，与同时加入的蒸汽（有时需加糖蜜及油脂）进行搅拌混合，使饲料中的蛋白质和淀粉在热力作用下被水稀释，变成可塑性强的料体，粗纤维被加温软化。这时，饲料水分达到 15%～17%，温度为 65～85℃。经调质处理后的物料，被送到运转的环模和压辊工作面间。旋转的压模通过与物料的摩擦带动压辊旋转，物料在强烈的挤压下，克服孔壁阻力，并不断从压模孔中成条地挤出。挤出时被装置在压模外的切刀切成长度适宜的颗粒，切刀的位置可调节，以控制颗粒的长短。

四、利用二次制粒工艺提高质量

环模制粒机在我国经过多年的发展，规格已经比较齐全。环模制粒机组二次制粒工艺和常规单级调质制粒工艺的主要差别在于工艺中配有 2 台颗粒机，调制后的分装原料经过第 1 次粗制粒后再进行第 2 次精制粒，实质也是强化制粒的调质，改善最终颗粒的质量。原理是物料由原料仓经过调制器进入颗粒机进行第 1 次制粒，通常孔径比第 2 级制粒大 50%，或使用第 2 级磨损的旧环模重新修正后利用，再进入颗粒机进行第 2 次制粒。制粒后的工艺过程同常规制粒工艺基本一致。2 次制粒工艺是提供强化调质的一种方法，能满足添加液体渗透原料所必需的压力、温度和时间等主要条件。水分在 2 次制粒前已被基本吸收，可生产出高品质的颗粒饲料。在具体的工艺配置上有直接串联式和加带式熟化槽式，直接串联式使用效果较好，投资成本较低；加带式熟化槽式是在第 2 级制粒前加调制器，冷却器改为 4 层冷却，在第 1 级调制器中加入蒸汽外的所有液体添加物，初制颗粒质量很低。然后在熟化器内，由冷却器通过热交换器输入的热干风使物料保持温度，确保物料得到充分调质，在第 2 级调制器中再加入蒸汽，使物料进一步升温，同时保持物料表面湿润，在饲料第 2 次通过压模时起到润滑作用。卧式 4 层冷却器既可为熟化器提供热湿空气，又可提高冷却效果。这种方式能大批量添加糖蜜和油脂，尤其适用于牛饲料和草食动物饲料的加工。虽 2 次制粒的投资费用和运行成本偏高，但工艺容易控制，颗粒质量改善明显。

第五节　膨化加工机械与设备

膨化饲料由于其营养均衡，运输方便，适口性好等特点，越来越受到养殖场户的喜爱，但膨化饲料由于工艺的差别和设备限制，质量参差不齐。单螺杆式挤压膨化机是膨化过程中最重要的工序设备，直接影响膨化饲料的适口性和熟化程度，如何在制粒过程中充分发挥设备工艺优势，提高调质效果，保证产品质量和营养均衡不流失，是膨化工艺的重要现实问题。生产膨化饲料的主要机型是螺杆式挤压膨化机，其主要有两种结构形式，即单螺杆式和双螺杆式挤压膨化机。饲料生产中尤以使用螺杆式挤压膨化机为主。

一、单螺杆式挤压膨化机的工作原理

单螺杆式挤压膨化机主要由进料装置、调质器、螺杆挤压腔体、成形模板与切刀、参数检测与控制系统以及驱动动力等部分所组成。含有一定量淀粉比例（20%以上）的粉粒状原料由旋转式加料器均匀地进入调质器，在调质室内进行调湿和升温，经搅拌混合使物料各级分的温度、湿度均匀一致。调质后的物料送入螺杆挤压腔内，挤压腔内的螺杆通常被制成变径（齿根直径）和变螺距的几何形状，使挤压腔空间容积沿物料前进方向逐渐变小，在稳定的螺杆转速下，物料所受到的挤压力逐步增大，其压缩比可达4~10，同时，物料在腔内的移动过程中还伴随着强烈的剪切糅合与摩擦作用，有时，根据需要还可通过腔筒夹套内流过的生蒸汽对物料进行间壁加热，这样共同作用的结果使物料温度急骤升高（110~200℃），物料中的淀粉随即产生糊化，整个物料变成熔化的塑性胶状体。在挤出模板之前，物料中所含水分的温度虽然很高，但在相应较大的压强下水分一般并未转变成水蒸气，直到物料从挤出模孔排出的瞬间，压强骤然降至一个大气压，水分迅速变成过热蒸汽而增大体积，使物料体积亦迅速膨胀，水蒸气进一步蒸发遗散使物科水分含量降低，同时由于温度也很快下降，物化淀粉随即凝结，水蒸气的遗散使凝结的胶体状物料中留下许多微孔。所谓膨化就是依据这样的原理和作用结果而得名的。连续挤出的柱状或片状膨化产品经旋转切刀切断后送入冷却、干燥和喷涂等后处理工段。螺杆式挤压膨化机是将输送、换热、搅拌、加压、糅合及剪切等作用集于一体，在一台设备上完成诸如调质、蒸煮、灭菌和糊化成型等一系列连续的操作过程。

二、单螺杆式挤压膨化机的主体结构

单螺杆式挤压膨化机的工作主体由进料装置、调质器、螺杆挤压腔体、模板和切刀装置所组成（图 10-4）。

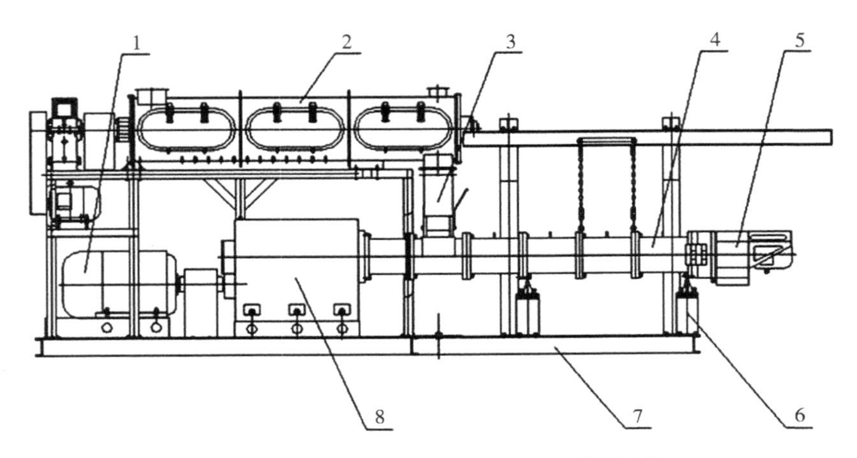

1. 主动机；2. 调质机；3. 进料口三通；4. 挤压腔体；
5. 切割机构；6. 支架；7. 机座；8. 传动箱。

图 10-4 单螺杆式挤压膨化机结构示意

（一）进料装置和调质器

进料装置和调质器与其他压粒机所用的螺旋式进料器和桨叶式调质器的结构类似。调质器装设于进料装置与螺杆挤压腔体之间。在调质器内，根据原料的性质和产品的要求通过加注水分或生蒸汽进行调湿和升温，通常要使粉粒原料的水分含量在 15%～30%（湿基），温度升高到 70～98℃。在喷水和生蒸汽的同时伴随着搅拌混合使物料的温湿度均匀一致，然后依次将调质后的物料送入螺杆挤压腔体。

（二）螺杆挤压腔体

螺杆挤压腔体由挤压螺杆和挤压腔筒体两部分构成，它们是螺杆式挤压膨化机的关键组件。挤压腔筒体（带夹套或不带夹套）是静止的部件，紧固在机座上。螺杆位于筒体中心，由驱动电机经减速箱减速后驱动螺杆以一定的转速旋转。可以用螺杆拖移泵的工作原理来描述物料在挤压腔内被推移输送和排出的过程，即落入螺杆齿槽中的物料，伴随着螺杆的旋转，在螺旋升角的作用下被推移至挤出口。但是，如果物料填满齿槽并紧紧地粘结在螺杆上与螺杆一起旋转，当它与筒体内壁上的圆周摩擦力小于它与螺杆齿槽的摩擦力时，会出现物料随螺杆仅做旋转运动，产生滑壁空转而失去物料的输送作用。到一定程度，物料不可能再进入，也无膨化产品输出，这种运行过程只不过是将机械能变成摩擦热能而徒费功耗。为了克服这种不利情况，可在筒体内表面的径向和轴向开设沟槽。开设环格和直线槽后，增加了物料在腔体内沿径向和轴向的运动阻力，避免了滑壁空转现象。它们还可增进物料在挤压腔内的剪切和捏和作用。通常，沿轴向上筒体可分成几段，使用时将各段活套在螺杆上，然后用螺栓、定位销把各段联接成整体。这种结构由于拆装比较方便，使用后亦便于清除内壁的残留物料。另外，各段夹套内的加热介质、温度和传递的热量也都可根据工艺要求分别进行调试。螺杆是挤压膨化机的主要工作部件，它的几何结构比较复杂。螺杆的结构参数及工作参数直接影响膨化机的工作性能。螺杆长度与其直径的比值越大，物料在腔内停留的时间就越长，按压捏合及糊化也越充分。齿槽较深，螺距较大和齿宽较小的螺杆，因空间容积相应较大，故在一定转速下可获得较大的产量。多头螺杆由于齿面与物料的接触面积增大，故压力和热量的传递效果较好，但空间容积相应减少。在挤压过程中的不同阶段，其工作参数亦不尽相同。当螺杆长度与直径一经确定，则只有通过改变螺杆的其他参数去适应不同区段的要求。将螺杆与筒体一起沿长度方向上分为三个不同的工作区段，即进料输送区段、糅合挤压区段和焙融糊化区段。腔内温度、物料状态沿长度方向也不断改变。根据各区段的不同工作参数要求，其各段螺杆的结构参数亦不同。通常，筒体内壁与螺杆之间的容积从进料口至挤出口是逐渐减小的，其比值称作压缩比，它反映了物料在挤压全过程中体积被压缩的程度。可以通过增加螺杆牙底直径（即逐渐减小齿高）或减小螺距等方式来实现一定的压缩比，满足沿长度方向压力不断升高的要求。采用这种方式，使筒体内腔与螺杆外轮廓之间所构成的容积逐渐变小，物料体积必然逐渐被压缩，压强逐渐增大。为适应这样复杂的工艺要求，新型多件组装螺杆由几节不同螺距的单头螺杆依次套在驱动轴上组装而成，根据不同的加工要求，可方便地选用不同的螺杆组件。

（三）成型模板

挤出成型模板用螺栓固接于筒体末端，由于模板孔口过流面积与腔内过流面积比要小得多，故模板首先对将要被挤出的原料起节流增压的作用，造成孔口前后产生很大的压力差。物料通过模板孔口而成型，根据产品形状的不同要求，会出现多种成型模。复式成型模可以制造夹心挤压颗粒饲料，这对改善适口性和减少微量饲料的损失应是一个新的途径。

（四）切割机构

被连续挤出的膨化产品由切割机构将其切割成均匀一致的粒段。通常专设一台切割电机驱动割刀架旋转，割刀的旋转速度可由变速装置调节，割刀速度越快，制品粒段的长度越短（变速旋转切刀的速度范围为 500～600r/min）。割刀与挤出成型模板之间留有一定的间隙，以免旋转的割刀与模板碰撞摩擦。

三、螺杆式挤压膨化机的操作特性

原料及膨化产品的品种、湿度、粒度和面团流变学等参数是选择和确定膨化机类型、操作参数的重要因素。对于多数膨化饲料产品（湿度小于10%），采用具有高剪切糅合作用的机型和高温（150～200℃）的操作参数，以使原料中淀粉质充分糊化。要获得较高的切应变速率可增加螺杆转速，选用矮齿形的螺杆为宜。这种机型结构和操作参数还适宜于组织化植物蛋白的挤压加工。反之，对于半干饲料产品（湿度在 25%左右）的生产，或者是挤压的目的只是制造成形颗粒产品而不需要膨化的情况，则宜选用低剪切作用的机型和采用较低的操作温度。由于所需的剪切作用较低，螺杆的齿高可取小一些。操作温度通常不超过 90℃。

第六节　压块加工机械与设备

压块饲料的原料是玉米秸秆、稻草、麦秸、牧草等，在加工过程中经过熟化，挤压过程中的秸秆温度可达 90～130℃，使农作副产物饲料由生变熟，有特别的焦香味，无毒无菌，牲畜采食率可达到 100%。

一、秸秆压块机特点

秸秆压块机自动化程度高、产量高、价格低、耗电少、操作简单。如无电力设备可用柴油机代替。

秸秆压块机物料适应性强，适应于各种生物质原料的成型，秸秆从粉状至 50mm 长度，秸秆压块机都能加工成型。秸秆压块机压轮具有自动调节功能，利用推力轴承双向旋转的原理自动调节压力角度，使物料不挤团、不闷机，保证出料成型的稳定。秸秆压块机操作简单使用方便，自动化程度高，用工少，使用人工上料或输送机自动上料均可。

二、秸秆压块机工作原理

压块机由上料输送机、压缩机及出料机等部分组成。压缩机由机架、电动机、进料口、传动系统、压辊、环模、电加热环、出料口等部分组成。

秸秆压块机工作原理为将准备压制的秸秆或牧草进行铡切或揉丝，其长度 50mm 以下，含水率控制在 10%~25%，经上料输送机将物料送入进料口，通过主轴转动，带动压辊转动，并经过压辊的自转，物料被强制从模型孔中成块状挤出，并从出料口落下，回凉后（含水率不能超过 14%），装袋包装。

秸秆压块机结构特点如图 10-5 所示，一是电动机带动减速机带动主轴转动，然后通过主轴来带动压辊转动，结构简单，维修方便；二是压辊与模具间径向间隙调节方便，可保证两个压辊与模具之间适当的间隙；三是增设上下电加热环，可把环模加热，有利于物料成型。

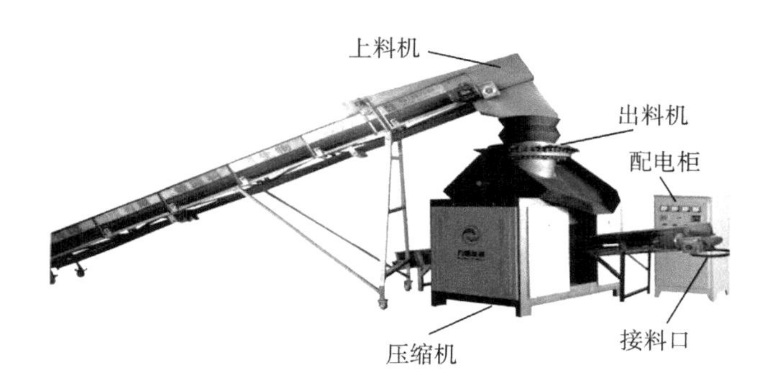

图 10-5　秸秆压块机示意

三、秸秆压块机的使用

秸秆压块机的操作要求包括以下几点：①开机前请先注入齿轮油 25kg（一次加油可连续使用 10 年以上），加油后拧紧注油孔塞头。②认真检查电力线路，预防患点、漏电，确保用电安全。③仔细检查机器电机、传动部件连接部位的螺栓，螺丝是否坚固，有无松动现象，如松动及时紧固。④根据物类的种类设定预热温度。玉米、小麦秸秆在 80~90℃，花生壳稻壳在 80~100℃。⑤开机后先空转 1min，检查机器转动是否正常，正常时再少量进料，待机器内的余料出净后，才可均匀上料。⑥上料前，请务必注意原料中的坚硬杂物，杜绝石料、铁块等进入料仓以免损坏机器。⑦每运行 8h 须为万向节上的注油孔加油一次，一次注油 2~3 滴即可。停机前请上少许湿料，以便次日开机后顺利出料。

四、注意事项

使用前请仔细阅读本说明书各项内容，并严格按照操作规程及先后顺序操作。成型机对水分的要求为玉米秸、小麦秸、稻草的含水量在 10%~30% 均可成型，以 15%~20% 为最佳。花生壳、稻壳的含水量在 12%~14% 时，成型效果最好。料斗内无料请勿空转。如因原料水分超过 30% 发生闷机（不出料）现象时，应及时关闭机器，清理料斗内的湿料，再加入符合要求的原料即可正常生产。听到机器有异常响动时，立即停机检查，严禁取下料斗开机，以防压辊伤人。

第七节　热喷加工机械与装置

一、热喷饲料的概念

热喷是将饲料（秸秆、饼粕、鸡粪等）装入饲料热喷机内，向机内通入热饱和蒸汽，经过一定的时间后，使物料受到高压热力的处理，然后对物料突然降压，迫使物料从机内喷爆于大气中，从而改变其结构和某些化学成分，并经消毒、除臭，使物料变为更有价值的饲料的压力和热力加工过程。

二、热喷技术原理

秸秆热喷膨化是物理学处理工艺技术。热喷设备由热源、物料罐、泌料罐和相应的连接装置组成。主要工艺是将待加工的原料连同添加剂，一并装入一个特定的压力罐内，然后密封，再将饱和的蒸汽直接通入罐内，维持一定时间的压力，然后骤然减压，从压力罐内喷入燃料罐中，冷却后即可直接喂用。热喷膨化原理包括热效应和机械效应。热效应是物料在 170℃ 高温蒸汽作用下，使细胞间及细胞壁各层间的木质素溶化，纤维素链分子振幅加大，部分氢键断裂而吸水、洁净度下降，若干高分子物质发生反应。机械效应是在喷放时，物料以每秒 150~300m 的速度排出压力罐，在管道中由于运行的速度和方向的变化而产生巨大的摩擦力。这种应力在溶化木质素的脆弱结构区集中，再加上蒸汽的突然膨胀，以及高温水散蒸汽的胀力，导致茎秆撕碎和细胞游离，胞壁疏松，胞间木质分布状态改变，造成饲料细化，总体积变小，总表面积增加，使各种消化酶、微生物接触面积扩大，物料品味改变，从而提高采食量及消化率。

三、热喷装置结构及工作流程

热喷装置的构造及工艺流程如图 10-6 所示：原料经铡草机切碎，装入贮料罐内，经进料漏斗，被分批装入安装在地下的压力罐内。将其密封后通入 0.5~1.0MPa 的低中压力蒸汽（蒸汽由锅炉经蒸汽包提供并由进气阀控制），维持一段时间（1~30min）后，控制排料阀，进行减压喷放，秸秆经排料管进入泄压罐，喷放出的秸秆可直接饲喂或压制成颗粒。

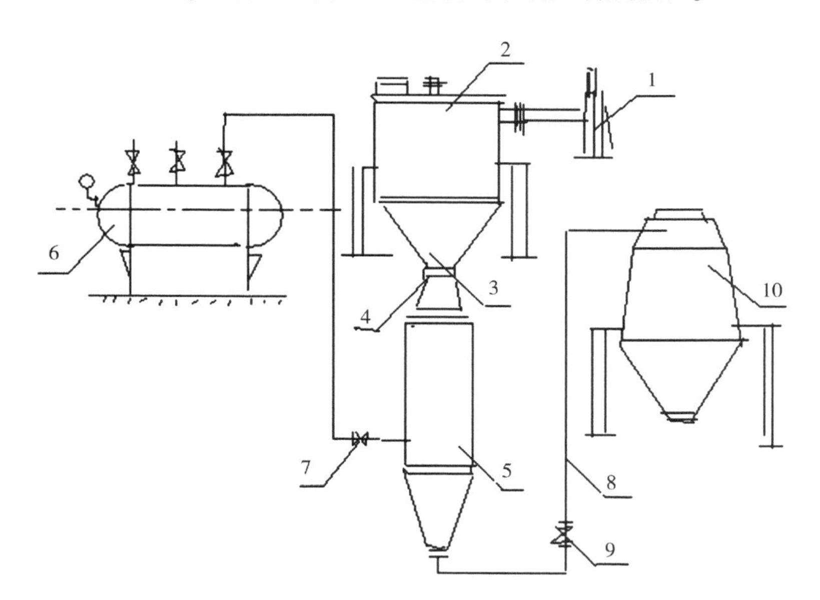

1. 铡草机；2. 贮料罐；3. 进料漏斗；4. 进料阀；5. 压力罐；
6. 锅炉；7. 供气阀；8. 排气管；9. 排料阀；10. 泄力罐。

图 10-6　热喷设备组成示意

四、热喷技术的优点

热喷技术的应用，对于开发饲料资源，特别是对劣质饲料的开发，提高饲料营养价值起了重要作用。热喷后的秸秆气味糊香，质地松软，适口性好，营养丰富。据测定，采食率由50%提高到95%以上，有机物消化率提高30%~110%。每千克热喷拧条达到或超过1.22kg青干草的效果。热喷精料可提高蛋鸡产蛋率5%以上；热喷鸡粪可变成无菌饲料，热喷饼粕可以脱毒。可用于热喷的饲料种类多，来源广。热喷技术可在谷物精饲料、各种粗饲料、饼粕蛋白饲料、多种非常规动物蛋白饲料、畜粪饲料乃至青饲料开发领域中发挥作用。热喷膨化技术具有多种用途，为饲料资源开发、饲料加工利用带来了巨大的潜力，势必对我国饲料工业的发展产生很大影响。

参考文献

陈慧，王军，2019. 真空加料机在饲料加工中的应用［J］. 江西农业（24）：73-74，78.

程秀花，周骥平，2007. 草业机械与设备［M］. 北京：中国农业出版社.

董德军，陈海霞，2002. 滚刀式铡草机刀片刃线分析［J］. 农机化研究（2）：41-42.

贾洪雷，马成林，2002. 曲面直刃刀切碎与抛送变量的研究［J］. 农业机械学报（6）：41-43.

刘晓华，2014. 秸秆饲料加工处理的新途径——热喷［J］. 中国畜牧业（23）：59.

刘珍，杨刚，杨国浩，等，2019. 饲料粉碎设备科技进展［J］. 饲料研究，42（10）：116-118.

彭飞，陈然然，方芳，等，2019. 小型饲料制粒机模辊结构的参数分析与设计［J］. 饲料工业，40（21）：7-11.

饶应昌，1998. 饲料加工工艺［M］. 北京：中国农业出版社.

桑广伟，贾贺鹏，2020. 制粒机传动系统扭矩试验及分析［J］. 饲料工业，41（1）：7-12.

宿坤根. 1999. 生产高质量饲料应采取的技术措施［J］. 中国饲料（22）：26-28.

孙群英，2020. 饲料机械在饲料工业发展中的需求分析［J］. 中国饲料（9）：104-108.

唐黎标，2018. 饲料加工工艺与设备研究进展［J］. 饲料广角（8）：35-36.

尹荣华，夏军，郭文敬，2020. 我国饲料加工业的发展研究［J］. 花炮科技与市场（2）：85.

于晓波，张凤菊，2003. 秸秆铡碎机的设计［J］. 农机化研究（2）：142-143.

中华人民共和国农业部，2002. 单螺杆挤压式饲料膨化机 SC/T 6013—2002［S］. 北京：商务印书馆.

张艳明，娜日娜，2019. 单螺杆式挤压膨化机的使用特性解析［J］. 江西饲料（1）：5-6，11.

张魁学，武康凯，周佩成，等，1995. 影响单螺杆挤压膨化机性能因素的试验研究［J］. 农业机械学报（3）：96-101.

赵文定，1990. 热喷饲料技术工艺及原理［J］. 现代商贸工业（2）：14-15.

周旭东，唐伟，2019. 混合机强化制粒技术在攀钢烧结中应用［J］. 冶金设备（5）：97-101.

TRINETTA V，MAGOSSI G，ALLARD M W，et al.，2020. Characterization of *Salmonella enterica* isolates from selected US swine feed mills by whole-genome sequencing［J］. Foodborne Pathogens and Disease，17（2）：126-136.

第十一章　农作副产物饲用价值评价及其技术

第一节　饲用价值评价指标

饲用价值指标包括粗饲料干物质采食量占动物体重的百分数（DMI，%）、可消化干物质占干物质的百分比（DDM，%）（陈功轩等，2019）、相对饲料价值（RFV）（Rohweder et al.，2019）、有机物质消化率（OMD，%）（王郝为等，2018）、总可消化营养物质（TDN，g/kg）、净能（NE，MJ/kg）（Lithourgidis et al.，2006）等。

一、总可消化养分

可消化养分总量，用于评定粗饲料的营养价值。TDN是将粗饲料中可消化非纤维性碳水化合物、粗蛋白质、粗脂肪和中性洗涤纤维4种可消化粗养分的含量按一定的系数组成的一个综合指标。计算公式（郝小燕等，2017）如下：

$$TDN\ (g/kg\ DM) = dNFC\ (\%) + dCP\ (\%) + [dFA\ (\%) \times 2.25] + dNDF\ (\%) - 7$$

式中：TDN（g/kg DM）为总可消化养分；$dNFC$（%）为可消化非纤维性碳水化合物（NFC）；dCP（%）为可消化蛋白（CP）；dFA（%）为可消化脂肪酸（FA）；$dNDF$（%）为可消化中性洗涤纤维（NDF）。

TDN的优点是首次采用粗饲料对动物有用部分来评定粗饲料的营养价值，缺点是既不是能量体系，也不是物质体系，不能区分反刍动物和非反刍动物，只能用于反映粗饲料的消化率和动物的消化能力（陈代文，2005）。

二、饲料相对值

饲料相对值（RFV）是由美国饲草与草原理事会提出的专门用于奶牛饲料评定的一个综合指标，其显著特点是通过模型集成 Weende 体系与 Van Soest 体系中的部分指标，与动物采食量联系起来（张吉鹍，2006）。其定义为相对一特定标准粗饲料（盛花期苜蓿），某种粗饲料可消化干物质的采食量计算公式（Norgaard 等，2000）如下：

DMI（%BW）= 120/NDF（%DM）

DDM（%DM）= 88.9−0.779×ADF（%DM）

RFV=DMI（%BW）×DDM（%DM）/1.29

式中：BW 为奶牛体重，DMI（%BW）为饲料干物质随意采食量占体重的百分比；NDF（%DM）为中性洗涤纤维占干物质的百分比；ADF（%DM）为酸性洗涤纤维占干物质的百分比；DDM（%DM）为可消化的干物质；计算时除以常数 1.29，原因是以盛花期的相对饲用价值 100 作为标准，并以此为基数。因此，RFV 值越大，饲料的营养价值越高。

RFV 优点是首次突破了单一指标评价粗饲料品质（张吉鹍等，2009），将粗饲料的品质综合评定整体量化，并且简单实用，只需要测定粗饲料的 NDF、ADF 和 DM 就可以计算该粗饲料的 RFV 值，并且可以对不同种类的粗饲料的饲用价值进行比对。缺点是 RVF 没有考虑饲料中粗蛋白质及能量含量对营养价值的影响，因此无法利用 RFV 对粗饲料进行科学配比。

三、饲料的体外消化率

饲料的体外消化率包括体外干物质消化率（IVDMD）和有机物消化率。其中，IVDMD 受粗饲料中纤维素含量和木质化程度的影响，反映粗饲料在动物体内消化降解的难易程度。

四、饲料的质量指数（QI）

QI 是由美国佛罗里达州饲草推广测试项目提出（Moore et al.，1984）。其定义为 TDN 随意采食量与 TDN 维持需要之间的倍数（即 TDN 采食量/TDN 维持需要量）。由于大多数粗饲料中可消化脂肪可忽略不计，因此可假定粗饲料中总可消化养分（TDN）等同于可消化有机物质（DOM）。QI 的基础是有机物质消化率（OMD），计算公式（胡红莲和卢媛，2011）如下：

TDN（%DM）= OM（%DM）×OMD（%）/100

TDN 采食量（g/MW）= DMI（g/MW）×TDN（%DM）/100

QI = TDN 采食量（g/MW）/29

式中：TDN（%DM）为总可消化养分占干物质的百分数；OM（%DM）为有机物质占干物质的百分数；DMI（g/MW）为干物质采食量，以每千克代谢体重所采食粗饲料的克数表示，$MW = W^{0.75}$；除数 29 是绵羊的 TDN 维持需要量（29g/MW），而牛的 TDN 维持需要量为 36g/MW。

QI 的优点是将 TDN 维持需要作为参照点，而不是选择某一特定粗饲料为参照；同时它将 DM 采食量用每千克代谢体重所采食粗饲料的克数来表示，而不是占体重的百分比；还采用 IVOMD 来预测 OMD，使 OMD 更加精确；可以通过 QI 预测家畜的生产性能。缺点是没有考虑粗蛋白质，无法用于粗饲料的科学搭配（胡红莲和卢媛，2011）。

五、粗饲料的相对质量（RFQ）

RFQ 是一个旨在取代 RFV 和 QI 而提出的新的粗饲料质量评定指数，其概念及表达式同 RFV，即把粗饲料作为动物唯一蛋白和能量来源时，对粗饲料可利用能随意采食量的估测，但是 RFQ 中可利用的是总可消化养分（TDN），而不是 RFV 中的 DDN（张吉鹍，2003）。计算公式如下：

$RFQ = DMI$（%）×TDN（%）/1.23

式中：DMI（%）为饲料干物质随意采食，TDN（%）为总可消化养分。除以 1.23 的目的是将各粗饲料的 RFQ 平均值及范围调整到与 RFV 相似。常数 1.23 是 RFV 式中的 1.29 乘以试验测得 TDN 采食量对 DDM 采食量的无截距回归斜率 0.95 得到的（Moore & Undersander，2002）。

RFQ 优点是通过 TDN 进行预测，使预测值更接近实际情况，尤其能准确对燕麦等禾本科牧草进行分级（李志强，2013），另外可以预测影响粗饲料采食量和消化率的精粗饲料的组合反应。缺点是未考虑 CP 和 ADF 对粗饲料品质的影响，不能用于日粮的配比；而且测定需要重复组较多、耗时长且成本高，受体外消化率测定方法的制约（贾存辉，2017）。

六、粗饲料分级指数 GI

中国学者卢德勋在总结 RFV 的优势特点后克服现行粗饲料品质评定指数以能量为中心的不足，提出了 GI（Grading Index，分级指数）这个综合评定指数，分级指数引入了干物质随意采食量（DMI）、能量（NEL）和粗蛋白质（CP）等参数，并首次将它们综合统一考虑，使评定结果更具有生物学意义。GI_{2001}定义为粗饲料的粗蛋白质 CP 和中性洗涤纤维 NDF 经过校正后，粗饲料可利用能的随意采食量。计算公式如下：

GI_{2001}（MJ/d）= ME（MJ/kg）×DMI（kg/d）×CP（%）/NDF（或 ADL）

式中：ME（MJ/kg）为粗饲料代谢能，也可替换为 NEL 粗饲料产奶净能（MJ/kg），DMI 为干物质随意采食量。

GI_{2008}（MJ/d）= NE_L（MJ/kg）×DCP（%）×DMI（kg/d）/［NDF（%）−$pef\ NDF$（%）］

式中：NE_L（MJ/d）为粗饲料产奶净能，DCP 为可消化粗蛋白质；$pefNDF$（%）为物理有效中性洗涤纤维。

GI_{2009}（MJ/d）= NE_L（MJ/kg）×DCP（%）×DMI（kg/d）/［NDF（%）−$pef\ NDF$（%）］

式中：NE_L（MJ/d）为粗饲料产奶净能，DCP 为可消化粗蛋白质；$pef\ NDF$（%）为物理有效中性洗涤纤维。GI_{2009}（MJ/d）的公式同 GI_{2008}（MJ/d），但不同的是在 GI_{2009}（MJ/d）中，DMI 的估测公示采用 RFQ 的公式；NE_L（MJ/d）由 ADF 或 NDF 计算而来（胡红莲和卢媛，2011）。

其中，GI_{2001}优点是引入能量、粗蛋白质和干物质随意采食量并统一考虑，较全面地对粗饲料的品质进行客观、合理的分级和评定；不仅可以用于粗饲料的科学配比，还可以用于确定牧草的最佳刈割期，指导牧草的种植，具有多指标、通俗易懂、便于推广等特点。缺点是所用指标表观性较强，没有考虑反刍动物消化生理特点，不能说明反刍动物对粗饲料的消化利用情况。而 GI_{2008}优点是结合反刍动物的消化生理特点，首次引入可消化蛋白，将粗饲料营养成分和动物生理特点结合起来，并且将粗饲料的物理有效中性洗涤纤维考虑进来进行综合评定，可更全面地评定粗饲料的营养价值（红敏等，2011）。

GI_{2008}与 GI_{2001}相比，GI_{2008}突破了 GI_{2001}所用参数的表观性，在评定方面更科学。GI_{2001}简便易行，更适合在实际生产中推广，而 GI_{2008}主要用于研究目的，科学性更强。而 GI_{2009}是对 GI_{2008}的进一步补充，较 GI_{2008}更灵活，预测值更接近实际值。

第二节　饲料饲用价值评定技术及方法

一、概略养分分析法

饲料概略养分分析法是德国 Weende 试验站的 Hunneberg 和 Stohman 两位科学家在 1860 年创立的饲料分析方法，这种方法也称为 Weende 饲料分析体系。这种分析方法可以测定饲料中 6 种概略养分的含量（图 11-1），包括水分、粗蛋白质（CP）、粗脂肪（EE）、粗纤维（CF）、粗灰分（Ash）、无氮浸出物（NFE）。

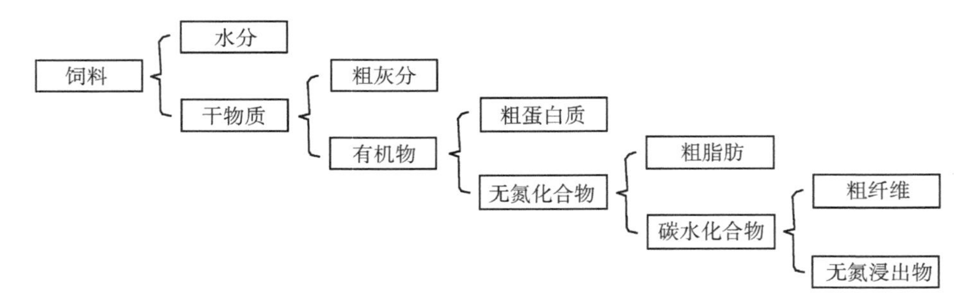

图 11-1　概略养分分析法营养物质分类

概略养分分析法使用的设备简单，操作方便，分析成本较低，能够粗略地反映出饲料的营养价值，所以 100 多年来一直被各国的畜牧业从业者作为饲料营养价值评定的基础技术。目前概略养分分析法测定有国家推荐标准的规范，饲料水分测定参照中华人民共和国国家标准 GB/T 6435—2014，使用烘箱 105 ℃ 烘干测定。粗纤维含量测定使用过滤法，参照中华人民共和国国家标准 GB/T 6434—2006。粗蛋白质含量测定使用凯氏定氮法，参照中华人民共和国国家标准 GB/T 6432—2018。

但该分析体系仅能粗略分析饲料营养成分，也存在一些不足之处：①饲料中的粗蛋白质指标不能区分真蛋白质和非蛋白氮（NPN）；②粗纤维中各成分的营养价值差别很大，粗纤维中的纤维素和半纤维素能够被消化，而木质素不能被动物消化；③粗脂肪通过乙醚浸提测定，为包含真脂肪、色素，以及脂溶性物质的脂溶性混合物；④无氮浸出物是计算值，数值偏高于实际值；⑤概略养分分析法缺少对特定成分的分析，如氨基酸、维生素、微量元素，不能较全面地评定饲料的营养价值。

二、范氏纤维分析法

范式纤维分析法是 Van Soest 在概略养分分析法的基础上对粗纤维和无氮浸出物进行修正和补充（Van Soest et al.，1996）。将 CF 精确分解为中性洗涤纤维（NDF）、酸性洗涤纤维（ADF）、酸性洗涤木质素（ADL），由此可进一步计算得到纤维素、半纤维素和木质素的含量。该方法测定纤维含量开始用抽滤法，但效率低，后来美国 ANKOM 公司发明了纤维滤袋测定技术，试验分析过程的自动化，使饲料纤维组分的测定效率很大提高，结果准确度也有所升高。NDF 与动物采食量呈负相关关系，ADL 是不被动物利用的成分，也是评定粗饲料平直的重要指标，通过测定 NDF 和 ADF 含量，可以在一定程度上预测动物对粗饲料的采食量和消化率（曹志军等，2015）。

范式纤维分析法优点是将粗饲料中可被动物直接利用的、可溶性细胞内容物与不易消化的细胞壁区分开来，使粗饲料营养成分的划分更科学，并在一定程度上反映出反刍动物对粗饲料的采食量和消化率。缺点是该方法通过化学方法处理粗饲料，预测结果具有局限性，不能较好地反映饲料的营养价值（李艳玲等，2014）。

三、CNCPS 体系

康奈尔净碳水化合物—蛋白体系（Cornell Net Carbohydrate and Protein System，CNCPS）是在预测瘤胃发酵时建立的动态模型，能够对不同营养物质的发酵程度、过瘤胃物质、发酵产物的组成与含量以及各种发酵产物的平衡状况进行评估。相比于传统的 Weende 体系，CNCPS 把饲料的化学分析与植物的细胞成分、反刍动物的消化利用结合，使分析结果更有参考价值（赵广永等，1999）。CNCPS 体系设定饲料包含蛋白质、碳水化合物、脂肪、灰分和水分。其中蛋白质和碳水化合物根据其化学成分、物理特性、瘤胃降解、瘤胃后消化等特点进一步划分。

依据饲料中不同碳水化合物组成在瘤胃中的降解速率存在的差异，CNCPS 体系将日粮中碳水化合物划分为 4 个部分，其中 CA 表示结构较为简单的糖类，在瘤胃的降解速率最快，为快速降解成分；CB_1表示中速降解成分，主要为淀粉；CB_2表示慢速降解成分，包括可以被微生物利用的植物细胞壁；CC 表示不可利用的植物细胞壁。这些成分是通过日粮中非结构性碳水化合物（NSC）、结构性碳水化合物（SC），以及不可消化的纤维计算获得。

CNCPS 将饲料中的含氮化合物分为 5 个部分，PA 表示非蛋白氮（NPN），PB 表示真蛋白质，PC 表示结合蛋白质，其中 PB 根据它们在瘤胃内的降解速率可以进一步细分为三个部分，包括 PB_1、PB_2和 PB_3。PA 和 PB_1在硼酸—磷酸缓冲液中可以溶解，为快速可降解含氮化合物；PB_3与植物细胞壁结合，不溶于中性洗涤剂，但是可溶于酸性洗涤剂，为慢速可降解含氮化合物，在瘤胃的降解率较低；PC 为不可利用的蛋白质或者结合蛋白，这类蛋白无法溶解于酸性洗涤剂，即酸性洗涤不溶蛋白，是与植物中的木质素及抗营养因子如单宁结合的蛋白质，PC 成分在瘤胃内无法被瘤胃细菌降解，且在后消化道无法提供氨基酸利用（Krishnamoorthy et al., 1982）；其余含氮化合物为 PB_2，部分 PB_2可在瘤胃内被瘤胃微生物利用，剩余部分进入后消化道，PB_2在瘤胃内的利用取决于其在瘤胃内发酵的速率、以及流入后消化道的排出速率。

CNCPS 体系在反刍动物日粮饲用价值评价上广泛应用。黄帅等（2016）使用 CNCPS 分析了部分南方农作副产物的饲用价值（表 11-1 和表 11-2），从结果可以看出，相比于传统的 Weende 饲料分析体系，CNCPS 体系能够更加全面地分析农作副产物的饲用价值。从表 11-3 可以看出，部分农作副产物的不可降解成分含量较高，豆秸（六安）、麦秸（合肥）、棉花秸秆（合肥）、油菜秸秆（合肥）、花生壳（宿州）中 CC 含量占总碳水化合物的 30.77%、41.78%、36.52%、46.28%、47.94%，而玉米秸（合肥）、麦秸（合肥）、麦秸（宿州）、花生壳（宿州）中 PC 含量占粗蛋白质含量的 32.13%、51.44%、54.41%、30.09%。由于部分农作副产物的不可利用成分比例较高，导致这些副产物的饲用价值降低，因此将这些副产物添加到动物日粮时需要充分考虑农作副产物的可消化性以及消化速率，CNCPS 法则可以很好地进行营养价值评估。

近年来，国内许多学者对于 CNCPS 体系饲料成分数据库、模型验证及改进的研究越来越多（马桢和汪春泉，2010；吕波等，2016）。周爽等（2019）利用 CNCPS 法评价了麦芽根和南瓜籽饼的营养价值，结果显示麦芽根和南瓜籽饼均含有丰富的营养成分，南瓜籽饼的 PA 占粗蛋白质的 7.53%，PB 占粗蛋白质的 92.16%，可以作为优质的反刍动物蛋白饲料；而麦芽根的碳水化合物占干物质的 64.26%，NSC 占碳水化合物的 44.01%，具有较好的碳水化合物组分。靳玲品等（2019）使用 CNCPS 法评价扁杏加工

表 11-1　部分南方农作副产物原料营养成分测定结果

饲料	DM (%)	CP (%DM)	EE (%DM)	ASH (%DM)	NDF (%DM)	ADF (%DM)	SCP (%CP)	NPN (%SCP)	NDIP (%CP)	ADIP (%CP)	ADL (%NDF)	淀粉 (%NSC)
叶菜类												
桑叶（合肥）	92.75	20.16	3.77	11.64	25.48	17.39	10.78	22.23	29.00	7.13	20.22	19.20
花生秧（信阳）	89.07	8.25	1.55	14.50	57.51	36.44	54.30	76.11	36.35	17.09	14.66	2.99
山芋藤（宿州）	90.01	8.87	12.52	10.18	39.28	33.65	20.21	22.32	28.78	14.82	8.02	8.89
山芋藤（亳州）	92.75	8.56	11.24	7.33	47.91	40.88	31.56	24.50	38.55	17.46	9.02	9.73
秸秆类												
豆秸（六安）	92.88	5.81	1.17	5.17	67.22	50.05	21.77	23.18	34.78	22.03	16.76	91.68
豆秸（宿州）	90.26	5.75	4.86	6.19	71.96	55.77	25.10	42.30	35.83	23.91	13.64	93.21
玉米秸（六安）	93.61	6.30	1.99	8.92	67.33	39.42	28.44	32.71	31.25	18.79	10.70	92.12
玉米秸（合肥）	91.07	4.70	1.03	7.54	76.89	55.77	37.38	7.97	51.70	32.13	13.64	94.06
麦秸（合肥）	91.27	2.43	0.60	9.71	86.06	67.73	6.85	55.61	64.20	51.44	17.65	50.77
麦秸（宿州）	91.80	2.61	0.51	7.87	88.47	56.17	6.91	54.56	57.09	54.41	12.21	51.20
燕麦秸（安庆）	92.03	8.60	2.56	7.54	77.34	47.74	9.01	54.13	34.19	24.07	7.69	97.04
棉花秸秆（合肥）	89.22	6.50	5.77	3.21	84.09	66.00	27.35	88.58	36.54	12.68	15.30	96.01
油菜秸秆（合肥）	91.29	3.22	0.60	5.88	75.17	60.83	14.73	88.55	30.18	19.41	23.16	62.46
花生秸秆（宿州）	92.22	7.19	1.41	13.18	44.41	36.93	55.92	74.02	36.58	14.60	10.27	3.72
秕壳类												
花生壳（宿州）	92.57	7.94	1.77	5.98	89.49	79.34	43.18	73.27	43.97	30.09	18.82	17.10

（续表）

饲料	DM（%）	CP（%DM）	EE（%DM）	ASH（%DM）	NDF（%DM）	ADF（%DM）	SCP（%CP）	NPN（%SCP）	NDIP（%CP）	ADIP（%CP）	ADL（%NDF）	淀粉（%NSC）
笋壳（合肥）	89.25	20.90	2.04	16.30	59.96	27.14	24.62	38.93	21.13	5.62	6.37	57.87
其他类												
稻草（合肥）	93.23	4.56	7.62	12.52	72.83	46.63	30.62	79.13	33.57	28.70	4.14	85.70
笋兜（合肥）	87.92	20.81	2.71	8.08	43.41	19.85	20.16	42.63	12.58	3.28	7.05	38.64

数据来源：黄帅等（2016）。

表 11-2　部分南方农作副产物原料蛋白质和碳水化合物组分测定结果

饲料	CHO（%DM）	CNSC（%CHO）	CA（%CHO）	CB_1（%CHO）	CB_2（%CHO）	CC（%CHO）	PA（%CP）	PB_1（%CP）	PB_2（%CP）	PB_3（%CP）	PC（%CP）
叶菜类											
桑叶（合肥）	64.43	69.52	56.18	13.35	11.28	19.19	2.40	8.38	68.59	21.88	7.13
花生秧（信阳）	75.70	63.64	61.74	1.90	9.63	26.73	41.33	12.97	22.32	19.26	17.09
山芋藤（宿州）	68.43	67.28	61.30	5.98	21.67	11.05	4.51	15.70	66.71	13.96	14.82
山芋藤（亳州）	72.78	79.99	72.20	7.78	5.76	14.25	7.73	23.83	53.72	21.09	17.46
秸秆类											
豆秸（六安）	87.85	25.79	2.15	23.64	43.44	30.77	5.05	16.72	60.18	12.74	22.03
豆秸（宿州）	82.48	15.25	1.04	14.21	56.19	28.56	10.62	14.48	53.55	11.92	23.91
玉米秸（六安）	82.79	21.06	1.66	19.40	58.07	20.87	9.30	19.14	59.44	12.47	18.79
玉米秸（合肥）	86.73	14.15	0.84	13.31	56.83	29.02	2.98	34.40	45.32	19.57	32.13

（续表）

饲料	CHO（%DM）	CNSC（%CHO）	CA（%CHO）	CB_1（%CHO）	CB_2（%CHO）	CC（%CHO）	PA（%CP）	PB_1（%CP）	PB_2（%CP）	PB_3（%CP）	PC（%CP）
麦秸（合肥）	87.26	3.16	1.56	1.60	55.06	41.78	3.81	3.04	31.99	12.76	51.44
麦秸（宿州）	89.01	2.28	1.11	1.17	68.59	29.13	3.77	3.14	39.14	2.68	54.41
燕麦秸（安庆）	81.30	8.49	0.25	8.24	73.34	18.17	4.88	4.13	60.93	10.12	24.07
棉花秸秆（合肥）	84.52	28.61	1.14	27.46	34.87	36.52	24.23	3.12	39.23	23.86	12.68
油菜秸秆（合肥）	90.29	17.82	6.70	11.13	35.90	46.28	13.05	1.69	56.77	10.77	19.41
花生秸秆（宿州）	78.22	76.86	74.00	2.86	9.15	13.99	41.39	14.43	22.03	21.98	14.60
秕壳类											
花生壳（宿州）	84.31	37.90	31.42	6.48	14.16	47.94	31.63	11.55	24.38	13.88	30.09
笋壳（合肥）	60.76	17.68	7.45	10.23	67.23	15.09	9.58	15.04	69.29	15.51	5.62
其他类											
稻草（合肥）	75.30	11.54	1.66	9.89	78.84	9.61	24.22	6.39	42.20	4.87	28.70
笋兜（合肥）	65.54	40.36	25.18	15.85	48.90	10.74	8.59	11.57	78.83	9.30	3.28

数据来源：黄帅等（2016）。

副产物的营养价值，包括扁杏皮、扁杏渣、杏仁皮，这些扁杏加工副产物的营养价值差异较大。高红等（2016）应用 CNCPS 体系评价 4 种粮食加工副产物的营养价值，包括玉米纤维饲料、大豆皮、甜菜粕和豆渣，结果显示玉米纤维饲料的瘤胃降解蛋白含量最高，甜菜粕的过瘤胃蛋白含量最高。

CNCPS 体系不仅能用于评估饲料的营养价值组成，还可以应用 CNCPS 模型预测饲料的潜在营养价值供给量。

四、红外光谱技术

（一）红外光谱技术简介

样品中的分子吸收一定能量后，能够引起分子的振动从低能级振动状态向相邻的高能级跃迁，这种跃迁发生在红外光区，因此称为红外光谱（IRS）。红外光谱根据波长区间可分为近红外（波数 4 000~12 820cm^{-1}）、中红外（波数 400~4 000cm^{-1}）和远红外（波数 10~400cm^{-1}）（赫兹堡，1983）。在饲料分析中，常用近红外和中红外光谱两种技术，其中近红外光谱技术可以用于饲料原料的分析，包括饲料中有机成分的定量分析和饲料原料掺假的判定；而中红外光谱技术则用于检测饲料原料相应成分的分子结构组成，从而从分子结构和营养价值层面分析饲料的营养价值（李欣新，2016；孙丹丹，2015；Abeysekara et al., 2011）。红外光谱技术相比传统的饲料营养价值评定技术具有无损、快速等优点（表 11-3），在饲料分析上已经被广泛使用。

表 11-3　传统的饲料营养价值评定技术与红外光谱分析技术比较

项目	传统饲料营养价值评定技术	红外光谱分析技术
方法	湿化学分析方法、动物试验或仿生酶法等	无损伤探测
组织结构	有破坏性处理	无破坏性处理
操作	测量耗时长、前处理过程繁琐、对检测人员的操作技术要求高；成本高，试验周期长	检测速度快、分辨率好、特征性强，在线检测，可同时进行多组分分析
效果	应用广泛，精确度高，但无法反映饲料的分子结构特征与理化性质	快速检测技术，属于二次定量技术，可通过鉴别化合物中的化学键类型，对分子结构进行推测

资料来源：徐淼等（2019）。

（二）红外光谱技术的应用与模型建立

在使用红外光谱扫描技术分析饲料原料的不同营养成分前，需要通过对实际养分含量分析，并且建立快速检测模型。王勇生等（2020）收集了110份高粱样品，并建立了近红外光谱分析高粱中粗脂肪含量的预测模型，其中粗脂肪含量的预测模型的交互验证集相对分析误差（RPDCV）值为3.93（评估值3.0），而验证集相对分析误差（RPDV）值为2.57（评估值2.5），该模型能够用于日常监测高粱中的粗脂肪含量。曹明月等（2020）选取154批次青贮样品建立近红外光谱检测的定标模型，其研究结果显示，近红外光谱分析技术可以用于青贮中粗蛋白质、水分、淀粉、中性洗涤纤维、酸性洗涤纤维含量的定量检测分析。王乐等（2015）通过建立近红外光谱分析模型，使用近红外光谱技术测定豆粕中水分、粗蛋白质、粗脂肪、粗纤维的含量。近红外光谱技术除了可以测定常规的饲料营养成分，还能够测定饲料中微量成分，如必需氨基酸含量（李军涛等，2014），以二氧化硅和脱脂米糠为载体的预混料中维生素E的含量（王燕妮等，2017），以及金霉素含量（刘波静等，2018）。

（三）影响红外光谱技术测定准确性的因素

1. 定标样品数量、来源、成分含量与变异

需要大量定标样品做参考校准仪器是红外光谱分析饲料养分的难点。首先，要选择具有代表性的定标样品，即定标样品集应包含除待测成分外所有的背景信息。其次，用于定标的样品数量必须有足够的变异，以保证定标样品集的稳定性，样本数至少50个，通常以70~150个为宜（张丽英，2016）。除了样品数量，还应该充分考虑样品品种、生长环境、加工方式、收获季节等因素，建立不同的定标数据库。

2. 定标样品的物理性状

定标样品的粉碎粒度，水分含量、颜色与密度等物理性状也会影响红外光谱技术的预测性能。如水分对近红外分析结果产生的影响主要表现在样品水分含量能够显著地影响粉碎后颗粒度的大小、形状及其分布，导致样品光谱散射系数发生变化，从而影响红外光谱预测的结果。

3. 化学分析数据准确性

由于红外光谱技术分析饲料养分是基于化学分析定标样品集后建立的预测模型进行，所以，在建立预测模型过程中，参比值（理化指标、有效成分指标）测定的准确性至关重要，只有选取最优的建模参数，才能得到预测性最佳的模型。对于定标样品和验证样品的理化值而言，其检测一定要按照国际公认的标准或国标法进行，且每个样品至少做2~3个平行，以确保参比值的检测结果的精准无误。

4. 近红外光谱仪的稳定性及操作环境

仪器所产生的噪声是影响测定结果稳定性的主要原因，这种噪声分为长期噪声和短期噪声。长期噪声主要因环境温度变化和原件功能衰退而产生，短期噪声主要来源于波长不稳定、检出器和输入放大器及仪器外部噪声。因此，近红外的测定一般要求在相当稳定的环境条件下进行。

5. 定标光谱范围

Clark 等（1991）报道，使用红外光谱技术测定反刍动物饲料消化性能的波长宜选择 1 600～1 900cm^{-1}和 2 200～2 300cm^{-1}。波数 1 600～1 700cm^{-1}区域主要与 C-H、C-N、N-H 基团有关，这主要与纤维和蛋白质结构相关，而波数 2 200～2 300cm^{-1}区域主要与 C-H 基团相关，而 1 500cm^{-1}的区域主要与谷物中 O-H 和 N-H 基团（水、淀粉和蛋白质）相关。

五、单胃动物体外消化模拟法

单胃动物体外消化模拟方法的简单分类情况如图 11-2 所示。

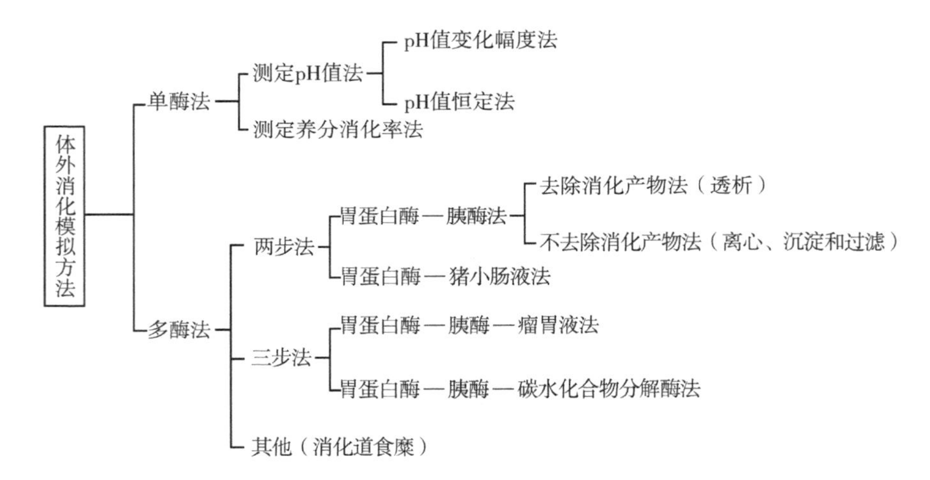

图 11-2　单胃动物体外消化模拟方法的简单分类（张铁鹰和汪儆，2005）

（一）单酶法（一步法）

1. 测定 pH 值法

该方法主要用来预测饲料蛋白质体内消化率和评定其品质。在蛋白酶的作用下，蛋白质的肽键断裂，氢离子从断裂的肽键上释放出来，从而使溶液

pH 值降低，根据 pH 值降低的幅度和蛋白质体内消化率建立回归方程，预测蛋白质体内消化率，从而评定饲料蛋白质的营养价值。也可以在消化液中不断添加氢氧化钠溶液，中和蛋白质水解过程中所产生的氢离子，使消化液 pH 值保持恒定不变，记录所用氢氧化钠的量，这样不仅提高预测蛋白质消化率的准确性，而且对所有饲料样品只用一个回归方程即可。

根据蛋白质水解过程中溶液 pH 值变化能够对饲料蛋白质体内消化率和蛋白质品质进行预测和评定，但是此方法（一步法）仅限于对饲料中蛋白质的营养价值和体内消化率进行评价和预测，不适合其他营养成分的评定。

2. 测定蛋白质消化率法

该方法利用蛋白酶水解饲料中的蛋白质，并通过测定蛋白质的水解程度判断蛋白质品质及预测其在动物体内的消化情况。所用的蛋白酶以胃蛋白酶为主，其次还有木瓜蛋白酶、胰蛋白酶和链霉蛋白酶等。但是利用胃蛋白酶评定饲料蛋白质品质易受到饲料粒度和胃蛋白酶剂量等因素的影响。研究发现，胃蛋白酶水平是评定饲料蛋白质品质的关键，它将直接对体外消化方法的可靠性产生影响，而 0.002%水平的胃蛋白酶对饲料蛋白质进行评定较为适宜。

利用单一酶法在评定蛋白质的品质和预测其体内消化率方面都取得了一定效果，但其仍存在很大的局限性。饲料蛋白质消化不但受胃蛋白酶的影响，还受胰腺和小肠分泌的蛋白酶、淀粉和脂肪等其他养分消化程度以及各种饲料抗营养因子等多种因素的影响。单一酶法仅模拟了蛋白质在胃内消化情况，而忽略了后段消化道对蛋白质消化的影响。利用该方法评定种类相同、来源不同的蛋白质饲料的可靠性较低。同时，用该方法评定饲料的营养成分也比较单一，仅限于蛋白质，而对能量、脂肪和淀粉等其他饲料养分的消化情况不能进行预测。

（二）多酶法

多酶法不仅对胃消化过程进行模拟，而且对胰腺分泌消化酶、小肠消化以及大肠微生物消化等过程进行模拟，即由几种消化酶同时模拟畜禽体内消化过程。根据后消化道模拟部位的不同，多酶法可简单分为胃—小肠两步法和胃—小肠—大肠三步法。

1. 胃—小肠两步法

两步法是单胃动物体外消化模拟研究中应用最多的方法，依据所使用消化酶来源不同又分为胃蛋白酶—胰酶法和胃蛋白酶—小肠液法。其原理是首先用胃蛋白酶在酸性条件下完成饲料在胃内的消化过程，然后用胰酶或猪小肠液在中性条件下继续消化，完成养分在小肠内的消化过程，最后将已消化养分与未消化养分分离开来。

2. 胃—小肠—大肠三步法

三步法包括胃蛋白酶—胰酶—瘤胃液法和胃蛋白酶—胰酶—碳水化合物酶法。在畜禽后段消化道内，微生物往往对饲料养分利用产生很大影响。瘤胃微生物与猪后段消化道内微生物间的组成和发酵原理存在许多共同点，为胃蛋白酶—胰酶—瘤胃液法提供了理论基础。畜禽后段消化道对饲料养分的影响主要是由微生物产生的各种酶来完成的。因此，通过添加各种微生物酶，尤其是一些非淀粉多糖酶，就可模拟微生物对饲料中一些不易被小肠消化的成分在后段消化道内的分解过程。

六、瘤胃模拟技术

（一）批次培养法

批次培养法是一种短期的瘤胃模拟方法，包括两步法和产气法。两步法首先在离心管内加入瘤胃液和发酵底物培养 2d，再使用胃蛋白酶消化 2d，最后将残渣分离，用于后续分析。两步法可以评定反刍动物饲料消化率，但是不能反映饲料降解的动态变化。产气法由 Menke 等（1979）提出，其原理是通过离体产气装置来模拟瘤胃发酵（图 11-3），饲料样品与瘤胃液在体外共同培养，在固定的时间内结束培养，观察其动态及总产气量、挥发性脂肪酸、氨态氮和营养物质的消化率等指标。

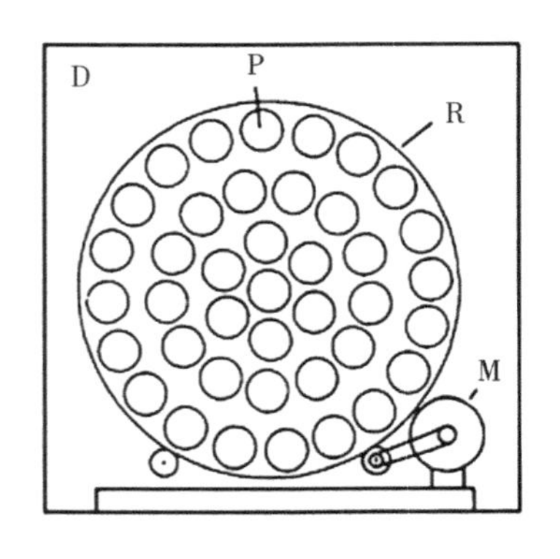

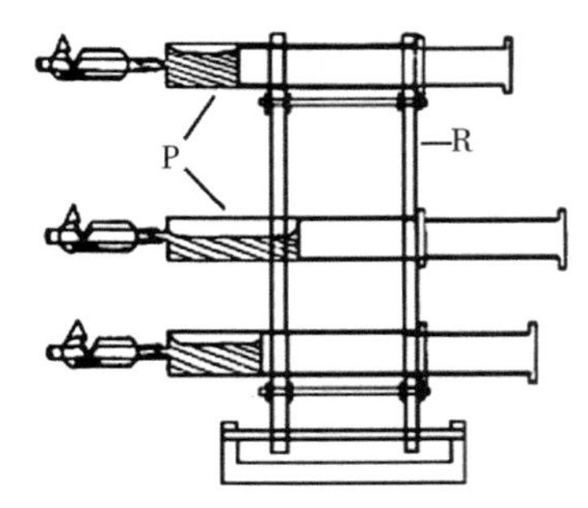

R. 转子；P. 注射器；D. 烘箱；M. 电机。

图 11-3　Menke 等（1979）设计的离体产气装置

（二）连续培养法

连续培养法又称为长期人工瘤胃模拟技术，它是利用体外发酵装置模拟瘤胃，通过发酵底物和人工唾液动态的流入、发酵产物连续排出来实现持续发酵的一种方法。根据发酵罐内固相和液相外流是否一致而分为单外流连续培养系统和双外流连续培养系统。双外流连续培养系统是单外流连续培养系统的改进版。连续培养法能准确地模拟瘤胃内环境，具有稳定性好、能实时观察试验动态信息的优点（伍梦楠，2017）。

参考文献

曹明月，李贤，黄好强，等，2020. 近红外光谱检测青贮饲料的营养成分［J］. 现代牧业，4（1）：42-45.

曹志军，史海涛，李德发，等，2015. 中国反刍动物饲料营养价值评定研究进展［J］. 草业学报，24（3）：1-19.

陈代文，2005. 动物营养与饲料学（第二版）［M］. 北京：中国农业出版社.

陈功轩，向海，郑霞，等，2019. 饲用苎麻与稻草不同比例混合青贮品质及饲用价值评价［J］. 中国饲料（5）：82-85.

陈艳，王之盛，张晓明，等，2015. 常用粗饲料营养成分和饲用价值分析［J］. 草业学报，24（5）：117-125.

高红，郝小燕，张幸怡，等，2016. 应用康奈尔净碳水化合物-蛋白体系和 NRC 模型评价 4 种粮食加工副产物的营养价值［J］. 动物营养学报，28（10）：3359-3368.

郝小燕，刘岩，张广宁，等，2017. 不同加工工艺对玉米纤维饲料营养价值的影响［J］. 动物营养学报，29（8）：2943-2952.

赫兹堡，1983. 分子光谱与分子结构［M］. 北京：科学出版社.

红敏，高民，卢德勋，等，2011. 粗饲料品质评定指数新一代分级指数的建立及与分级指数（GI_(2001)）和饲料相对值（RFV）的比较研究［J］. 畜牧与饲料科学，32（Z1）：143-146.

胡红莲，卢媛，2011. 粗饲料分级指数技术——粗饲料品质评定的新进展［J］. 畜牧与饲料科学，32（Z1）：155-158.

黄帅，朱飞，王尚，等，2016. 用 CNCPS 体系评定安徽及其周边地区非常规饲料的营养价值［J］. 中国畜牧兽医，43（5）：1385-1391.

贾存辉，钱文熙，吐尔逊阿依·赛买提，等，2017. 粗饲料营养价值指数及评定方法［J］. 草业科学，34（2）：415-427.

靳玲品，李秀花，程玉芳，等，2019. 应用 CNCPS 体系评价扁杏加工副产物的营养

价值 [J]. 中国饲料 (1)：16-20.
李军涛，杨文军，陈义强，等，2014. 近红外反射光谱技术快速测定小麦中必需氨基酸含量的研究 [J]. 中国畜牧杂志，50 (9)：50-55.
李欣新，2016. 双低菜粕和豆粕分子结构与营养特性和奶牛生产性能的关系 [D]. 哈尔滨：东北农业大学.
李艳玲，丁健，鲁琳，等，2014. 反刍动物饲料营养价值评定及模型应用 [J]. 中国草食动物科学，34 (2)：45-50.
李志强，2013. 燕麦干草质量评价 [J]. 中国奶牛 (19)：1-3.
刘波静，邵强，王友明，2018. 饲料中金霉素含量近红外检测模型的创建 [J]. 浙江畜牧兽医 (4)：5-8.
吕波，陈红莉，李吉堂，等，2016. 应用 CNCPS 体系评价兵团农区肉牛常用粗饲料营养价值 [J]. 中国饲料 (2)：25-29.
马桢，汪春泉，2010. 利用净碳水化合物-蛋白质体系组分估测肉牛日粮营养物质全消化道表观消化率研究 [J]. 动物营养学报 (4)：929-933.
孙丹丹，2015. 利用近/中红外光谱技术分析豆粕中高氮类非法添加物的研究 [D]. 北京：中国农业科学院.
王郝为，戴求仲，侯振平，等，2018. 饲用苎麻青贮特性及其青贮前后营养成分与饲用价值比较 [J]. 动物营养学报，30 (1)：293-298.
王乐，史永革，李勇，等，2015. 在线近红外过程分析技术在豆粕工业生产上的应用 [J]. 中国油脂，40 (1)：91-94.
王燕妮，陈玉艳，查珊珊，等，2017. 不同载体预混合饲料中维生素 E 近红外光谱模型 [J]. 中国农业科学，50 (20)：4012-4020.
王勇生，李洁，王博，等，2020. 基于近红外光谱扫描技术对高粱中粗脂肪、粗纤维、粗灰分含量的测定方法研究 [J]. 中国粮油学报，35 (3)：181-185.
伍梦楠，2017. 新型双外流连续培养瘤胃模拟系统部分运行参数的优化 [D]. 长沙：湖南农业大学.
徐淼，景寒松，杨桂芹，2019. 红外光谱分析技术测定饲料营养品质及其分子结构的研究进展 [J]. 中国畜牧杂志，55 (6)：10-14.
张吉鹍，2003. 粗饲料营养价值评定的研究进展 [J]. 广东畜牧兽医科技，28 (2)：15-19.
张吉鹍，黄光明，刘林秀，等，2009. 几种奶牛粗饲料品质的综合评定研究 [J]. 饲料与畜牧 (1)：27-30.
张吉鹍，2006. 反刍家畜粗饲料品质评定的指标及应用比较 [J]. 中国畜牧杂志，42 (5)：47-50.
张丽英，2016. 饲料分析及饲料质量检测技术 [M]. 第 4 版 . 北京：中国农业大学出版社.

张铁鹰，王黴，2005. 单胃动物体外消化模拟技术研究进展［J］. 动物营养学报，17（2）：1-8.

赵广永，Christensen D A，Mckinnon J J. 1999. 用净碳水化合物-蛋白质体系评定反刍动物饲料营养价值［J］. 中国农业大学学报，4（S1）：71-76.

周爽，么恩悦，苏阔轩，等，2019. 应用康奈尔净碳水化合物-蛋白质体系法和尼龙袋法评价麦芽根和南瓜籽饼的营养价值［J］. 动物营养学报，31（10）：4885-4892.

ABEYSEKARA S，DAMIRAN D，YU P，2011. Spectroscopic impact on protein and carbohydrate inherent molecular structures of barley，oat and corn combined with wheat DDGS［J］. Spectroscopy，26（4-5）：255-277.

AOAC，1980. Official methods of analysis（13th Ed.）［M］. Association of Official Analytical Chemists，Washington DC.

CLARK D H，LAMB R C，1991. Near infrared reflectance spectroscopy：a survey of wavelength selection to determine dry matter digestibility［J］. Journal of Dairy Science，74（7）：2200-2205.

KRISHNAMOORTHY U C，MUSCATO T V，SNIFFEN C J，et al.，1982. Nitrogen fractions in selected feedstuffs［J］. Journal of Dairy Science，65：217.

LITHOURGIDIS A S，VASILAKOGLOU I B，DHIMA K V，et al.，2006. Forage yield and quality of common vetch mixtures with oat and triticale in two seeding ratios［J］. Field Crops Research，99（2/3）：106-113.

MENKE K H，RAAB L，SALEWSKI A，et al.，1979. The estimation of the digestibility and metabolizable energy content of ruminant feedingstuffs from the gas production when they are incubated with rumen liquor *in vitro*［J］. Journal of Agricultural Science，93（1）：217-222.

MOORE J E，KUNKLE W E，BJORNDAL K A，et al.，1984. Extension forage testing program utilizing near infrared reflectance spectroscopy for the determination of crude protein，total digestible nutrients，and quality index［C］// Proceedings of the Forage and Grassland Conference. 41-52.

MOORE J E，UNDERSANDER D J，2002. Relative forage quality：An alternative to relative feed value and quality index［R］. In：Proceedings 13th Annual Florida Ruminant Nutrition Symposium，University of Florida，Gainesville，32：16-29.

NORGAARD L，SAUDLAND A，WAGNER J，et al.，2000. Interval partial least-squares regression（iPLS）：A comparative chemometric study with an example from near-infrared spectroscopy［J］. Applied Spectroscopy，54（3）：413-419.

ROHWEDER D A，BARNES R F，JORGENSEN N，1978. Proposed hay grading standards based on laboratory analyses for evaluating quality［J］. Journal of Animal Science，47（3）：747–759.

SNIFFEN C J，O'CONNOR J D，VAN SOEST P J，et al.，1992. A net carbohydrate and protein system for evaluating cattle diets：II. Carbohydrate and protein availability［J］. Journal of Animal Science，70（11）：3562–3577.

VAN SOEST P J，1967. Development of a comprehensive system of feed analyses and its application to forages［J］. Journal of Animal Science，26（1）：119–128.

VAN SOEST P J，ROBERTSON J B，LEWIS B A，1991. Methods for dietary fiber，neutral detergent fiber，and nonstarch polysaccharides in relation to animal nutrition［J］. Journal of Dairy Science（74）：3583.